Infinitesimalrechnung 1

von
Karl-August Keil
Johannes Kratz
Hans Müller
Karl Wörle

Bayerischer Schulbuch Verlag · München

bsv **Mathematik**

Gedruckt auf chlorfrei gebleichtem Papier

2. Auflage 1997 R
Druck 10 09 08 07
Die letzte Zahl bezeichnet das Jahr des Drucks.
Alle Drucke dieser Auflage sind untereinander unverändert und im Unterricht nebeneinander verwendbar.

Umschlaggestaltung: Lutz Siebert unter Verwendung einer Computergrafik von Herbert W. Franke und Horst Helbig
Satz und Druck: Tutte Druckerei GmbH, Salzweg-Passau
ISBN 978-3-7627-**3800**-8

Vorwort

Die „Infinitesimalrechnung 1" wurde als Lehr- und Arbeitsbuch für den Mathematikunterricht an Gymnasien entwickelt und erläutert das System der Definitionen und Lehrsätze an instruktiven Musterfällen. Der Text ist breit und ausführlich gehalten und mit zahlreichen, bis ins Einzelne durchgerechneten Beispielen versehen. Damit sollte sich der Lehrstoff eigenständig nacharbeiten oder auch im Selbststudium erschließen lassen.

Der Lehrstoff ist so gegliedert, dass zuerst die Grundlagen und die wichtigsten Voraussetzungen der Infinitesimalrechnung erarbeitet bzw. aus dem früheren Unterricht wiederholt werden. Dieses Vorgehen hat den Vorteil, dass der Gedankengang in den späteren Kapiteln nicht immer wieder durch die Bereitstellung elementaren Wissens unterbrochen wird. Andererseits können aber auch manche Abschnitte des 0. und 1. Kapitels, je nach dem Kenntnisstand der Klasse, kursorisch behandelt oder übergangen werden, um möglichst schnell zu den für die Schülerinnen und Schüler neuartigen „infinitesimalen" Themen vorzudringen. Jedenfalls waren die Verfasser bemüht, mit ihrer Darbietung des Stoffes die methodische Freiheit des Lehrers möglichst wenig einzuengen.

● Abschnitte, die wahlweise behandelt werden können, sind durch blaue,

● Ergänzungs- und Zusatzstoffe durch rote Ziffern oder Buchstaben gekennzeichnet.

Der Aufgabenteil wurde gegenüber früher erheblich erweitert. In der Struktur ist er ganz dem Lehrtext angepasst. Stets wird vom Einfachen ausgegangen und zum Schwierigeren fortgeschritten. Auch das Übungsmaterial ist dreifach differenziert:

● Grundaufgaben. Sie sind schwarz gekennzeichnet und bilden das Grundgerüst. Sie werden als erste Übung zum Verständnis und zur Festigung des Lehrstoffes empfohlen.

● Wahlaufgaben. Sie sind blau gekennzeichnet und dienen der Vertiefung. Sie können in Anpassung an die zur Verfügung stehende Zeit und an das Leistungsvermögen der Klasse in einer Auswahl behandelt werden.

● Zusatzaufgaben. Sie sind rot gekennzeichnet und bieten zusätzlichen Stoff oder stellen erhöhte Anforderungen. Sie können ohne Schaden für den Gesamtlehrgang grundsätzlich übergangen werden.

Die gelegentlich eingestreuten „Ergänzungen und Ausblicke" behandeln Themenkreise aus verschiedenen Anwendungsgebieten, die oft den Rahmen der Lehrpläne überschreiten. Sie sind fakultativ, sollen besonders interessierte Schülerinnen und Schüler ansprechen oder dort, wo dies zeitlich möglich ist, den Unterricht auflockern.

Karl-August Keil   Johannes Kratz
Hans Müller   Karl Wörle

Inhalt

0. Einleitung

0.1. Aufgabe der Infinitesimalrechnung

Die Infinitesimalrechnung behandelt zentrale Begriffe der Mathematik, die in den Anwendungen vieler Bereiche, auch über Naturwissenschaften und Technik hinaus, eine kaum zu überschätzende Bedeutung haben. Einige Beispiele sollen zunächst einen Eindruck von nur wenigen solcher Möglichkeiten geben.

1. Fig. 0.1a zeigt das Profil einer Bergkuppe. Ein Bergsteiger steigt vom Punkt A aus bergan. Dabei merkt er, dass der Hang sich abflacht. Er kann dies daran feststellen, dass er sich beim Emporsteigen im Punkt A mehr anstrengen muss als etwa in B. Man wird gefühlsmäßig sagen, dass der Hang im Punkt A eine größere Steigung hat als in B. Was aber ist unter der Steigung im Punkt A überhaupt zu verstehen? Wie ist sie zu messen?

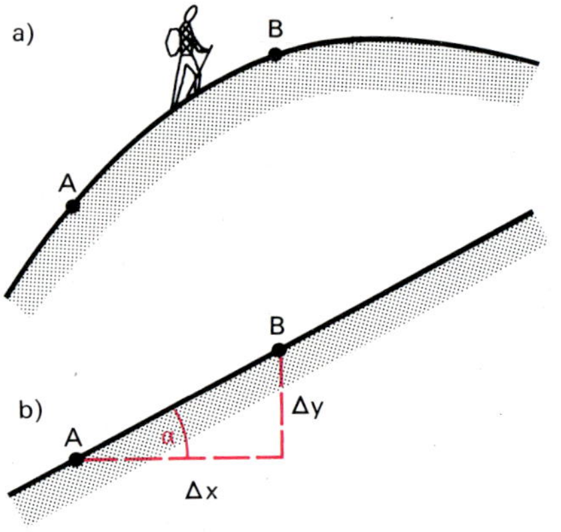

Fig. 0.1

Bei einem geradlinig ansteigenden Hang (Fig. 0.1b) haben wir bereits in der Mittelstufe die Steigung dadurch festgelegt, dass wir neben A *irgendeinen* Punkt B wählten, die Vertikaldifferenz Δy und die Horizontaldifferenz Δx ermittelten und dann das Verhältnis $\Delta y : \Delta x$ bildeten[1]. Der Wert dieses Quotienten ist nach dem Strahlensatz unabhängig von der Wahl des Punktes B und gleich dem Tangens des Neigungswinkels α. Welche Schwierigkeit ergibt sich, wenn man bei Fig. 0.1a die Steigung ähnlich festlegen wollte? Die Überwindung dieser Schwierigkeit ist bereits eines der Grundprobleme der Differenzialrechnung, eines Teilgebietes der Infinitesimalrechnung.

2. Wir betrachten in Figur 0.2 den Übergang von Licht aus einem Medium I (z.B. Luft) in ein Medium II (z.B. Wasser) und fragen nach dem Weg des Lichtes von Punkt A nach Punkt B.

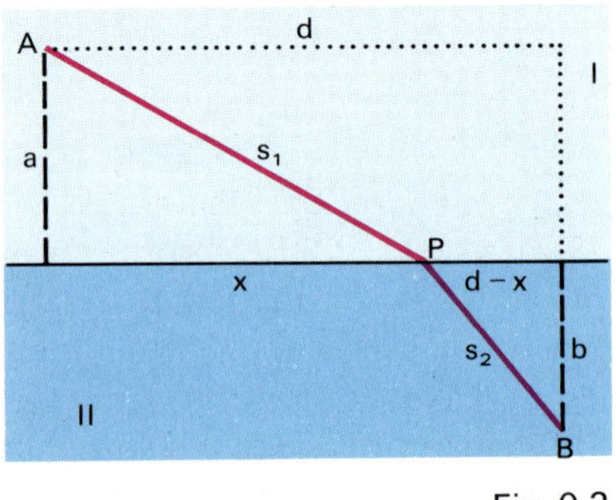

Fig. 0.2

Physikalische Gesetze, wie das hier benötigte Brechungsgesetz, werden in der Regel über Beobachtungen und Experimente gewonnen. Aber auch ein ganz anderer Weg ist möglich: Es hat sich

[1] Differenzen werden in der Mathematik häufig mit Hilfe des griechischen Buchstabens Δ (= D) gekennzeichnet.

vielfältig gezeigt, dass die Gesetze, die in der Natur gelten, die jeweils unter einem bestimmten Aspekt günstigste Lösung darstellen. Aus diesem sogenannten Optimalprinzip heraus gelingt es, auf mathematischem Weg Naturgesetze abzuleiten. Im vorliegenden Beispiel fragen wir nach dem x-Wert, d.h. nach der Lage des Übergangspunktes P, für den die Laufzeit t des Lichts von A über P nach B minimal wird. Mit den Lichtgeschwindigkeiten v_1 und v_2 in den beiden Medien findet man für die gesamte Laufzeit

$$t = \frac{s_1}{v_1} + \frac{s_2}{v_2} = \frac{1}{v_1}\sqrt{a^2 + x^2} + \frac{1}{v_2}\sqrt{b^2 + (d-x)^2}.$$

Methoden der Differenzialrechnung gestatten die Ermittlung des x-Wertes, für den der Wert dieses Terms minimal wird. Wir werden in Abschnitt 6.2.2. darauf zurückkommen.

3. Will man die Energie berechnen, die erforderlich ist, um einen Körper in eine große Höhe oder praktisch aus dem Anziehungsbereich der Erde hinauszubringen, wie es bei den Apolloraumschiffen zum Mond und bei den Planetensonden zu Merkur, Venus, Mars, Jupiter und Saturn erforderlich war, so kann man nicht einfach das Produkt aus Kraft und Weg bilden, da die Anziehungskraft der Erde ja mit der Höhe laufend abnimmt. Fig. 0.3 und Fig. 0.4 zeigen die Weg-Kraft-Diagramme für konstante Kraft und für abnehmende Gravitationskraft.

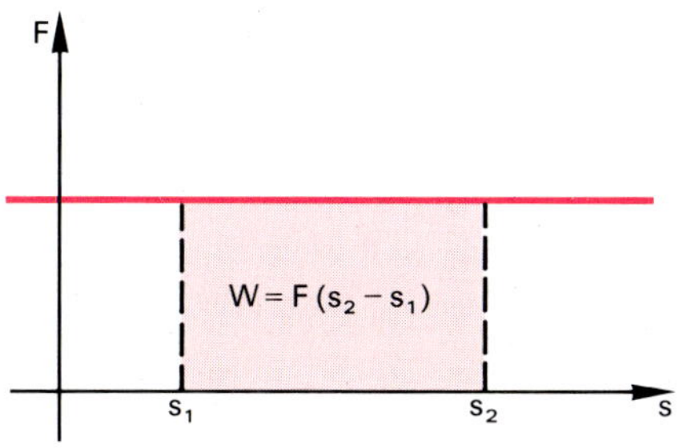

Fig. 0.3

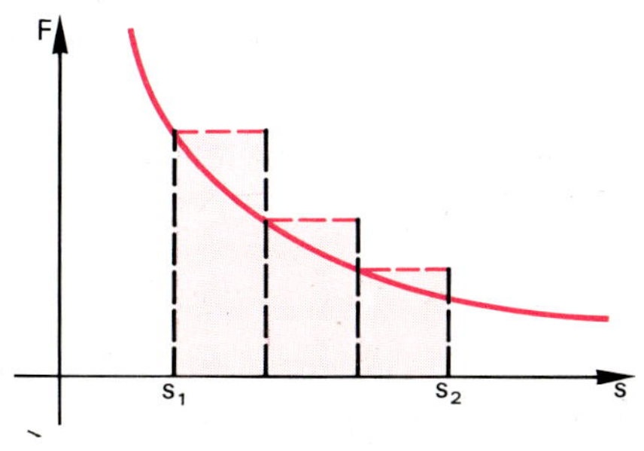

Fig. 0.4

Der Maßzahl der Energie $W = F \cdot (s_2 - s_1)$ bei konstanter Kraft entspricht in Fig. 0.3 die Maßzahl des Inhalts des roten Rechtecks. Denkt man sich im Falle der Erdanziehung (Fig. 0.4) die Kraft wenigstens für kleine Höhenunterschiede konstant, so ergibt sich eine Summe der Inhalte von immer kleiner werdenden Rechtecken als Näherungswert der Energie. Die Integralrechnung, das zweite Teilgebiet der Infinitesimalrechnung, bietet Methoden, um dieses Problem exakt zu behandeln, und zwar auch dann, wenn der Körper den Anziehungsbereich der Erde ganz verlässt. Kennt man diese Energie W_1, so kann man aus

$$\tfrac{1}{2}mv^2 = W_1$$

die sogenannte Fluchtgeschwindigkeit v berechnen, bei der die kinetische Energie zum Verlassen der Erde ohne weiteren Antrieb ausreicht (Raumsonde Voyager!). Auch auf dieses Problem werden wir später zurückkommen.

Mathematisch gesehen sind es im Wesentlichen zwei Begriffe, mit denen diese vielgestaltigen Probleme in der Infinitesimalrechnung angegangen werden, die Ableitung, auch Differenzialquotient genannt, und das Integral.
Alle Betrachtungen der Infinitesimalrechnung beziehen sich auf Funktionen reeller Zahlen. Die reellen Zahlen beschreiben dabei reale Größen (meist sind es die Maßzahlen dieser Größen), die Funktionen beschreiben Zusammenhänge zwischen diesen Größen.

0.2. Die reellen Zahlen[1]

0.2.1. Die Zahlenmengen $\mathbb{N}$, $\mathbb{Z}$, $\mathbb{Q}$ und $\mathbb{R}$

Die Erweiterung der Zahlenmengen macht jeweils die Lösung von Gleichungen möglich, die in der bisherigen Menge noch unlösbar waren:

Zahlenmenge	Beispiele für unlösbare Gleichungen, die zur Erweiterung des Zahlenbereichs Anstoß geben
$\mathbb{N} = \{1, 2, 3, 4, \ldots\}$	$3 + x = 2$
$\mathbb{Z} = \{\ldots -2, -1, 0, 1, 2, \ldots\}$	$3 \cdot x = 2$
$\mathbb{Q} = \{z \mid z = \frac{p}{q}, p \in \mathbb{Z}, q \in \mathbb{Z}, q \neq 0\}$	$x \cdot x = 2$

Es gilt $\mathbb{N} \subset \mathbb{Z} \subset \mathbb{Q}$.

Die Lösungsmenge von z. B. $x^2 = 2$ ist in $\mathbb{Q}$ leer. $\sqrt{2}$ ist nicht mehr als Bruch mit ganzzahligem Zähler und Nenner darstellbar, also keine rationale Zahl. Daher wurde die Zahlenmenge $\mathbb{R}$ der reellen Zahlen eingeführt, die die Menge $\mathbb{Q}$ der rationalen Zahlen als Teilmenge enthält, darüber hinaus aber auch die Menge der irrationalen Zahlen, wie z. B. $\sqrt{2}$ und π.

Die Dezimalbruchentwicklung irrationaler Zahlen ist stets nichtabbrechend-nichtperiodisch, während die Dezimalbruchentwicklung einer rationalen Zahl abbrechend oder nichtabbrechend-periodisch ist.

Jeder rationalen und auch jeder irrationalen Zahl kann man genau einen Punkt der Zahlengeraden zuordnen. Umgekehrt entspricht dann jedem Punkt der Zahlengeraden eine reelle Zahl, nicht immer aber eine rationale Zahl. So ist in Fig. 0.5

[1] Dieser Abschnitt fasst die wichtigsten Eigenschaften der reellen Zahlen aus dem Stoff der Mittelstufe zusammen.

beispielsweise dem Punkt P der Zahlengeraden keine rationale Zahl zugeordnet.
Die Menge der positiven reellen Zahlen wird mit $\mathbb{R}^+$ bezeichnet. Wenn die Null dazugerechnet wird ($\mathbb{R}^+ \cup \{0\}$), schreibt man kurz $\mathbb{R}_0^+$.

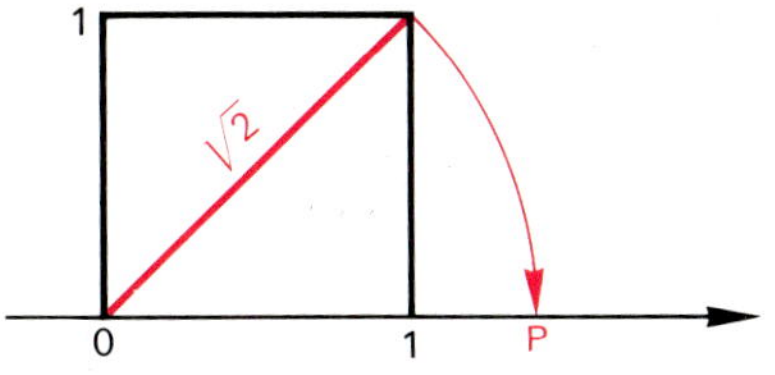

Fig. 0.5

Unerfüllbar bleiben in $\mathbb{R}$ Gleichungen der Art $x \cdot x = -2$. Die Erweiterung der Menge $\mathbb{R}$ zur Menge $\mathbb{C}$ der komplexen Zahlen, in der auch diese Gleichung eine Lösung hat, ist nicht Gegenstand dieses Buches.

0.2.2. Rechengesetze in $\mathbb{R}$

Es gelten folgende Rechengesetze für alle reellen Zahlen a, b und c:

	Addition	Multiplikation
Assoziativgesetze	$a + (b + c) = (a + b) + c$	$a \cdot (b \cdot c) = (a \cdot b) \cdot c$
Existenz und Eindeutigkeit neutraler Elemente	Es gibt genau eine reelle Zahl 0, sodass für *alle* $a \in \mathbb{R}$ gilt: $a + 0 = a$	Es gibt genau eine reelle Zahl $1 \neq 0$, sodass für *alle* $a \in \mathbb{R}$ gilt: $a \cdot 1 = a$
Existenz und Eindeutigkeit inverser Elemente	Zu *jedem* $a \in \mathbb{R}$ gibt es genau ein $x \in \mathbb{R}$ mit $a + x = 0$	Zu *jedem* $a \in \mathbb{R}$ mit $a \neq 0$ gibt es genau ein $x \in \mathbb{R}$ mit $a \cdot x = 1$
Kommutativgesetze	$a + b = b + a$	$a \cdot b = b \cdot a$
Distributivgesetz der Multiplikation bezüglich der Addition	$a \cdot (b + c) = a \cdot b + a \cdot c$	

Eine Folgerung aus den Gesetzen ist z. B. die in 0.2.1. genannte eindeutige Lösbarkeit der Gleichungen $3 + x = 2$ und $x \cdot 3 = 2$ in $\mathbb{R}$ ebenso wie in $\mathbb{Q}$.
Einige weitere häufig benutzte Sätze, die sich aus diesen Gesetzen beweisen lassen, seien zur Wiederholung angeführt:

$$(a + b)^2 = a^2 + 2ab + b^2 \qquad \text{für alle } a, b \in \mathbb{R}$$
$$(a + b)(a - b) = a^2 - b^2 \qquad \text{für alle } a, b \in \mathbb{R}$$
$$a \cdot 0 = 0 \qquad \text{für alle } a \in \mathbb{R}$$
$$a \cdot b = 0 \text{ und } a, b \in \mathbb{R} \Rightarrow a = 0 \text{ oder } b = 0 \text{ oder beides}$$

0.2.3. Die Ordnung und der Betrag

A. Die reellen Zahlen sind ebenso wie die rationalen Zahlen *angeordnet*, d. h., es gibt eine „Kleinerrelation" mit folgenden Gesetzen für a, b, $c \in \mathbb{R}$:

Vollständige Unterscheidbarkeit von drei Fällen	entweder gilt $a < b$ oder $a = b$ oder $b < a$. Für $b < a$ schreibt man auch $a > b$.	
Transitivität	$a < b$ und $b < c \Rightarrow a < c$	
Monotonie	$a < b \Rightarrow a + c < b + c$	Für $c > 0$ gilt: $a < b \Rightarrow ac < bc$

Für „$a < b$ oder $a = b$" schreibt man abgekürzt: $a \leqq b$.

Wichtige Folgerungen hieraus sind:

(1) Für positive a, b gilt: $a < b \Rightarrow a^2 < b^2$

(2) Für negative a, b gilt: $a < b \Rightarrow a^2 > b^2$

(3) Für negative c gilt: $a < b \Rightarrow ac > bc$

(4) Für positive a, b gilt: $a < b \Rightarrow \frac{1}{a} > \frac{1}{b}$

(5) Für positive a, b gilt: $a^2 < b^2 \Rightarrow a < b$.

B. Erinnert sei noch an die Definition des *Betrags*, die oft gebraucht wird:

$$|a| = \begin{cases} a & \text{für } a \geqq 0 \\ -a & \text{für } a < 0 \end{cases}$$

$|a|$ ist daher stets eine nichtnegative Zahl.

Wichtige Folgerungen aus der Betragsdefinition sind:

$$|a + b| \leqq |a| + |b| \quad \text{(Dreiecksungleichung)}$$
$$|a - b| \geqq |a| - |b|$$
$$|a \cdot b| = |a| \cdot |b|$$

Beispiele für Ungleichungen mit Beträgen:

a) $|x| \leqq 2$

Die Lösungsmenge $L = \{x \mid -2 \leqq x \leqq 2\}$ ist ein *abgeschlossenes Intervall*. Es umfasst alle Punkte, die vom Nullpunkt höchstens 2 LE entfernt sind (Fig. 0.6).

Fig. 0.6

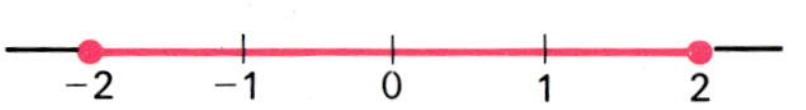

Kurzschreibweise:
$L = [-2; 2]$

b) $|x - 2| < 0,5$

Hier ist die Lösungsmenge $L = \{x \mid 1,5 < x < 2,5\}$ ein *offenes Intervall*. Es umfasst alle Punkte, deren Entfernung vom Punkt 2 kleiner als 0,5 LE ist (Fig. 0.7).

Fig. 0.7

Kurzschreibweise:
$L =]1,5; 2,5[$

Im Term $|x - a|$ ist a die „kritische" Stelle. Bei der rechnerischen Behandlung sind die beiden Fälle $x \geqq a$ und $x < a$ zu unterscheiden. Dann können im ersten Fall die Betragsstriche durch eine Klammer, im zweiten Fall durch eine Minusklammer ersetzt werden.

0.2.4. Die Vollständigkeit der reellen Zahlen

Die in 0.2.2. im Rahmen aufgeführten Rechengesetze nennt man *Körpergesetze*, die im Rahmen von 0.2.3. *Anordnungsgesetze*. Beide sind in $\mathbb{R}$ und $\mathbb{Q}$ gültig. Die sogenannte Vollständigkeit unterscheidet nun aber die reellen Zahlen von den rationalen Zahlen.
Im Algebraunterricht ist uns diese Eigenschaft bereits im Zusammenhang mit der Lösung der Gleichung $x^2 = 2$ begegnet. Es wurde eine Intervallschachtelung aufgestellt:

$$J_1 = [1; 2],\ J_2 = [1,4; 1,5],\ J_3 = [1,41; 1,42] \ldots$$

mit den Intervall-Längen 1; 0,1; 0,01; ... Die Stellenzahl wurde laufend um 1 erhöht. Die Intervallgrenzen bestimmten sich aus der Forderung, dass das Quadrat der linken Grenze noch kleiner als 2, das der rechten Grenze aber schon größer als 2 sein soll. Es gibt keine rationale Zahl, die allen diesen Intervallen angehört. Dagegen gehört die reelle Zahl $\sqrt{2}$ als einzige Zahl jedem dieser Intervalle an.
Als Vollständigkeit der reellen Zahlen bezeichnet man die Tatsache, dass jede Intervallschachtelung in $\mathbb{R}$ genau eine Zahl in $\mathbb{R}$ liefert. Die Punkte der Zahlengeraden entsprechen also umkehrbar eindeutig den Elementen der Menge $\mathbb{R}$, aber nicht der Menge $\mathbb{Q}$. Dazu äquivalent ist der

Satz 0.1:

Für jede Menge M reeller Zahlen, deren Elemente x kleiner oder gleich einer oberen Schranke K sind ($x \leqq K$ für alle $x \in M$), existiert eine kleinste obere Schranke.

In der Intervallschachtelung für $\sqrt{2}$ sind die rechten Intervallgrenzen 2; 1,5; 1,42; ... obere Schranken für die Menge der linken Intervallgrenzen $M = \{1; 1,4; 1,41; \ldots\}$, $\sqrt{2}$ ist die kleinste obere Schranke.

Aufgaben

1. Gib die folgenden rationalen Zahlen in Dezimalschreibweise an:
   a) $\frac{3}{25}$ b) $\frac{2}{9}$ c) $\frac{5}{12}$ d) $\frac{7}{16}$ e) $\frac{4}{7}$

2. Welche der angegebenen Zahlen ist rational, welche irrational? Warum?
   0,12345 0,123123123 ... 0,101001000100001000001 ...

3. In welchen der Mengen $\mathbb{N}$, $\mathbb{Z}$, $\mathbb{Q}$, $\mathbb{R}$ haben folgende Gleichungen nichtleere Lösungsmengen?
   a) $x + 7 = 5$ b) $2x + 3 = 10$ c) $x^2 - 5 = 0$
   d) $5 \cdot x = 15$ e) $x(x + 4) = 0$ f) $x^2 + 5 = 0$
   g) $2x^2 - 3x - 5 = 0$ h) $3x^2 + 6x - 4 = 0$ i) $\sin^2 x + \cos^2 x - 1 = 0$

4. Die Ungleichung $-\frac{1}{2} < -\frac{1}{3}$ stellt eine wahre Aussage dar. Welche wahre Aussage ergibt sich hieraus, wenn man beidseitig
   a) die Zahl 1 addiert, b) die Zahl 1 subtrahiert,
   c) mit der Zahl -1 multipliziert, d) die Kehrwerte bildet,
   e) quadriert, f) kubiert?

5. Gib die Lösungsmenge in der Grundmenge $\mathbb{R}$ an und veranschauliche sie geometrisch, falls möglich, auf der Zahlengeraden! Schreibe sie auch mit Intervallschreibweise!
   a) $|x| < 3$ b) $|x - 1| \leqq 4$ c) $|x + 1| \leqq 2$ d) $|x - 4| < -1$
   e) $|x| \geqq 3$ f) $|x - 2| > 3{,}5$ g) $|x + 3| \geqq 1$ h) $|x - 4| \geqq -1$
   i) $2 \leqq |x| \leqq 4$ k) $r_1 \leqq |x| \leqq r_2$ l) $2 \leqq |x - 5| \leqq 4$ m) $r_1 \leqq |x - a| \leqq r_2$

6. Gib die Intervalle J_4, J_5, J_6 zu der in 0.2.4. genannten Intervallschachtelung für $\sqrt{2}$ an!

7. Gib ein Beispiel an, bei dem in der Dreiecksungleichung $|a + b| \leqq |a| + |b|$
   a) das Gleichheitszeichen gilt, b) das Gleichheitszeichen nicht gilt!

8. Vereinfache den Term!
   a) $\frac{1}{2}(a + b + |a - b|)$ b) $\frac{1}{2}(a + b - |a - b|)$

9. Zeige, dass für jede reelle Zahl $a \neq 0$ gilt: $\left(\frac{a}{|a|} - 1\right)((|a| + a) = 0.$

10. Zeige an Beispielen, dass die Rechnungsart a^n weder das Kommutativ- noch das Assoziativgesetz erfüllt!

11. Gib die kleinste obere Schranke an für
    a) die Menge aller negativen Zahlen, b) die Menge aller echten Brüche,
    c) die Menge der Umfänge aller einem Kreis mit Radius r einbeschriebenen regulären Vielecke!

    Beachte: Die kleinste obere Schranke kann, muss aber nicht Element der Menge sein.

1. Funktionen

1.1. Die reelle Funktion

Aus dem Physikunterricht wissen wir, dass zwischen zwei Größen ein „funktionaler Zusammenhang" bestehen kann.

Beispiel: Messwerte von Lufttemperaturen

Uhrzeit	6	9	12	15	18	21
Celsiusgrade	−2	1	5	6	3	1

Zu jeder Uhrzeit gehört eine ganz bestimmte Temperatur. In der Tabelle sind diese Größenpaare unter Weglassung der Einheiten[1] als *Zahlenpaare* dargestellt. Deutet man die Komponenten dieser Zahlenpaare als Koordinaten, erhält man durch Eintragen der zugehörigen Punkte in ein Koordinatensystem ein Schaubild der Zuordnung (Fig. 1.1).

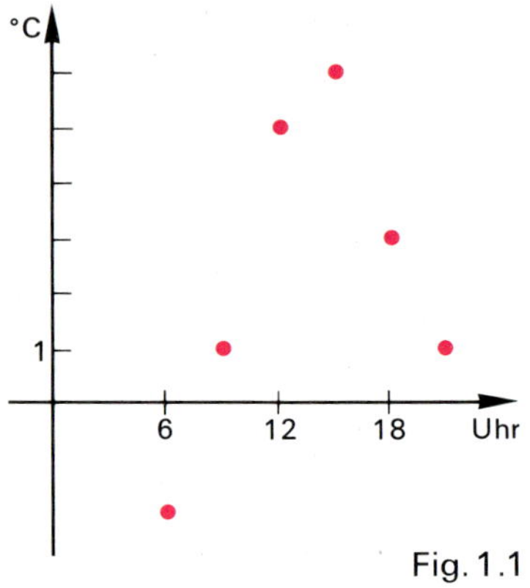

Fig. 1.1

Solche Zahlenpaare fasst man in der Mathematik zu Mengen zusammen. Erfüllen diese Mengen noch eine bestimmte Auflage, nennt man sie Funktionen. Funktionen und ihre Eigenschaften bilden das zentrale Thema der Infinitesimalrechnung. Wir müssen uns daher gründlich mit Funktionen beschäftigen.
Durch Mengen von Zahlenpaaren (x; y) werden den reellen Zahlen x reelle Zahlen y zugeordnet. Wird allgemein jedem x genau *eine* Zahl y zugeordnet, nennt man die Menge eine reelle Funktion.

Definition 1.1:

Eine Menge f von Zahlenpaaren (x; y) heißt *Funktion* und die Menge D_f der x-Werte *Definitionsmenge* von f, wenn durch f jedem $x \in D_f$ genau ein y zugeordnet ist.[2]

1.1.1. Schreibweisen und Begriffe

Der durch eine Funktion f einem $x \in D_f$ zugeordnete y-Wert heißt *Funktionswert* f(x). Die Menge der y-Werte wird als *Wertemenge* W_f bezeichnet. Statt De-

[1] In der Mathematik ist es gebräuchlich, zwischen einer Größe und ihrer Maßzahl sprachlich nicht mehr zu unterscheiden. Wir sprechen also z. B. auch von der „Temperatur y", wenn wir nur die Maßzahl y der Temperatur meinen.

[2] *Ohne* die Bedingung der *eindeutigen* Zuordnung eines y zu jedem x nennt man die Paarmenge eine *Relation*.

finitionsmenge D_f sagen wir auch *Definitionsbereich*. Es liegt eine *eindeutige Abbildung* von D_f auf W_f vor, in Zeichen:

$$D_f \longrightarrow W_f \qquad \text{(lies: } D_f \text{ abgebildet auf } W_f\text{)}$$

Da wir nur reelle Funktionen betrachten, ist $D_f \subseteqq \mathbb{R}$ und $W_f \subseteqq \mathbb{R}$. Die grafische Darstellung der Zahlenpaare (x; y) in einem Koordinatensystem heißt *Graph* G_f der Funktion f. Im Beispiel von 1.1. besteht er aus einer Menge von isolierten Punkten.

Will man eine Funktion f konkret festlegen, so kann man entweder direkt alle Paare (x; y) in „aufzählender Form" angeben, dann wäre im Beispiel von 1.1. $f = \{(6; -2), (9; 1), (12; 5), (15; 6), (18; 3), (21; 1)\}$.

Man kann dies in vielen Fällen aber auch in „beschreibender Form" tun:

1. Beispiel: $f = \{(x; y) \mid x \in [1; 4] \text{ und } y = \frac{1}{4}x^2 - 1\}$ gelesen: „Menge aller Paare (x; y) mit der Eigenschaft ..."
Die Gleichung $y = \frac{1}{4}x^2 - 1$ vermittelt die Zuordnung $x \mapsto y$. Die Definitionsmenge ist $D_f = [1; 4]$. Die Wertemenge ist, wie man leicht sieht, $W_f = [-\frac{3}{4}; 3]$. Es liegt eine Abbildung $[1; 4] \to [-\frac{3}{4}; 3]$ vor. Fig. 1.2 zeigt den Graphen von f.

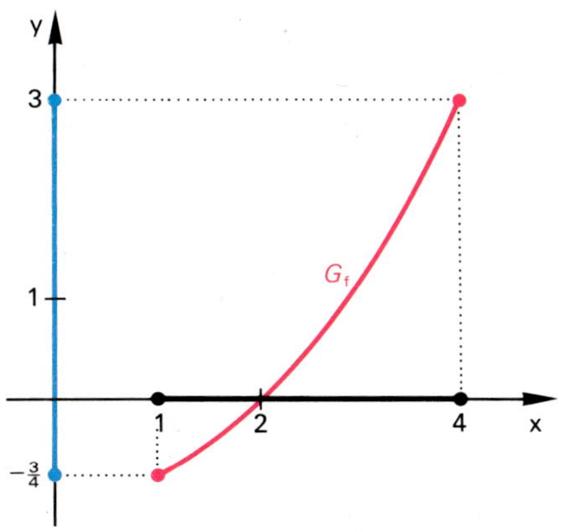

Fig. 1.2

Schließlich kann man die Definitionsmenge $D_f \subseteqq \mathbb{R}$ vorgeben und mit Hilfe einer eindeutigen *Zuordnungsvorschrift* für jedes $x \in D_f$ den zugehörigen Funktionswert f(x) festlegen. Dies drücken wir durch folgende Schreibweisen aus:

$$f\colon x \mapsto y = f(x); \quad x \in D_f \qquad \text{oder kürzer}$$
$$f\colon x \mapsto f(x); \quad x \in D_f$$

Damit lässt sich die Funktion im 1. Beispiel so schreiben:

$$f\colon x \mapsto f(x) = \tfrac{1}{4}x^2 - 1; \quad x \in [1; 4] \qquad \text{oder noch kürzer:}$$
$$f\colon x \mapsto \tfrac{1}{4}x^2 - 1; \quad x \in [1; 4]$$

Diese Schreibweise wird im vorliegenden Buch bevorzugt.
Die Zuordnung kann auch durch eine verbale Vorschrift bewerkstelligt werden:

2. Beispiel: Die Rundungsfunktion
$f = \{(x; y) \mid x \in \mathbb{R}$, y ist der auf eine ganze Zahl gerundete Wert von $x\}$. Hier ist $D_f = \mathbb{R}$ und $W_f = \mathbb{Z}$. Fig. 1.3.

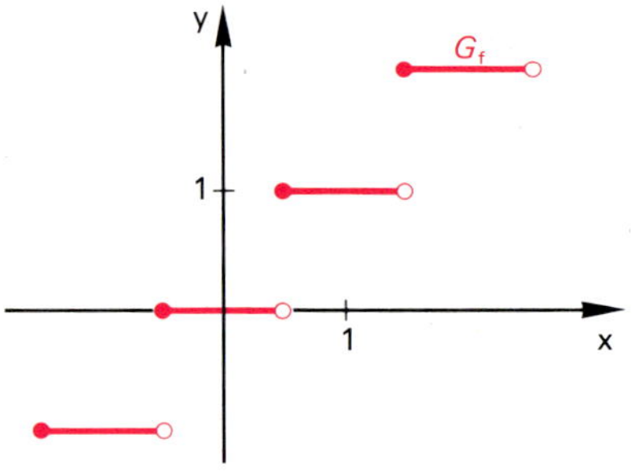

Fig. 1.3

Man bezeichnet nicht nur den Funktionswert an der Stelle x mit f(x), sondern auch den sog. *Funktionsterm*, mit dem man gegebenenfalls die Funktionswerte berechnen kann. Die Gleichung $y = f(x)$ heißt dann *Funktionsgleichung*.

3. Beispiel: Die Tabellenfunktion
Die nachstehende Tabelle einer privaten Krankenversicherung ordnet dem Eintrittsalter männlicher Versicherungsnehmer den jeweils geltenden Monatsbeitrag zu. Es handelt sich um eine sogenannte Treppenfunktion f mit $D_f =]0; 26]$. W_f besteht aus 11 Dezimalzahlen.

Eintrittsalter in Jahren	Monatsbeitrag in DM
bis 16	109,40
17	111,50
18	114,50
19	118,50
20	123,60
21	128,70
22	133,70
23	138,80
24	143,90
25	148,90
26	154,00

Nicht selten kommt es vor, dass sich die Funktionswerte durch Einsetzen in verschiedene Terme ergeben. Man spricht dann von einer *abschnittsweisen* oder *stückweisen* Definition der Funktion:

4. Beispiel: $f: x \mapsto \begin{cases} -x-1 & \text{für } x \in [-3; -1] \\ 0{,}5x^2 - 0{,}5 & \text{für } x \in]-1; 1[\\ x-1 & \text{für } x \in [1; 3] \end{cases}$

Wie Fig. 1.4 zeigt, liegt hier eine Abbildung $[-3; 3] \rightarrow [-0{,}5; 2]$ vor.

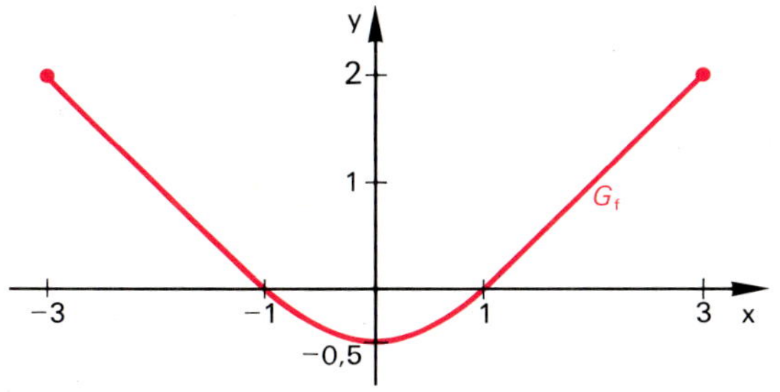

Fig. 1.4

Zur Vereinfachung der Schreibweise wird noch vereinbart: Fehlt bei der Angabe einer Funktion, die mit Hilfe einer Zuordnungsvorschrift $x \mapsto f(x)$ durch einen Term $f(x)$ festgelegt wird, die Definitionsmenge D_f, so ist stets die maximale Definitionsmenge $\mathbb{D}_{f(x)}$ des Funktionsterms $f(x)$ als D_f zugrunde gelegt. Wird z. B. bei der Funktion $f: x \mapsto \frac{1}{x}$ die Definitionsmenge nicht angegeben, so ist stillschweigend $D_f = \mathbb{R} \setminus \{0\}$ anzunehmen. Sind keine Verwechslungen zu befürchten, so schreibt man statt D_f oft nur D. Statt „$x \in D_f$" ist auch die Angabe einer D_f kennzeichnenden Bedingung möglich, wie etwa „$x \neq 0$" oder „$x > 1$".
Von Bedeutung sind schließlich noch die *Nullstellen* einer Funktion. Das sind jene Stellen x_0, für die $f(x_0) = 0$ ist. So hat beispielsweise die Funktion im 1. Beispiel eine Nullstelle, nämlich $x_0 = 2$. Im 3. Beispiel hat f zwei Nullstellen, nämlich -1 und 1, während im 2. Beispiel alle Zahlen des Intervalls $[-0{,}5; 0{,}5[$ Nullstellen sind.
Zum Graphen ist noch Folgendes zu sagen: Da es zu jedem $x \in D_f$ genau einen Funktionswert gibt, wird der Graph einer Funktion von einer Senkrechten zur x-Achse in *höchstens einem* Punkt geschnitten. Ein Kreis z. B. kann nicht als Graph einer Funktion auftreten, wohl aber gewisse Kreisbogenteile. So ist etwa der obere Halbkreis um den Ursprung mit dem Radius r Graph der Funktion $f: x \mapsto \sqrt{r^2 - x^2}$; $x \in [-r; r]$.

Bemerkung:

In der Physik kommt bei der Auffindung von Naturgesetzen häufig der Fall vor, dass eine Funktion erst durch ihren Graphen (z. B. eine Messkurve) gegeben ist.

1.1.2. Die Funktionenschar

Der Term einer Funktion kann außer der ‚Funktionsvariablen' eine weitere reelle ‚Formvariable', einen sogenannten *Parameter*, enthalten. Für jeden Parameterwert definiert er dann im Allgemeinen eine andere Funktion. Ein solcher Term legt also eine Menge von Funktionen fest, die man *Funktionenschar* nennt. Die dazugehörige Menge von Graphen heißt *Graphenschar*.

Beispiel: $f_k: x \mapsto k \cdot \sin x;\ x \in [0; 2\pi[$ mit $k \in \mathbb{R}$ als Parameter stellt eine Schar von Sinusfunktionen dar. Der Parameter k bestimmt, wie aus der Trigonometrie bekannt ist, die extremalen Funktionswerte. In Fig. 1.5 sind die Graphen der Funktionen f_1, f_2, $f_{2,5}$, f_{-1} und $f_{-0,5}$ gezeichnet.

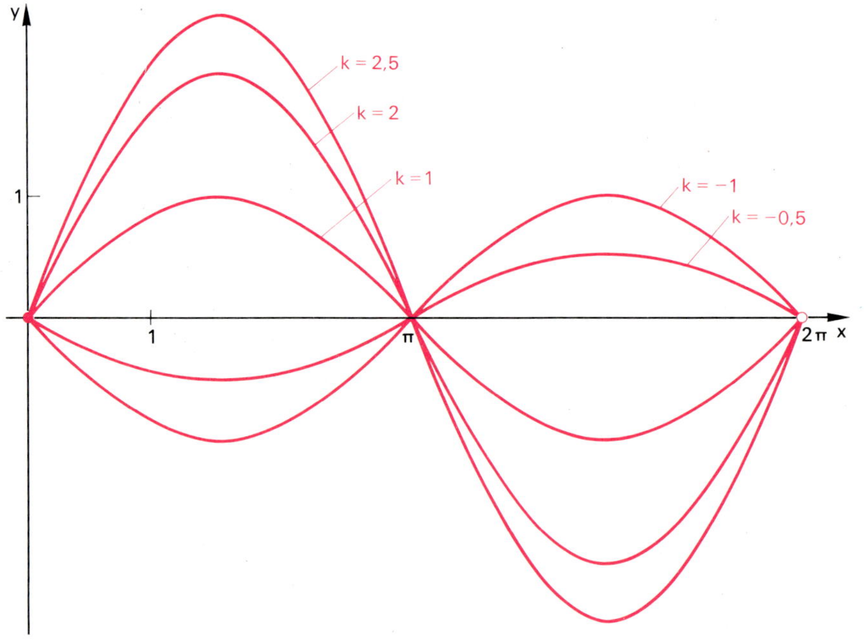

Fig. 1.5

1.1.3. Summe, Differenz, Produkt, Quotient und Verkettung von Funktionen

Sind f und g Funktionen mit $f\colon x \mapsto f(x),\ x \in D_f$ und $g\colon x \mapsto g(x),\ x \in D_g$, so definiert man auf dem gemeinsamen Definitionsbereich $D = D_f \cap D_g$ folgendermaßen die

Summen- bzw. Differenzfunktion $f \pm g$: $x \mapsto f(x) \pm g(x), \quad x \in D$

Produktfunktion $f \cdot g$: $x \mapsto f(x) \cdot g(x), \quad x \in D$

Quotientenfunktion $\frac{f}{g}$: $x \mapsto \frac{f(x)}{g(x)}, \quad x \in D \setminus \{x \mid g(x) = 0\}$

der Funktionen f und g.

Ist $W_f \subseteqq D_g$, so definiert man als Verkettung „g nach f" die Funktion

$$g \circ f\colon x \mapsto g(f(x)); \quad x \in D_f$$

1. Beispiel: f: $x \mapsto f(x) = 2x^2$; g: $x \mapsto g(x) = x^2$; $D_f = D_g = \mathbb{R}$

Dann ist

$f + g\colon\ x \mapsto 3x^2;\quad D = \mathbb{R}$

$f \cdot g\colon\ x \mapsto 2x^4;\quad D = \mathbb{R}$

$\frac{f}{g}\colon\ x \mapsto 2;\quad D = \mathbb{R} \setminus \{0\}$

$g \circ f\colon\ x \mapsto (2x^2)^2 = 4x^4;\quad D = \mathbb{R}$

$f \circ g\colon\ x \mapsto 2(x^2)^2 = 2x^4;\quad D = \mathbb{R}$

Ist die Bedingung $W_f \subseteqq D_g$ nicht erfüllt, so muss man bei der Verkettung alle x-Werte, für die f(x) nicht in D_g liegt, ausschließen (vgl. Fig. 1.6).

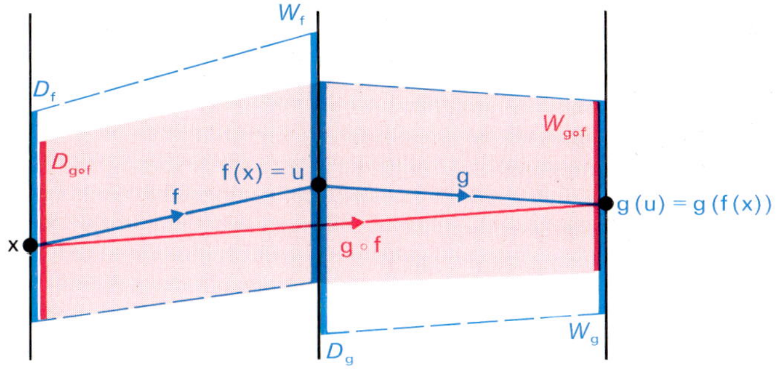

Fig. 1.6

2. Beispiel: f: $x \mapsto \sqrt{x}$; $D_f = \mathbb{R}_0^+ = \mathbb{W}_f$; g: $x \mapsto \frac{1}{x-2}$; $D_g = \mathbb{R} \setminus \{2\}$; $\mathbb{W}_g = \mathbb{R} \setminus \{0\}$

Dann ergibt sich $g \circ f\colon x \mapsto \frac{1}{\sqrt{x}-2}$; $x \in \mathbb{R}_0^+ \setminus \{4\}$

$f \circ g\colon x \mapsto \sqrt{\frac{1}{x-2}}$; $x \in \,]2; \infty[$

Wir erkennen, dass die Verkettung nicht kommutativ ist, d.h., es ist im Allgemeinen $g \circ f \neq f \circ g$.

Aufgaben

1. Berechne f(0), f(1), f(−1), f(−2) für die Funktion:

a) f: $x \mapsto -x^3 + 2x - 1$; $x \in \mathbb{R}$ b) f: $x \mapsto \sqrt{x^2 + x + 1}$; $x \in [-2; 2]$

2. Gegeben sind die Funktion $f: x \mapsto x^3 - 2x^2 + 3; x \in \mathbb{R}$ mit dem Graphen G_f sowie die Punkte $A(1; 2)$, $B(2; 4)$, $C(-1; 0)$ und $D(\frac{2}{3}; \frac{22}{9})$. Setze in die Leerstelle ... jeweils eines der Zeichen $\in$ oder $\notin$ ein, sodass eine wahre Aussage entsteht. (Keine Zeichnung)

a) $A \dots G_f$ b) $B \dots G_f$ c) $C \dots G_f$ d) $D \dots G_f$

3. An welchen Stellen nimmt die Funktion

$$f: x \mapsto \frac{2x+3}{x^2+2}; \quad x \in \mathbb{R}$$

die Funktionswerte 0; 1,5; 1 an?

4. Bestimme die Nullstellen folgender Funktionen:

a) $f: x \mapsto x(x-4); \quad x \in \mathbb{R}$
b) $f: x \mapsto \frac{x^2-4}{x^2+4}; \quad x \in \mathbb{R}$
c) $f: x \mapsto \sqrt{6x - x^2 - 5}; \quad x \in [1; 5$
d) $f: x \mapsto x^2 - x - 6; \quad x \in \mathbb{R}^-$
e) $f: x \mapsto \sin x; \quad x \in]-2\pi; 2\pi[$
f) $f: x \mapsto 2^x - 8; \quad x \in \mathbb{R}$

5. Für die Funktion $f: x \mapsto f(x)$; $D_f = [-1; 2]$ ist die Wertemenge W_f zu bestimmen.

a) $f(x) = 2x - 1$ b) $f(x) = x^2$ c) $f(x) = \frac{1}{2}x^3 - 6x$ d) $f(x) = \frac{x-1}{x+4}$

6. Zeichne jeweils den Graphen der Funktion f!

a) $f: x \mapsto \begin{cases} 0{,}5x^2 - x; & x \in [-3; 0] \\ -0{,}5x^2 + x; & x \in]0; 3] \end{cases}$

b) $f: x \mapsto \begin{cases} \frac{1}{x}; & x \in [1; 2] \\ \frac{1}{2}\sqrt{x-1}; & x \in]2; \infty[\end{cases}$

c) $f: x \mapsto \begin{cases} 2{,}5 & x \in [-3; -1] \\ -\frac{1}{2}x + 2 & x \in]-1; 2] \\ \frac{1}{2}x^2 - 1 & x \in]2; 3] \end{cases}$

7. Zeichne den Graphen der „Portofunktion" für Post-Pakete im Inland.

bis	2	4	6	8	10	12	14	16	20	kg	(Stand 1.7.95)
Porto	8,40	9,40	10,40	11,40	12,50	13,50	14,50	15,50	18,50	DM	

x-Achse: 2 kg ≙ 1 cm, y-Achse: 2 DM ≙ 1 cm

8. Gegeben ist die Funktionenschar
$f_m: x \mapsto m \cdot x; \quad x \in \mathbb{R}$
mit $m \in \mathbb{R}$ als Scharparameter.
Zeichne die Graphen der Funktionen $f_{0,5}$, f_1, f_2, $f_{-0,5}$ und f_{-2}!

9. Skizziere die Graphen der Funktionen
$f: x \mapsto \sin^2 x$, $g: x \mapsto \cos^2 x$ und $f + g$ in $[0; 2\pi[$! 1 LE ≙ 2 cm!

10. Skizziere die Graphen der Funktionen $f+g$, $f-g$, $f \cdot g$ und f/g zu den durch Fig. 1.7 gegebenen Funktionen f und g!

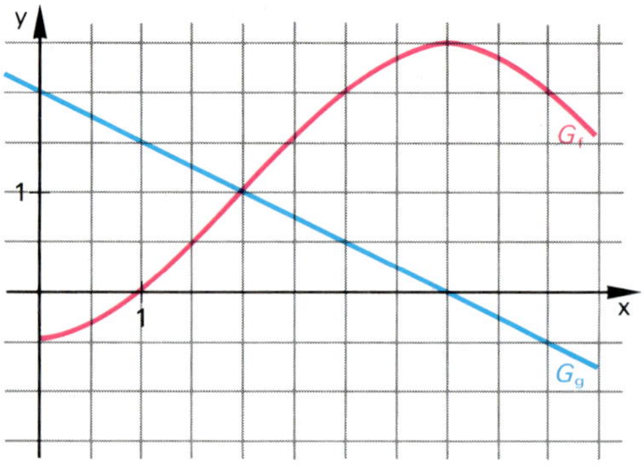

Fig. 1.7

11. Bestimme die Terme der Verkettungsfunktionen $g \circ f$ und $f \circ g$ zu folgenden Funktionen:
  a) $f: x \mapsto 2x + 3;\ x \in \mathbb{R}$ und $g: x \mapsto 3x + 4;\ x \in \mathbb{R}$
  b) $f: x \mapsto 2x + 1;\ x \in \mathbb{R}$ und $g: x \mapsto x^2;\ x \in \mathbb{R}$
  c) $f: x \mapsto x^2;\ x \in \mathbb{R}$ und $g: x \mapsto x^3;\ x \in \mathbb{R}$

12. Bestimme die Verkettungsfunktionen $g \circ f$ und $f \circ g$ zu folgenden Funktionen:
  a) $f: x \mapsto 1 - x;\ x \in \mathbb{R}$ und $g: x \mapsto \frac{1}{x};\ x \in \mathbb{R} \setminus \{0\}$
  b) $f: x \mapsto \frac{1}{x};\ x \in \mathbb{R} \setminus \{0\}$ und $g: x \mapsto \sqrt{4 - x^2};\ x \in [-2; 2]$
  c) $f: x \mapsto 2 - x;\ x \in \mathbb{R}$ und $g: x \mapsto \sqrt{x};\ x \in \mathbb{R}_0^+$
  d) $f: x \mapsto \sqrt{x - 2};\ x \in [2; \infty[$ und $g: x \mapsto \frac{1}{x};\ x \in \mathbb{R} \setminus \{0\}$

1.2. Lineare Funktionen

1.2.1. Gleichung, Steigung, Neigungswinkel einer Geraden

A. Viele Vorgänge in der Praxis lassen sich, zumindest angenähert, durch eine lineare Funktion beschreiben. Bekannte Beispiele aus der Physik sind das Hooke-Gesetz und das Ohm'sche Gesetz. Aus dem Algebraunterricht wiederholen wir:

Definition 1.2:

Eine Funktion $f: x \mapsto mx + t;\ x \in \mathbb{R}$ heißt *lineare Funktion*. Ihr Graph ist eine Gerade. $y = mx + t$ ist die *Gleichung* der Geraden.

B. Die Gerade schneidet die y-Achse im Punkt $(0; t)$. t ist der Abschnitt auf der y-Achse. m heißt *Steigung* oder Richtungsfaktor der Geraden. Je größer $|m|$, desto steiler verläuft sie.

$m > 0$: die Gerade steigt nach rechts an
$m < 0$: die Gerade fällt nach rechts ab
$m = 0$: die Gerade ist parallel zur x-Achse

Für $m \neq 0$ hat die lineare Funktion genau eine Nullstelle. Die Wertemenge ist $W_f = \mathbb{R}$.

C. Es seien $P_1(x_1; y_1)$ und $P_2(x_2; y_2)$ zwei Punkte der Geraden g mit $x_1 \neq x_2$ (Fig. 1.8).
g habe die Gleichung $y = mx + t$.

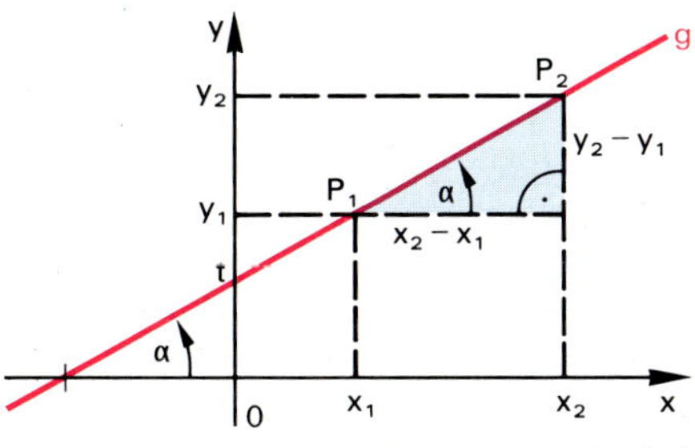

Fig. 1.8

Dann gilt:

$$\begin{array}{r} y_2 = mx_2 + t \\ y_1 = mx_1 + t \\ \hline y_2 - y_1 = m(x_2 - x_1) \end{array} \quad \text{subtrahiert:}$$

woraus folgt:

$$\boxed{m = \frac{y_2 - y_1}{x_2 - x_1}} \qquad (1)$$

Als *Neigungswinkel* der Geraden g bezeichnet man den spitzen Winkel α, den sie mit der x-Achse bildet.

Aus Fig. 1.8 ist zu entnehmen:

$$\boxed{m = \tan\alpha} \quad \text{mit} \quad -90° < \alpha < 90° \qquad (2)^1$$

Nach rechts abfallende Geraden haben demnach negative Neigungswinkel.

Zusammenfassend können wir sagen:

Die Gleichung $y = mx + t$ stellt eine Gerade mit der Steigung m und dem Abschnitt t auf der y-Achse dar. Der Neigungswinkel α der Geraden gegen die x-Achse ist durch die Gleichung $\tan\alpha = m$ festgelegt.

Für eine senkrecht zur x-Achse verlaufende Gerade ist eine Steigung nicht definiert.

1. Beispiel: Wie lautet die Gleichung der Geraden g durch die beiden Punkte $P_1(-2; 2)$ und $P_2(3; -0{,}5)$?

Lösung: Aus (1) ergibt sich die Steigung $m_{P_1P_2} = \frac{-0{,}5 - 2}{3 - (-2)} = -0{,}5$.

Damit erhalten wir zunächst: g: $y = -0{,}5x + t$.

Einsetzen z.B. der Koordinaten von P_1 in g liefert: $2 = -0{,}5 \cdot (-2) + t$, also $t = 1$.

Geradengleichung: $y = -0{,}5x + 1$

Nullstelle: $-0{,}5x + 1 = 0 \Rightarrow x = 2$

Neigungswinkel: $\tan\alpha = -0{,}5 \Rightarrow \alpha = -26{,}57°$

Zeige, dass sich durch Einsetzen der Koordinaten von P_1 und P_2 in den Ansatz $y = mx + t$ ein Gleichungssystem mit derselben Lösung ergibt!

[1] Lässt man auch stumpfe Neigungswinkel zu, so entspricht ein negativer spitzer Winkel α dem stumpfen Winkel $180° - |\alpha|$, z.B.: $-10°$ entspricht $170°$.

2. Beispiel: Es sollen für die Geraden g_1: $y = \frac{3}{2}x + 1$ und g_2: $y = -\frac{1}{3}x - 1$ die Neigungswinkel α_1 und α_2 berechnet werden.

Lösung: Es ist $m_1 = \frac{3}{2}$ und $t_1 = 1$ sowie $m_2 = -\frac{1}{3}$ und $t_2 = -1$.
Aus $\tan\alpha_1 = \frac{3}{2}$ folgt $\alpha_1 = 56{,}31°$. Aus $\tan\alpha_2 = -\frac{1}{3}$ folgt $\alpha_2 = -18{,}43°$.[1]

Man zeichnet die beiden Geraden mit Hilfe eines sogenannten *Steigungsdreiecks*. Im Falle $m_1 = \frac{3}{2}$ geht man etwa von (0; 1) aus um 2 LE nach rechts und um 3 LE nach oben. Im Falle $m_2 = -\frac{1}{3}$ geht man von (0; −1) aus um 3 LE nach rechts und um 1 LE nach unten. Fig. 1.9

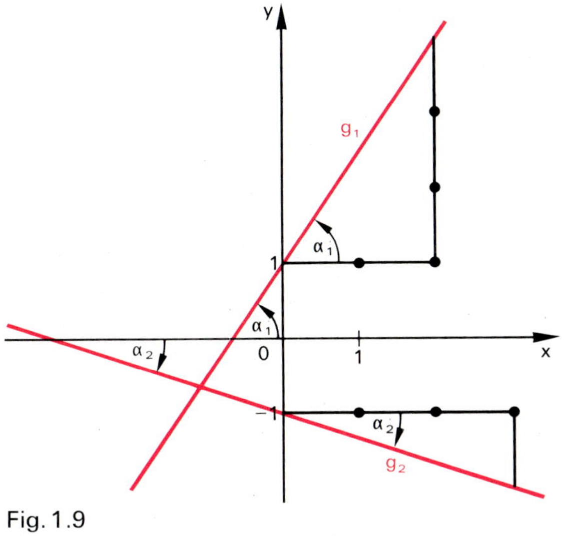

Fig. 1.9

Der Sonderfall $y = mx$ mit $t = 0$ tritt besonders häufig auf: x und y sind zueinander proportional. Die Gerade geht durch den Nullpunkt. Für $m = 1$ erhält man die Winkelhalbierende des I. und III. Quadranten mit der Gleichung $y = x$. Für $m = -1$ erhält man die Winkelhalbierende des II. und IV. Quadranten mit der Gleichung $y = -x$. Für $m = 0$ ergibt sich die x-Achse. Ihre Gleichung ist $y = 0$.

Bemerkungen:

1. Eine Parallele zur y-Achse im Abstand d hat die Gleichung $x = d$. Sie kann nicht als Graph einer Funktion $x \mapsto y$ aufgefasst werden, da zu einem x-Wert mehr als ein y-Wert gehört.
2. Die Gleichung des 2. Beispiels $y = -0{,}5x + 1$ lässt sich auf die Form $x + 2y - 2 = 0$ bringen. Es stellt

   g: $Ax + By + C = 0$ (allgemeine Form der Geradengleichung).

   eine Gerade dar, falls A und B nicht gleichzeitig null sind. Für $B = 0$, $A \neq 0$ beschreibt die allgemeine Form der Geradengleichung auch Parallelen zur y-Achse.

[1] bzw. $180° - 18{,}43° = 161{,}57°$ bei Zulassung stumpfer Neigungswinkel.

1.2.2. Zueinander senkrechte Geraden

Es sei $g_1 \perp g_2$. Dann besteht zwischen den Steigungen m_1 und m_2 der Geraden eine Beziehung, die sich ($\alpha_1 \neq 0°$ und $\alpha_2 \neq 0°$ vorausgesetzt) aus Fig. 1.10 ermitteln lässt. Es ist immer einer der Winkel positiv, einer negativ. Im Falle $\alpha_1 > 0°$ ist nach Fig. 1.10

$$\alpha_2 = -(90° - \alpha_1)$$

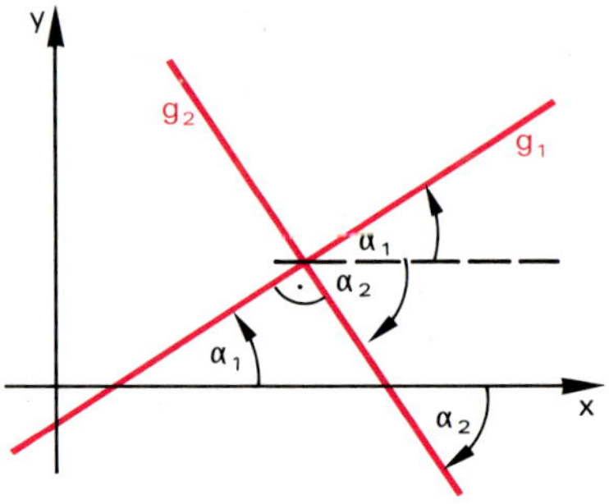

Fig. 1.10

und daher mit Benutzung der einschlägigen Formeln der Trigonometrie:

$$m_2 = \tan \alpha_2 = \tan[-(90° - \alpha_1)] = -\tan(90° - \alpha_1) =$$
$$= -\frac{\sin(90° - \alpha_1)}{\cos(90° - \alpha_1)} = -\frac{\cos \alpha_1}{\sin \alpha_1} = -\frac{1}{\tan \alpha_1} = -\frac{1}{m_1}$$

Somit gilt:

$$\boxed{m_1 \cdot m_2 = -1}$$

Umgekehrt folgt aus dem Bestehen dieser Beziehung, dass $g_1 \perp g_2$ sein muss.

Damit ergibt sich

Satz 1.1:

Zwei Geraden stehen genau dann aufeinander senkrecht, wenn das Produkt ihrer Steigungen den Wert -1 hat.

Beispiel: Gegeben ist die Gerade g_1: $2x - 3y + 9 = 0$. Im Punkt $P_0(3; ?)$ von g_1 wird das Lot g_2 zu g_1 errichtet. Wie lautet die Gleichung von g_2?

Lösung: Für die Ordinate von P_0 ergibt sich durch Einsetzen von $x_0 = 3$ in die Gleichung von g_1 der Wert $y_0 = 5$.
Löst man die Gleichung von g_1 nach y auf, so erhält man
$y = \frac{2}{3}x + 3$.
Hieraus entnimmt man: $m_1 = \frac{2}{3}$. Folglich ist $m_2 = -\frac{1}{m_1} = -\frac{3}{2}$.
Die Gleichung von g_2 lautet zunächst: $y = -\frac{3}{2}x + t$.
(3; 5) eingesetzt: $5 = -\frac{3}{2} \cdot 3 + t \Rightarrow t = \frac{19}{2}$, also
g_2: $y = -\frac{3}{2}x + \frac{19}{2}$ bzw. g_2: $3x + 2y - 19 = 0$.

1.2.3. Die Geradenschar

In 1.1.2. sprachen wir, wenn die Zuordnungsvorschrift einen reellen Parameter enthielt, von einer Schar von Funktionen. Zu ihr gehört eine Schar von Graphen, im Fall der linearen Funktion eine Schar von Geraden. Schon in Aufgabe 8, Abschnitt 1.1.3., haben wir eine solche Geradenschar kennen gelernt, genauer ein *Geradenbüschel*, d. h. eine unendliche Menge von Geraden, die alle durch einen Punkt gehen. Wir betrachten ein weiteres

Beispiel: Die Gleichung

g_k: $x + y - k = 0$ (Fig. 1.11)

stellt eine Schar von Geraden dar, die alle die Steigung -1 haben, also parallel sind zur Winkelhalbierenden des II. Quadranten. Wir sprechen von einer *Parallelenschar*. Der Parameter k ist, wie man sieht, der Abschnitt einer Schargeraden auf der y-Achse.

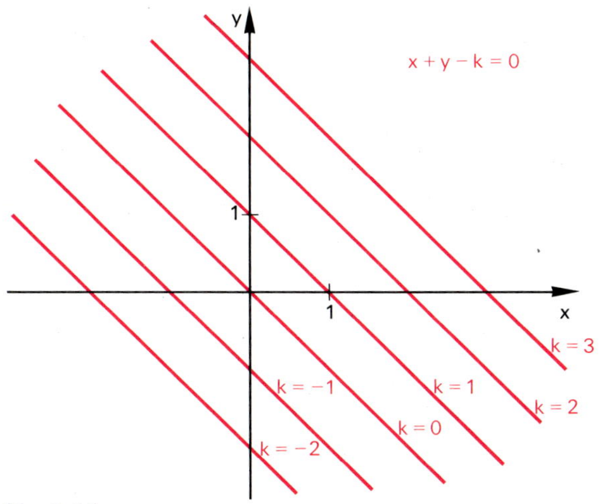

Fig. 1.11

Aufgaben

1. Zeichne die Geraden mit folgenden Gleichungen:

a) $y = x$ b) $y = 2x$ c) $y = \frac{1}{2}x$ d) $y = -\frac{1}{4}x$

e) $y = -3x$ f) $y = x + 2$ g) $y = 2x - 2$ h) $y = -\frac{1}{2}x - 3$

i) $y = \frac{3}{4}x + \frac{1}{2}$ k) $x + 2y + 4 = 0$ l) $\sqrt{3}x = y$ m) $x + \sqrt{3}y + 2\sqrt{3} = 0$

2. Bestimme die Geradengleichung, wenn ein Punkt P der Geraden und die Steigung m gegeben sind!

a) $P(-3; -1)$, $m = -\frac{1}{2}$ b) $P(-5; 2)$, $m = 0{,}4$ c) $P(0; -3)$, $m = 3$

3. Bestimme die Steigung und die Geradengleichung, wenn der Abschnitt t auf der y-Achse und ein Punkt P der Geraden gegeben sind!

a) $t = -1$, $P(-2; 5)$ b) $t = 2$, $P(6; 0)$ c) $t = 0$, $P(-3; 2)$

4. Wie lautet die Gleichung der Geraden PQ? Welche Steigung hat sie? Berechne den Neigungswinkel auf 0,01° genau!

a) $P(2; 2)$, $Q(4; 6)$ b) $P(-4; 1)$, $Q(1; -2)$
c) $P(-5; 0)$, $Q(3; 2)$ d) $P(-3; 2)$, $Q(3; 2)$

5. Berechne den Schnittpunkt der beiden Geraden g und h sowie den nichtstumpfen Winkel, den sie miteinander bilden, auf 0,01° genau!

a) g: $x - 2y + 4 = 0$, h: $x + y - 5 = 0$
b) g: $2x - 3y - 4 = 0$, h: $3x + 2y + 7 = 0$
c) g: $y = 4$, h: $x = 2y - 5$
d) g: $x = 5$, h: $y = 4x - 3$

Hinweis: Der Schnittpunkt S(u; v) muss sowohl die Gleichung von g als auch die von h erfüllen. Dies ergibt zwei Gleichungen zur Bestimmung von u und v.

6. Stelle die Gleichung der Parallelen durch P zur Geraden g auf!

a) $P(2; 4)$, g: $y = \frac{1}{4}x + 1$ b) $P(3; -2\frac{1}{2})$, g: $10x + 6y + 15 = 0$

7. Zeige, dass g_1 und g_2 aufeinander senkrecht stehen!

a) g_1: $y = 2x + 3$, g_2: $y = -\frac{1}{2}x - 7$
b) g_1: $5x - \sqrt{2}y - \sqrt{7} = 0$, g_2: $2x + 5\sqrt{2}y + \sqrt{\pi} = 0$

8. Im Punkt $A \in g$ wird das Lot zu g errichtet. Welche Gleichung hat es?

a) $y = -\frac{1}{2}x + 3$; A(2; ?) b) g: $2x - 3y + 6 = 0$; A(?; 4)

9. Gegeben ist die Geradenschar g_k: $kx - y + 3 - k = 0$ mit $k \in \mathbb{R}$ als Scharparameter.

(1) Zeige, dass der Punkt P(1; 3) allen Geraden der Schar gemeinsam ist und daher ein *Geradenbüschel* vorliegt!
(2) Zeichne g_0, $g_{0,5}$, g_1, g_3, g_{-1} und g_{-2}!
(3) Welche Gerade durch P wird von der Gleichung g_k nicht erfasst?
(4) Wie muss k gewählt werden, damit g_k durch den Punkt $(-1; -1)$ geht?
(5) Für welches k steht g_k senkrecht auf h: $2x - 3y + 1 = 0$?

10. Die Halbgerade [PQ kann als Graph einer Funktion $f: x \mapsto y$ aufgefasst werden. Wie lautet f?

a) $P(0; 0)$, $Q(4; 4)$ b) $P(2; 3)$, $Q(-2; 0)$

11. Vom Punkt A wird das Lot auf die Gerade g gefällt. Berechne die Koordinaten des Fußpunktes F!

a) $A(1; 4)$; g: $x - 2y + 2 = 0$ b) $A(4; -1)$; g: $2x - y + 1 = 0$
c) $A(-2; 2)$; g: $3x + y - 2 = 0$

12. Gegeben ist die Schar der Geraden g_k durch die Gleichung $f_k: x \mapsto f_k(x) = kx + 2 - 3k$ mit $k \in \mathbb{R}$ als Scharparameter.

a) Zeichne die Geraden g_0, g_1 und g_2.
b) Zeige, dass es einen Punkt gibt, durch den alle Geraden der Schar gehen.
c) Wie muss k gewählt werden, damit g_k durch den Punkt (1; 4) geht?
d) Gehört die Gerade g: $5x - y - 23 = 0$ zur gegebenen Geradenschar?
e) Die Gerade g_k schneidet die x-Achse im Punkt S_k und die y-Achse im Punkt T_k. Wie muss k gewählt werden, damit das Dreieck OS_kT_k den Flächeninhalt 16 FE hat? (4 Lösungen!)

1.3. Quadratische Funktionen[1]

1.3.1. Definition und Beispiel

Neben den linearen treten besonders häufig quadratische Funktionen auf.

Definition 1.3:

> Eine Funktion $f: x \mapsto ax^2 + bx + c$ mit $a \neq 0$, $x \in \mathbb{R}$ heißt *quadratische Funktion*. Ihr Graph ist eine Parabel mit der Gleichung
>
> $$y = ax^2 + bx + c.$$
>
> Der höchste bzw. tiefste Punkt S heißt *Scheitel* der Parabel.

Für $a > 0$ ist die Parabel nach oben geöffnet, für $a < 0$ ist die Parabel nach unten geöffnet. Je kleiner $|a|$, desto flacher erscheint die Parabel.

Beispiel: Welche Koordinaten hat der Scheitel $S(x_s; y_s)$ der Parabel: $y = 0{,}5x^2 - 3x + 6$?

Lösung: (Fig. 1.12)
Wir formen den Funktionsterm mit Hilfe der quadratischen Ergänzung um, $y = 0{,}5(x^2 - 6x + 9 - 9) + 6$, und erhalten $y = 0{,}5(x - 3)^2 + 1{,}5$.

An dieser Darstellung kann man den Scheitel unmittelbar ablesen:
Es ist nämlich stets $0{,}5(x-3)^2 \geqq 0$, also $y \geqq 1{,}5$. Das Gleichheitszeichen gilt in beiden Ungleichungen genau dann, wenn $x - 3 = 0$, d.h. $x = 3$ ist. Also ist S(3; 1,5) der tiefste Punkt des Graphen und damit der Scheitel.

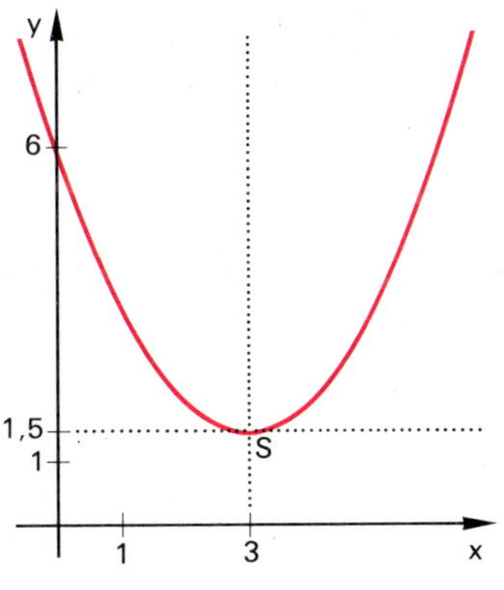

Fig. 1.12

[1] Dieser Abschnitt dient der Wiederholung und Vertiefung von Lehrstoff aus der Mittelstufe.

Die Parabel ist also gegenüber der Parabel mit der Gleichung $y = 0{,}5x^2$ um 3 LE nach rechts und um 1,5 LE nach oben verschoben.

Die Wertemenge der Funktion $f\colon x \mapsto y$ ist $W_f = [1{,}5; \infty[$. Es gibt keine Nullstelle. Die Parallele zur y-Achse durch den Scheitel S ist Symmetrieachse der Parabel.
Zeige, dass man den Scheitel auch dadurch erhalten kann, dass man in der ursprünglichen Funktionsgleichung für y den Wert y_1 so wählt, dass die Parallele zur x-Achse in Höhe y_1 mit der Parabel genau einen Punkt gemeinsam hat. Erkläre, weshalb du dazu in der Gleichung

$$0{,}5x^2 - 3x + (6 - y_1) = 0$$

die Diskriminante gleich null setzen musst.

Mit Hilfe des Scheitels, der Symmetrieachse und eines weiteren Punktes, z. B. des Schnittpunktes mit der y-Achse, lässt sich die Parabel grob skizzieren.

1.3.2. Nullstellen

Wir wissen aus der Mittelstufe: Die Parabel mit der Gleichung

$$y = ax^2 + bx + c, \quad x \in \mathbb{R}$$

schneidet die x-Achse an den zwei Stellen

$$x_{1,2} = \frac{1}{2a}\left(-b \pm \sqrt{b^2 - 4ac}\right),$$

falls die Diskriminante $D = b^2 - 4ac > 0$ ist (zwei Nullstellen),

für $D = 0$ berührt sie die x-Achse (doppelte Nullstelle),
für $D < 0$ existieren keine Nullstellen.

Für $D \geqq 0$ kann man die Gleichung umformen in

$$y = a(x - x_1)(x - x_2).$$

Dieser Term hat dann und nur dann den Wert null, wenn ein Faktor, d. h. hier eine der Klammern, den Wert null hat. Es muss also $x = x_1$ oder $x = x_2$ sein.

Aufgaben

1. Zeichne zunächst den Graphen der quadratischen Normalfunktion $f\colon x \mapsto x^2$; $x \in \mathbb{R}$, und entwickle hieraus die Graphen der folgenden Funktionen! Gib Anzahl und Lage der Nullstellen dieser Funktionen an!

a) $f\colon x \mapsto x^2 - 4$
b) $f\colon x \mapsto x^2 + 4$
c) $f\colon x \mapsto (x - 2)^2$
d) $f\colon x \mapsto (x + 2)^2 - 1$
e) $f\colon x \mapsto 2x^2$
f) $f\colon x \mapsto -\frac{1}{2}x^2 + 2$
g) $f\colon x \mapsto 2x^2 + 6x$
h) $f\colon x \mapsto -\frac{1}{2}x^2 + 3x - \frac{5}{2}$
i) $f\colon x \mapsto 2x^2 - 4x + 3$

2. Bestimme die Nullstellen folgender Funktionen f: $x \mapsto f(x)$:
   a) $f(x) = x^2 + x - 6$ b) $f(x) = x^3 - 3x^2 + x$ c) $f(x) = x^4 - 5x^2 + 4$

3. Gib die Menge aller x-Werte an, für die bei der Funktion f: $x \mapsto y = x^2 - 2x - 5$ jeweils folgende Bedingung erfüllt ist:
   a) $y = 3$ b) $y > 10$ c) $y < -2$ d) $y < -10$

4. Suche eine quadratische Funktion mit
   a) zwei Nullstellen, b) einer Nullstelle, c) ohne Nullstelle!
   Was lässt sich jeweils über den Graphen aussagen?

5. Stelle die Gleichung einer quadratischen Funktion auf, deren Graph durch die angegebenen Punkte geht:
   a) A(0; −1), B(2; 0), C(−2; 0) b) A(0; 0), B(4; 0), C(5; 1)
   c) A(0; −1), B(2; −1), C(−2; 2) d) A(1; 3), B(3; 5), C(−2; 15)

6. Wo liegt der Scheitel der Parabel, wo sind die Funktionswerte negativ?
   a) $f(x) = x^2 - 1$ b) $f(x) = (x-1)^2$ c) $f(x) = (x+1)^2$
   d) $f(x) = -x^2 + 1$ e) $f(x) = (x-1)(x+2)$ f) $f(x) = -x^2 + 2x + 1$

7. Gegeben ist die Parabel mit der Gleichung $f(x) = \frac{1}{2}x^2$; $x \in \mathbb{R}$:
   a) Berechne die Schnittpunkte der Parabel mit der Geraden g: $y = \frac{1}{2}x + 1$;
   b) Bestimme die Gleichung derjenigen Geraden, die mit der Parabel nur den Punkt P (2; 2) gemeinsam hat.

8. Gib irgendeine quadratische Funktion an, die für $x_1 = 2$ den Funktionswert $y_1 = 0$ und für $x_2 = 1$ den Funktionswert $y_2 = 1$ hat. Zeichne die Graphen einiger derartiger Funktionen und stelle die Gleichung für die Schar aller Funktionen auf, die diese Bedingung erfüllen!

9. Gegeben sind die Punkte $P_a(a; 0)$, $Q_a(-a; 0)$ und $R_a(0; a)$.
   Dabei ist $a \in \mathbb{R} \setminus \{0\}$ Parameter.
   (1) Wie lautet die Schar der quadratischen Funktionen f_a mit der Eigenschaft, dass die Punkte P_a, Q_a und R_a auf dem Graphen von f_a liegen?
   (2) Zeichne die drei Punkte und die Graphen für $a = 2$ und $a = -3$!
   (3) Bestimme die Schnittpunkte der Graphen von f_2 und f_{-3}!

10. Gegeben ist die Schar der Funktionen f_a: $x \mapsto f_a(x) = ax^2 + (1 - 2a)x$; $x \in \mathbb{R}$ mit dem Parameter $a \in \mathbb{R}$ und den zugehörigen Graphen G_a.
    a) Zeichne die Graphen G_1, G_0 und G_{-1}.
    b) Zeige, dass genau zwei Punkte allen Graphen der Schar angehören.
    c) Wie muss a gewählt werden, damit G_a durch den Punkt (4; 0) geht? Zeichne den zugehörigen Graphen.
    d) Bestimme allgemein für $a \neq 0$ die Nullstellen von f_a.
    e) Für welchen Wert von a berührt G_a die x-Achse?

11. a) Bestimme eine Gleichung für die Schar aller Parabeln, die durch die Punkte (0; 0) und (4; 0) gehen.

b) Gegeben ist nunmehr die Funktionenschar

$f_a\colon x \mapsto f_a(x) = ax^2 - 4ax \quad \text{mit} \quad x \in \mathbb{R} \quad \text{und} \quad a \neq 0.$

(1) Zeichne die Graphen der zu $a = 1$ und zu $a = -0{,}5$ gehörenden Funktionen.

(2) Bestimme allgemein (d. h. in Abhängigkeit von a) die Scheitelkoordinaten der zu f_a gehörenden Parabeln. Auf welcher Linie müssen daher alle Scheitelpunkte liegen?

1.4. Allgemeine Eigenschaften von Funktionen

1.4.1. Monotonie

In 1.2.1. sahen wir, dass die Gerade mit der Gleichung $y = mx + t$ mit wachsendem x für $m > 0$ steigt und für $m < 0$ fällt. Diese Begriffe sollen jetzt präzisiert werden.

Definition 1.4:

Die Funktion $f\colon x \mapsto f(x);\ x \in D_f$ heißt

streng monoton zunehmend[1]	*streng monoton abnehmend*[1]
wenn mit zunehmendem x	
der Funktionswert f(x) zunimmt;	der Funktionswert f(x) abnimmt;
oder	
wenn für alle $x_1, x_2 \in D_f$ gilt	
$x_1 < x_2 \Rightarrow f(x_1) < f(x_2)$;	$x_1 < x_2 \Rightarrow f(x_1) > f(x_2)$.

Von den zugehörigen Graphen sagt man, dass sie streng monoton steigen (Fig. 1.13) bzw. fallen.
Bei dem Graphen einer streng monoton zunehmenden (abnehmenden) Funktion liegt also von zwei Punkten der weiter rechts liegende stets höher (tiefer).

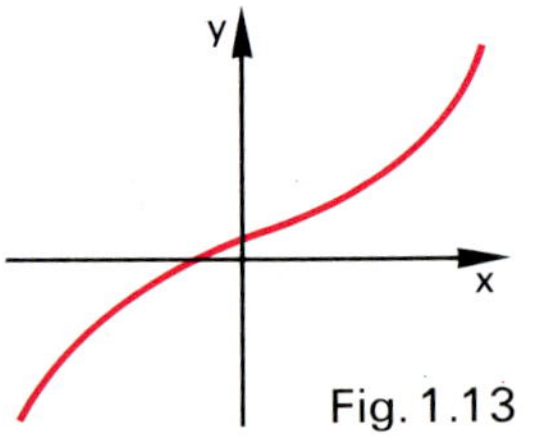

Fig. 1.13

1. Beispiel: $f\colon x \mapsto f(x) = -0{,}5x + 1$

Wir betrachten die Differenz benachbarter Funktionswerte:

$$f(x_2) - f(x_1) = (-0{,}5x_2 + 1) - (-0{,}5x_1 + 1) = -0{,}5x_2 + 0{,}5x_1 = -0{,}5(x_2 - x_1).$$

Für $x_1 < x_2$ ist dieser Term negativ, also $f(x_1) > f(x_2)$, d. h., die Funktion ist streng monoton abnehmend.

[1] Statt „streng" ist auch das Wort „echt" gebräuchlich.

2. Beispiel: f: $x \mapsto f(x) = x^2$; $x \in \mathbb{R}^-$

Wir setzen $x_1 < x_2 < 0$ voraus und erhalten:

$f(x_2) - f(x_1) = x_2^2 - x_1^2 = (x_2 - x_1)(x_2 + x_1)$

Die erste Klammer ist nach Voraussetzung positiv, die zweite auf Grund der Definitionsmenge negativ, das Produkt also negativ. Die Funktion f ist daher streng monoton abnehmend (Zeichnung!).

Wird beim Vergleich der Funktionswerte $f(x_2)$ und $f(x_1)$ auch Gleichheit zugelassen, so entfällt der Zusatz „streng":

Definition 1.5:

Die Funktion f: $x \mapsto f(x)$; $x \in D_f$ heißt

monoton zunehmend	*monoton abnehmend*
wenn für alle $x_1, x_2 \in D_f$ gilt	
$x_1 < x_2 \Rightarrow f(x_1) \leqq f(x_2)$;	$x_1 < x_2 \Rightarrow f(x_1) \geqq f(x_2)$.

3. Beispiel: Fig. 1.14 zeigt den Graphen einer monoton zunehmenden, aber nicht streng monoton zunehmenden Funktion. Ein Punkt des Graphen kann hier auch auf gleicher Höhe mit einem weiter links oder rechts davon liegenden Punkt sein.

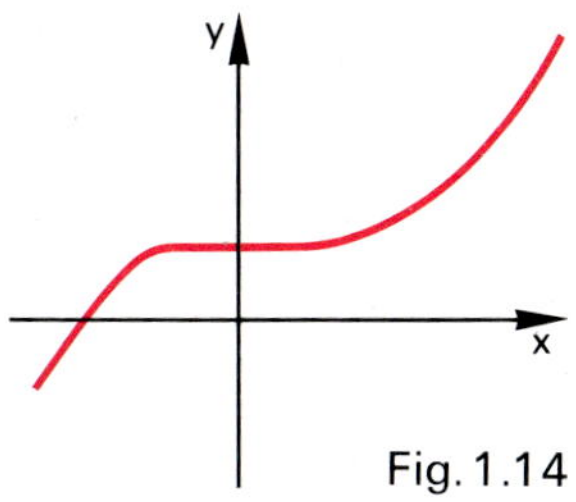

Fig. 1.14

Aufgaben

1. Untersuche ohne den Graphen zu zeichnen die folgenden Funktionen auf ihr Monotonieverhalten:

a) f: $x \mapsto \frac{1}{2}x + 3$; $x \in \mathbb{R}$ b) f: $x \mapsto -\frac{1}{3}x - 2$; $x \in \mathbb{R}$ c) f: $x \mapsto ax$; $x \in \mathbb{R}$, $a \neq 0$

d) f: $x \mapsto x^2$; $x \in \mathbb{R}^+$ e) f: $x \mapsto \frac{1}{x}$; $x \in \mathbb{R}^-$ f) f: $x \mapsto ax^2$; $x \in \mathbb{R}^+$, $a \neq 0$

g) f: $x \mapsto \begin{cases} 2; & x \in [0; 3[\\ -x+5; & x \in [3; \infty[\end{cases}$ h) f: $x \mapsto (x-3)^2$; $x \in [-4; 2]$ i) f: $x \mapsto \frac{3x}{2x-1}$; $x \in]\frac{1}{2}; \infty[$

2. Zeige (ohne Zeichnung): Die Funktion f: $x \mapsto x^3$; $x \in \mathbb{R}$ nimmt streng monoton zu.
Anleitung: Benütze die Formel $a^3 - b^3 = (a - b)(a^2 + ba + b^2)$. Der zweite Faktor lässt sich durch quadratische Ergänzung von $(\frac{1}{2}b)^2$ in die Summe zweier Quadrate überführen und damit als positiv für alle $a, b \in \mathbb{R}$ nachweisen.

3. Bestimme die Wertemenge der Funktion g mit g: $x \mapsto 4x^2 - 12x + 9$, $D_g = [2; 6]$ auf Grund ihres Monotonieverhaltens!
Anleitung: Schreibe den Funktionsterm als vollständiges Quadrat.

1.4.2. Die Umkehrfunktion

A. Definition

Der tägliche Gang des atmosphärischen Luftdrucks lässt sich in einem Zeit-Druck-Diagramm graphisch veranschaulichen. Zu jedem Zeitpunkt t gehört ein ganz bestimmter Druck p. In Fig. 1.15 gelten z. B. die eindeutigen Zuordnungen $0^h \mapsto 1005$ mbar und $9^h \mapsto 1015$ mbar. Umgekehrt ist aber nicht jedem Druck p eindeutig ein Zeitpunkt t zugeordnet. So gilt 1015 mbar $\mapsto 9^h$, aber auch 1015 mbar $\mapsto 21^h$. Die Zuordnung $t \mapsto p$ lässt sich in diesem Beispiel nicht eindeutig umkehren.

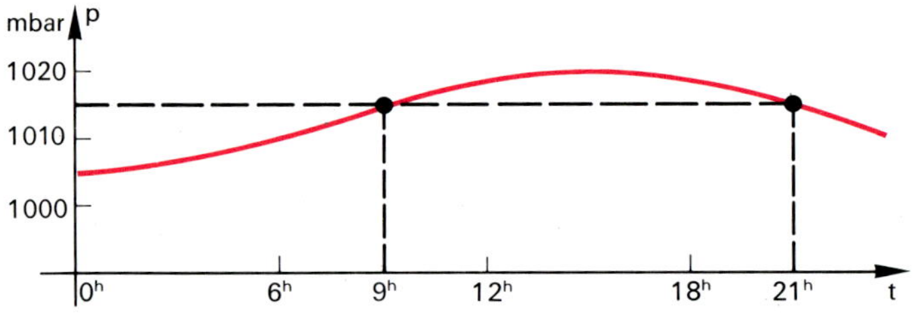

Fig. 1.15

Anders liegt der Fall, wenn wir die Abhängigkeit des Luftdrucks p von der Höhe H über dem Meeresspiegel verfolgen. Hier gehört (stabile Gesamtdrucklage vorausgesetzt) zu jedem H genau ein p und umgekehrt zu jedem p genau ein H. Die Zuordnung $H \mapsto p$ ist eindeutig und lässt sich umkehren in die eindeutige Zuordnung $p \mapsto H$. Für die Zuordnung $H \mapsto p$ kann man auf Grund physikalischer Überlegungen einen Funktionsterm herleiten (barometrische Höhenformel).

Eine Funktion vermittelt, wie wir wissen, eine eindeutige Abbildung der Definitionsmenge D_f auf die Wertemenge W_f, das heißt: Jedem $x \in D_f$ ist ein und nur ein $y \in W_f$ zugeordnet. Dies schließt jedoch nicht aus, dass u. U. verschiedenen x-Werten aus D_f ein und derselbe y-Wert aus W_f entspricht.

1. Beispiel: Die Funktion φ: $x \mapsto y = x^2$; $D_\varphi = [-3; 3]$ ordnet je zwei verschiedenen x-Werten den gleichen y-Wert zu. So gilt z. B. $2 \mapsto 4$, aber auch $-2 \mapsto 4$. 4 ist also sowohl Bild von 2 als auch von -2.

Hat dagegen die durch eine Funktion f: $x \mapsto y = f(x)$ vermittelte eindeutige Abbildung $D_f \to W_f$ die Eigenschaft, dass *jedes* $y \in W_f$ Bild *genau* eines $x \in D_f$ ist, so nennen wir die Abbildung $D_f \to W_f$ *umkehrbar eindeutig*. In diesem Fall kann die Wertemenge W_f als Definitionmenge einer neuen Zuordnungsvorschrift $y \mapsto x = g(y)$ aufgefasst werden, deren Wertemenge die ursprüngliche Definitionsmenge D_f ist. Man nennt die Funktion mit der Zuordnungsvorschrift

$$y \mapsto x = g(y); \quad y \in W_f$$

die *Umkehrfunktion* von f.

2. Beispiel: Die Funktion f: $x \mapsto y = 2x + 1$; $D_f = [1; 4]$ ist streng monoton zunehmend und vermittelt die Abbildung $[1; 4] \to [3; 9]$. Die Funktionsgleichung $y = 2x + 1$ lässt sich eindeutig nach x auflösen. Es ergibt sich $x = \frac{1}{2}(y - 1)$, und die Umkehrfunktion von f lautet

$$g: y \mapsto x = \frac{1}{2}(y - 1); \quad y \in [3; 9]$$

Sie vermittelt die Abbildung $[3; 9] \to [1; 4]$. Vgl. Fig. 1.16a und b, wo die Definitionsmenge jeweils schwarz, die Wertemenge jeweils blau eingezeichnet ist.

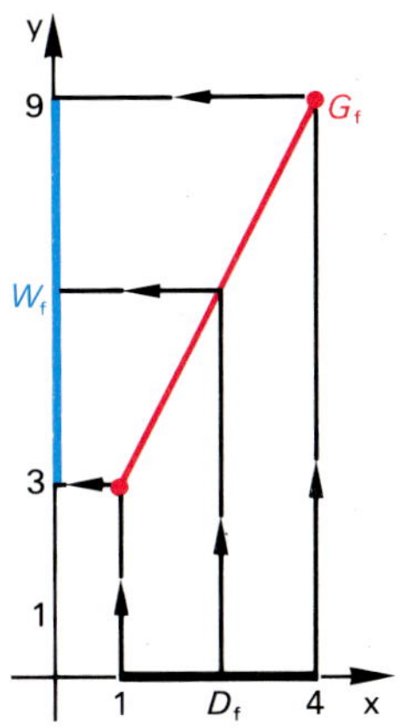

Fig. 1.16a

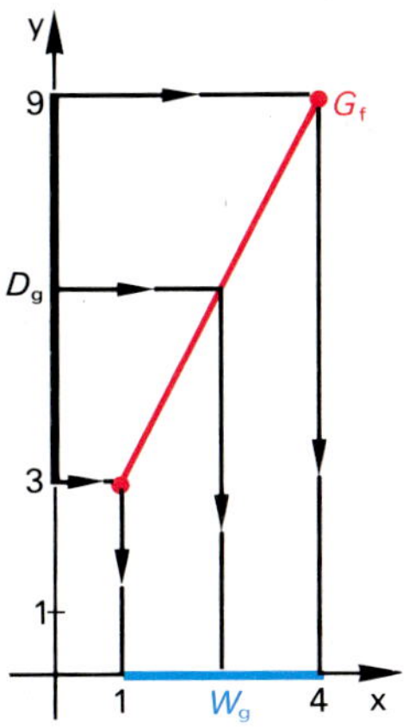

Fig. 1.16b

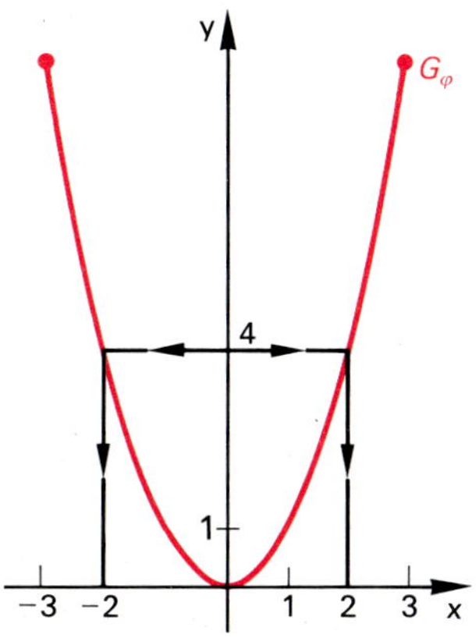

Fig. 1.17

Demgegenüber lässt sich die im 1. Beispiel betrachtete Funktion *nicht umkehren*. So gilt etwa $4 \mapsto 2$, aber auch $4 \mapsto -2$, wie in Fig. 1.17 die eingezeichneten Pfeile andeuten. Dass die Funktion nicht umkehrbar ist, erkennt man auch daran, dass die Gleichung $y = x^2$ im Bereich $-3 \leqq x \leqq 3$ nicht eindeutig nach x auflösbar ist und dass die Parallele zur x-Achse für $y = 4$ den Graphen in zwei Punkten schneidet. Schränkt man jedoch den Bereich $-3 \leqq x \leqq 3$ ein, etwa auf $1 \leqq x \leqq 3$, so ist eine Umkehrung möglich, denn jetzt gehören zu verschiedenen x-Werten stets auch verschiedene y-Werte. Man sieht dies auch am Graphen (Fig. 1.18a): Er wird von jeder Parallelen zur x-Achse in höchstens einem Punkt geschnitten. f mit $f(x) = x^2$; $x \in [1; 3]$ ist also umkehrbar.

Die Funktionsgleichung der Umkehrfunktion von f, die üblicherweise mit f^{-1} (gelesen „f oben −1", nicht zu verwech-

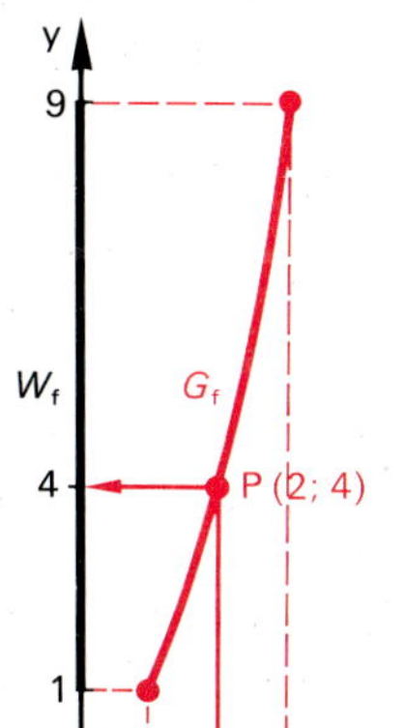

Fig. 1.18a

seln mit $\frac{1}{f}$!) bezeichnet wird, gewinnen wir durch Auflösen der Gleichung $y = x^2$ nach x. Wegen $x > 0$ erhalten wir $x = \sqrt{y}$. Die Definitionsmenge von f^{-1} ist die Wertemenge von f, nämlich [1; 9]. Also lautet die Umkehrfunktion:

$$f^{-1}: y \mapsto x \quad \text{mit} \quad x = \sqrt{y}, \quad y \in [1; 9].$$

Damit die Variablenbezeichnungen für Elemente der Definitionsmengen von f und f^{-1} und ebenso diejenigen für die Elemente der entsprechenden Wertemengen wieder übereinstimmen, vertauschen wir x und y in der Darstellung von f^{-1} und erhalten in der gewohnten Schreibweise:

$$f^{-1}: x \mapsto y \quad \text{mit} \quad y = \sqrt{x}, \quad x \in [1; 9] \qquad \text{(Fig. 1.18b)}$$

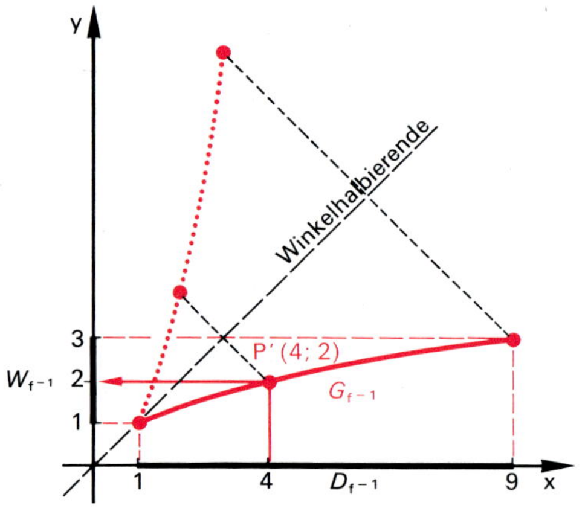

Fig. 1.18b

Die Umbenennung der Variablen ändert die Funktion nicht, wohl aber (in der üblichen Koordinatendarstellung) ihren Graphen: Der Punkt P (2; 4) des Graphen G_f entspricht beispielsweise dem Punkt P' (4; 2) des Graphen $G_{f^{-1}}$. Jeder Punkt von G_f wird durch Vertauschen der Koordinaten zum entsprechenden Punkt von $G_{f^{-1}}$. Bei Eintrag in das gleiche Koordinatensystem ist $G_{f^{-1}}$ somit das Spiegelbild von G_f bezüglich der Winkelhalbierenden des I. und III. Quadranten (gleiche Einheiten auf den Achsen vorausgesetzt).

Stellen wir anhand des Beispiels nochmals die Schritte zusammen, die wir machen müssen, um von der Funktion f: $x \mapsto y$ mit $y = x^2$; $D_f = [1; 3]$ zur Umkehrfunktion f^{-1} und ihrem Graphen $G_{f^{-1}}$ zu gelangen:

(1) Wir bestimmen die Wertemenge $W_f = [1; 9]$ und beachten, dass $D_{f^{-1}} = W_f$.
(2) Wir lösen die Funktionsgleichung $y = x^2$ nach x auf und erhalten wegen $x > 0$: $x = \sqrt{y}$. Damit gilt:
(3) $f^{-1}: y \mapsto x \quad \text{mit} \quad x = \sqrt{y}; \quad y \in [1; 9]$
(Umkehrfunktion mit y als „Funktionsvariable")
(4) Vertauschung von x und y liefert
$f^{-1}: x \mapsto y \quad \text{mit} \quad y = \sqrt{x}; \quad x \in [1; 9]$
(Umkehrfunktion mit x als „Funktionsvariable")
(5) Eventuelle Verkürzung der Schreibweise auf
$f^{-1}: x \mapsto \sqrt{x}; \quad x \in [1; 9]$
(6) Spiegelung von G_f an der Winkelhalbierenden des I. und III. Quadranten ergibt $G_{f^{-1}}$ (gleiche Einheiten auf den Achsen vorausgesetzt).

Bemerkung:
Man kann bei der Bildung der Umkehrfunktion die Schritte (2) und (4) vertauschen, also auch erst die Variablen tauschen und dann nach y anstatt nach x auflösen:

Um noch einmal alle Schritte darzustellen, betrachten wir das

3. Beispiel: $f: x \mapsto y = f(x) = x^2 - 6x + 10$
mit $D_f =]-\infty; 3]$

Der Funktionsterm lässt sich durch quadratische Ergänzung umformen zu
$y = (x-3)^2 + 1$ (Fig. 1.19)

(1) Daraus ersehen wir
$W_f = [1; \infty[= D_{f^{-1}}$
(2) Die Funktionsgleichung
$(x-3)^2 = y - 1$
ergibt (wegen $x \leqq 3$) aufgelöst
$x - 3 = -\sqrt{y-1}$, also $x = 3 - \sqrt{y-1}$
(3) Umkehrfunktion mit y als „Funktionsvariable":
$f^{-1}: y \mapsto x = 3 - \sqrt{y-1}; \quad y \in [1; \infty[$

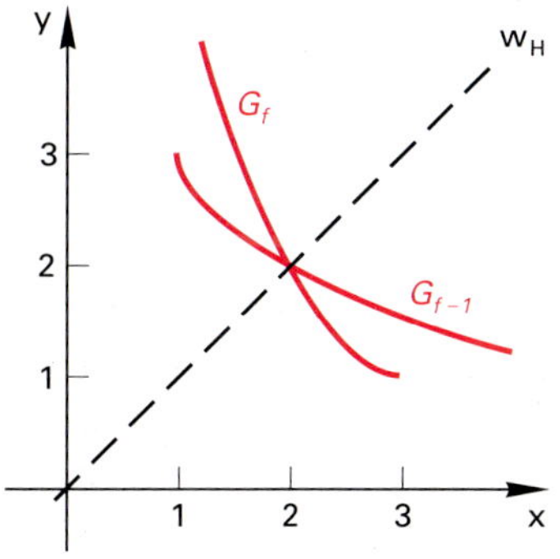

Fig. 1.19

(4) Umkehrfunktion mit x als „Funktionsvariable" („Variablentausch" und damit Spiegelung des Graphen von f an w_H):

$f^{-1}\colon x \mapsto y = 3 - \sqrt{x-1}; \quad x \in [1; \infty[$

(5) Verkürzte Schreibweise:

$f^{-1}.\ x \mapsto 3 - \sqrt{x-1}; \quad x \in [1; \infty[$

(6) Siehe Fig. 1.19.

Wir bestimmen noch den Schnittpunkt S der Graphen G_f und $G_{f^{-1}}$. Statt die schwierige Gleichung $f(x) = f^{-1}(x)$ zu lösen, beachten wir, dass der Schnittpunkt der beiden Graphen hier auf der Winkelhalbierenden w_H liegt.
Es genügt also, die einfachere Gleichung $f(x) = x$ zu lösen.[1] Hier ergibt sich $x^2 - 6x + 10 = x$ und daraus S (2; 2). Die andere Lösung der quadratischen Gleichung, nämlich $x = 5$, entfällt, da D_f nur $x \leqq 3$ zulässt.

B. Ein Kriterium für die Umkehrbarkeit einer Funktion

Alle bisher betrachteten umkehrbaren Funktionen waren streng monoton zunehmend. Es liegt daher die Vermutung nahe, dass solche Funktionen stets umkehrbar sind.
Betrachten wir dazu zwei verschiedene Stellen x_1 und x_2 aus D_f. Dann ist entweder $x_1 < x_2$ oder $x_2 < x_1$.
Im ersten Fall z. B. ist bei streng monoton zunehmenden Funktionen dann $f(x_1) < f(x_2)$, bei streng monoton abnehmenden Funktionen $f(x_1) > f(x_2)$, in jedem Fall aber $f(x_1) \neq f(x_2)$, d. h., verschiedene x-Werte haben stets verschiedene Funktionswerte.

Ergebnis: Streng monotone Funktionen sind umkehrbar

Bemerkung:

Die angesprochene Bedingung ist nicht notwendig für die Existenz der Umkehrfunktion. Es gibt auch umkehrbare, nicht monotone Funktionen wie beispielsweise

$$f\colon x \mapsto y = \begin{cases} -x-2 & \text{für } -1 \leqq x < 0 \\ -x & \text{für } \ \ 0 \leqq x < 1 \\ -x+2 & \text{für } \ \ 1 \leqq x < 2 \\ -x+4 & \text{für } \ \ 2 \leqq x < 3 \end{cases}$$

Diese Funktion ist in $D_f = [-1; 3[$, wie man am Graphen in Fig. 1.20 sofort sieht, nicht streng monoton, aber trotzdem umkehrbar, weil jede Parallele zur x-Achse den Graphen in nicht mehr als einem Punkt schneidet.

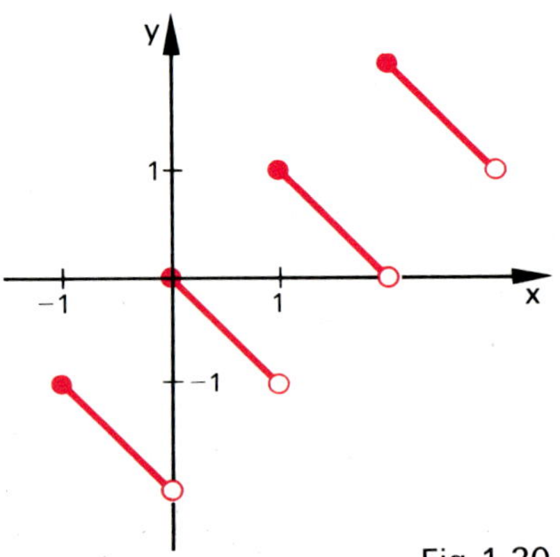

Fig. 1.20

[1] Je nach Aufgabenstellung kann auch die Lösung der Gleichung $f^{-1}(x) = x$ einfacher sein.

C. Beziehungen zwischen Funktion und Umkehrfunktion

Unmittelbar aus der Definition der Umkehrfunktion ergibt sich:

a) Bildet man die Umkehrfunktion zu f^{-1}, also $(f^{-1})^{-1}$, so erhält man die ursprüngliche Funktion f. Es gilt also

$$(f^{-1})^{-1} = f.$$

Diese Beziehung ist eine Erklärung für die Schreibweise f^{-1} der Umkehrfunktion von f. Es besteht eine gewisse, freilich mit Vorsicht zu wertende Analogie zu einer Potenzregel der Algebra.

b) Figur 1.21 veranschaulicht: D_f wird durch f abgebildet auf W_f. W_f ist nun die Definitionsmenge $D_{f^{-1}}$ der Umkehrfunktion f^{-1}. $D_{f^{-1}}$ wird durch f^{-1} abgebildet auf $W_{f^{-1}} = D_f$.

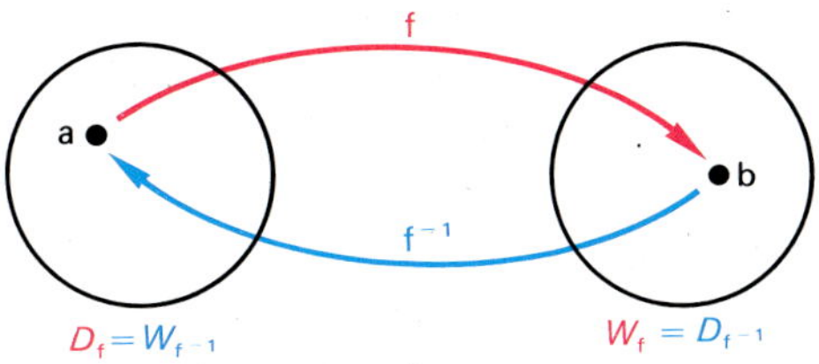

Fig. 1.21

Man sieht:

$$\boxed{f(a) = b \Leftrightarrow a = f^{-1}(b)}$$

für $a \in D_f$ bzw. $b \in D_{f^{-1}}$.

Daraus ergibt sich durch Einsetzen wiederum sofort:

$$\boxed{f(f^{-1}(b)) = b \quad \text{und} \quad f^{-1}(f(a)) = a}$$

Die Verkettung einer Funktion mit ihrer Umkehrfunktion ergibt also die identische Funktion.

Beispiel: $f(x) = x^2$; $f^{-1}(x) = \sqrt{x}$ für $x > 0$

$f(f^{-1}(x)) = (\sqrt{x})^2 = x$ und $f^{-1}(f(x)) = \sqrt{x^2} = x$ für $x > 0$

Aufgaben

1. Begründe, warum die Funktion f: $x \mapsto y = 3x - 1$; $D_f = [-1; 3]$ umkehrbar ist, und gib die Zuordnungsvorschrift und die Definitionsmenge der Umkehrfunktion an (ohne Vertauschung der Variablen)!

2. Die Funktion φ: $x \mapsto y = x^2 + 1$; $x \in [0; 4]$ ist umkehrbar. Warum? Wie lautet die Zuordnungsvorschrift der Umkehrfunktion (ohne Vertauschung der Variablen)? Gib ihre Definitionsmenge und ihre Wertemenge an!

3. Begründe, warum f umkehrbar ist, und gib f^{-1} an (mit Vertauschung der Variablen). Zeichne die Graphen G_f und $G_{f^{-1}}$, und bestimme, soweit vorhanden, deren Schnittpunkte.

a) f: $x \mapsto \frac{1}{2}x + 2$; $D_f = \mathbb{R}$

b) f: $x \mapsto x^2$; $D_f = \mathbb{R}_0^-$

c) f: $x \mapsto \frac{1}{2}x^2 + \frac{1}{2}$; $D_f = \mathbb{R}_0^+$

d) f: $x \mapsto -x + 4$; $D_f = \mathbb{R}$

e) f: $x \mapsto x^2 - 6x + 10$; $D_f = [3; \infty[$

f) f: $x \mapsto \frac{1}{2}x^2 + x$; $D_f = [-1; \infty[$

4. Gegeben ist die Schar der Funktionen f_c: $x \mapsto f_c(x) = -x + c$; $x \in \mathbb{R}$ mit dem Scharparameter $c \in \mathbb{R}$.
   a) Zeichne die Graphen für einige selbst gewählte c-Werte. Wie lässt sich die Schar geometrisch charakterisieren?
   b) Berechne die Umkehrfunktion der Funktion f_2. Was lässt sich allgemein über die Umkehrbarkeit und die Umkehrfunktion einer Funktion f_c sagen?
   c) Gibt es eine lineare Funktion f, die dieser Schar nicht angehört und für die $f = f^{-1}$ gilt?
   d) Erläutere an diesem Beispiel die aus der Geometrie bekannten Begriffe Fixgerade und Fixpunktgerade einer Abbildung.

5. Warum ist die Funktion f: $x \mapsto y = \sqrt{16 - x^2}$; $D_f = [0; 4]$ umkehrbar? Bestimme die Umkehrfunktion. Was ist am Ergebnis bemerkenswert und wie ist es geometrisch erklärbar? (Hinweis: Bilde den Term $x^2 + y^2$)

6. Zeige, dass folgende Funktionen umkehrbar sind:
   a) f: $x \mapsto 4x^2 - 12x + 9$; $D_f =]-\infty; 1]$
   b) g: $x \mapsto \frac{1}{4 - 2x}$; $D_f = [\sqrt{5}; 10]$

7. Gegeben ist die Funktion φ: $x \mapsto \frac{1}{9}(x^2 - 8x - 20)$; $x \in \mathbb{R}$.
   Zeichne G_φ und erläutere, warum φ nicht umkehrbar ist! Gib sodann die maximal mögliche Einschränkung $[a; \infty[$ der Definitionsmenge an, sodass die neue Funktion f: $x \mapsto \frac{1}{9}(x^2 - 8x - 20)$; $x \in [a; \infty[$ umkehrbar ist! Wie lautet die Umkehrfunktion f^{-1}? Skizziere G_f und $G_{f^{-1}}$ und berechne die Koordinaten des Schnittpunktes beider Kurven auf 2 Dezimalen genau! 1 LE $\hat{=}$ 5 mm.

8. Für die Funktion φ mit $\varphi(x) = -\frac{1}{2}x^2 + 7x + 6$ und $D_\varphi = \mathbb{R}$ soll zur Erreichung strenger Monotonie die Definitionsmenge so in zwei Teilmengen D_{φ_1} und D_{φ_2} zerlegt werden, dass $D_{\varphi_1} \cup D_{\varphi_2} = D_\varphi$ gilt, die Funktionen φ_1 und φ_2 umkehrbar sind sowie erstere monoton zu- und letztere monoton abnimmt. Wie lauten φ_1 und φ_2?

9. Bestätige die Beziehungen in Abschnitt 1.4.2.C. für
   a) $f(x) = 3x + 2$; $x \in \mathbb{R}$
   b) $f(x) = x^{-2}$; $x \in \mathbb{R}^+$

1.4.3. Beschränktheit

Eine wichtige Frage ist auch, ob eine Funktion beliebig große positive oder beliebig kleine negative Werte erreicht.

1. Beispiel: $x \mapsto f(x) = 0{,}5x^2 - 3x + 6$ (siehe Beispiel von 1.3.1.). Hier ist $f(x) \geqq 1{,}5$ für alle x-Werte. Da kein Funktionswert kleiner als eine bestimmte Zahl s (hier $s = 1{,}5$) ist, nennt man die Funktion nach unten beschränkt.

Definition 1.6:

<table>
<tr><td colspan="2" align="center">Die Funktion f: $x \mapsto f(x)$; $x \in D_f$ heißt</td></tr>
<tr><td align="center">nach oben beschränkt
wenn es eine Zahl $S \in \mathbb{R}$ gibt, sodass
$f(x) \leqq S$</td><td align="center">nach unten beschränkt
wenn es eine Zahl $s \in \mathbb{R}$ gibt, sodass
$f(x) \geqq s$</td></tr>
<tr><td colspan="2" align="center">für alle $x \in D_f$.</td></tr>
</table>

S heißt eine *obere Schranke*, s eine *untere Schranke* von f.
Ist S eine obere Schranke, so ist jede Zahl, die größer ist als S, auch eine obere Schranke. Entsprechendes gilt für untere Schranken. Eine nach oben beschränkte Funktion hat unendlich viele obere, eine nach unten beschränkte Funktion unendlich viele untere Schranken. Die kleinste obere Schranke heißt *Supremum*, die größte untere Schranke *Infimum* von f.

2. Beispiel: f: $x \mapsto -x^2 + 2$; $x \in \mathbb{R}$ ist nach oben beschränkt. Die Zahl 3,5 ist z. B. eine obere Schranke. Die Zahl 2 ist das Supremum. Es gehört der Wertemenge W_f an, denn es ist $2 = f(0)$. Man skizziere den Graphen.

3. Beispiel: f: $x \mapsto 2^x$; $x \in \mathbb{R}$ ist nach unten beschränkt. Die Zahl -1 ist eine untere Schranke. Die Zahl 0 ist das Infimum. Es gehört der Wertemenge W_f *nicht* an. Denn die Lösungsmenge der Gleichung $2^x = 0$ ist leer. Skizze des Graphen!

Aus der Vollständigkeitseigenschaft (0.2.4.) folgt sofort, dass jede nach oben beschränkte Funktion ein Supremum hat.
Das Supremum (Infimum) kann zur Wertemenge gehören, muss es aber nicht.
Ist f nach oben beschränkt, so gibt es Parallelen zur x-Achse, über denen kein Punkt des Graphen G_f liegt. Analog gibt es für eine nach unten beschränkte Funktion Parallelen zur x-Achse, unter denen kein Punkt des Graphen liegt.
Eine Funktion heißt beschränkt, wenn sie nach oben und unten beschränkt ist (Fig. 1.22).

4. Beispiel: Jede quadratische Funktion ist entweder nach oben oder nach unten beschränkt. Der Funktionswert im Scheitel ist Supremum bzw. Infimum.

5. Beispiel: Die Sinusfunktion f: $x \mapsto \sin x$ ist beschränkt, weil für alle $x \in \mathbb{R}$ gilt $-1 \leqq \sin x \leqq 1$.
1 ist Supremum, -1 ist Infimum.

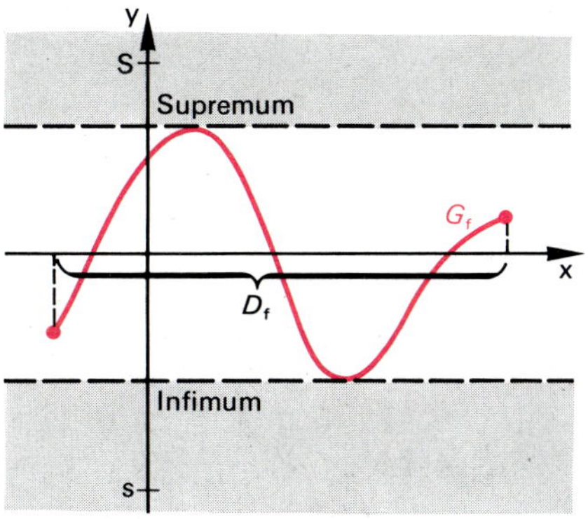

Fig. 1.22

1.4.4. Symmetrie des Graphen

A. Achsensymmetrie zur y-Achse und Punktsymmetrie zum Ursprung

Die Untersuchung des Graphen einer Funktion wird vereinfacht, wenn man Symmetrieeigenschaften erkennt. Im einfachsten Fall können sie leicht am Funktionsterm abgelesen werden:

Definition 1.7:

Eine Funktion $f\colon x \mapsto f(x);\ x \in D_f$ heißt

$$\left.\begin{array}{l}\textit{gerade,}\\ \textit{ungerade,}\end{array}\right\} \text{ wenn mit } x \in D_f \text{ auch } -x \in D_f \text{ gilt und } \left\{\begin{array}{l} f(-x) = f(x) \\ f(-x) = -f(x). \end{array}\right.$$

Bei der geraden Funktion gehört also zu den Werten x und $-x$ derselbe Funktionswert, d.h., der Graph ist symmetrisch zur y-Achse. Fig. 1.23.
Bei der ungeraden Funktion gehören zu den Werten x und $-x$ Funktionswerte, die sich nur im Vorzeichen unterscheiden. Der Graph ist punktsymmetrisch zum Ursprung. Fig. 1.24.

Beispiele: $f\colon x \mapsto x^2;\ x \in \mathbb{R}$ ist eine gerade Funktion, da $(-x)^2 = x^2$.
$g\colon x \mapsto x^3;\ x \in \mathbb{R}$ ist eine ungerade Funktion, da $(-x)^3 = -x^3$.

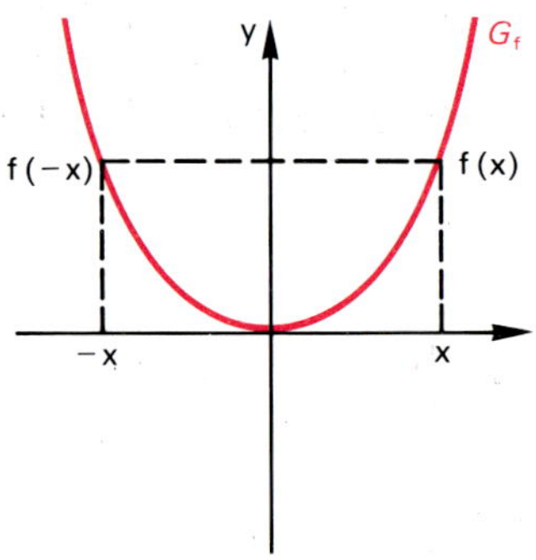

Fig. 1.23

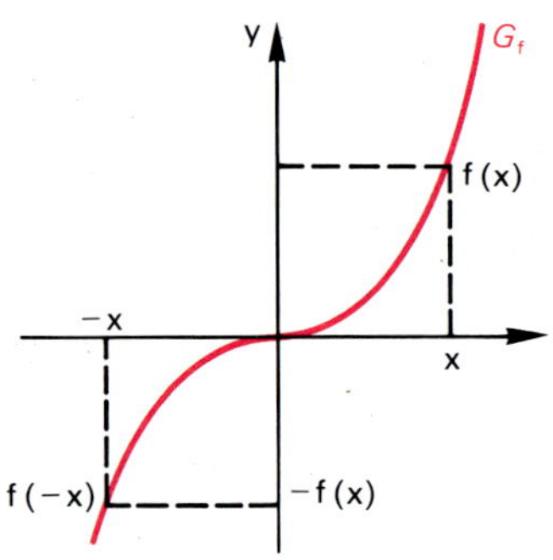

Fig. 1.24

B. Achsensymmetrie und Punktsymmetrie allgemein

Ist der Graph achsensymmetrisch zu einer von der y-Achse verschiedenen Geraden mit der Gleichung $x = x_0$ oder punktsymmetrisch zu einem vom Ursprung verschiedenen Punkt $P_0(x_0; y_0)$, so lässt sich dies nicht so leicht am Funktionsterm ablesen.
Zur Untersuchung der Achsensymmetrie bezüglich einer Geraden $x = x_0$ betrachten wir Fig. 1.25:

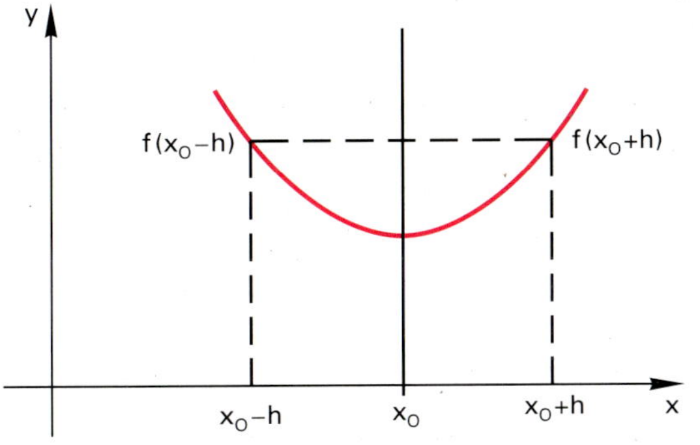

Fig. 1.25

Geht man von x_0 um ein beliebiges, von der Definitionsmenge her zulässiges Stück h (h > 0) nach rechts und genauso weit nach links, so müssen die Funktionswerte an beiden Stellen jeweils gleich sein, also

$$f(x_0 - h) = f(x_0 + h)$$

1. Beispiel: Bei der Funktion f: $x \mapsto f(x) = 0{,}5x^2 - 3x + 6$ mit $D_f = \mathbb{R}$ können wir f(x) durch quadratische Ergänzung umformen zu

$f(x) = 0{,}5(x - 3)^2 + 1{,}5$.

Wir erkennen, dass die zugehörige Parabel den Scheitel S(3; 1,5) hat. Die Achsensymmetrie zur Geraden x = 3 lässt sich rechnerisch dadurch nachweisen, dass man allgemein für h > 0 die Funktionswerte f(3 + h) und f(3 – h) ausrechnet und feststellt, dass sich in beiden Fällen $1{,}5 + 0{,}5h^2$ ergibt.

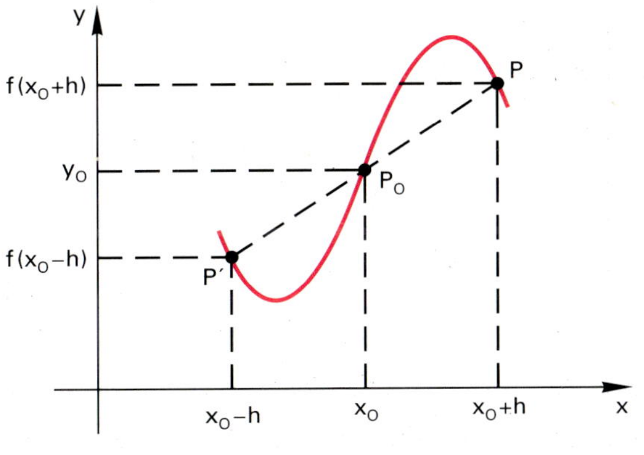

Fig. 1.26

Bei der Punktsymmetrie des Graphen G_f zu einem beliebigen Punkt $P_0(x_0; y_0)$ können wir der Fig. 1.26 die Gleichheit der Differenzen

$$f(x_0 + h) - y_0 = y_0 - f(x_0 - h)$$

oder damit äquivalent

$$f(x_0 - h) - y_0 = -(f(x_0 + h) - y_0)^{1}$$

für alle von der Definitionsmenge her zulässigen Werte $h > 0$ entnehmen.
Zum gleichen Ergebnis führt die Überlegung, dass der Wert y_0 genau der Mittelwert zwischen $f(x_0 - h)$ und $f(x_0 + h)$ sein muss, weil P_0 bei gegebener Punktsymmetrie der Mittelpunkt der Strecke $[P'P]$ ist, also

$$\tfrac{1}{2}[f(x_0 + h) + f(x_0 - h)] = y_0$$

oder in der für die Anwendungen günstigeren Form

$$\boxed{f(x_0 + h) + f(x_0 - h) = 2y_0} \qquad (*)$$

2. Beispiel: Es soll gezeigt werden, dass der Graph der Funktion

$$f\colon x \mapsto f(x) = x^3 - 3x^2; \quad D_f = \mathbb{R}$$

punktsymmetrisch zum Punkt $P_0(1; -2)$ ist.
Gemäß Gleichung $(*)$ ist also mit $x_0 = 1$ und $y_0 = -2$ nachzuweisen, dass unabhängig von h

$$f(1 + h) + f(1 - h) = 2 \cdot (-2)$$

ist. Setzt man die entsprechenden Ausdrücke in den Funktionsterm ein, so erhält man mit den einschlägigen Formeln und einiger Rechenarbeit tatsächlich

$$\begin{aligned}&[(1 + h)^3 - 3(1 + h)^2] + [(1 - h)^3 - 3(1 - h)^2]\\ &= [(1 + 3h + 3h^2 + h^3) - 3(1 + 2h + h^2)]\\ &\quad + [(1 - 3h + 3h^2 - h^3) - 3(1 - 2h + h^2)] = -4\end{aligned}$$

unabhängig von h.

Aufgaben

1. Jede der folgenden Funktionen ist entweder nach oben oder unten oder beidseitig beschränkt. Man weise dies nach, gebe Supremum bzw. Infimum an und entscheide, ob es von der Funktion angenommen wird oder nicht.

a) $f\colon x \mapsto x^2 - 2; \quad x \in \mathbb{R}$

b) $f\colon x \mapsto 2^{-x} - 1; \quad x \in \mathbb{R}$

c) $f\colon x \mapsto -x^2 + 6x - 7; \quad x \in \mathbb{R}$

d) $f\colon x \mapsto \sqrt{x^2 + a^2}; \quad x \in \mathbb{R}$

e) $f\colon x \mapsto \dfrac{1}{x^2 + 1}; \quad x \in \mathbb{R}$

f) $f\colon x \mapsto \dfrac{1}{x^2 - 2x + 2}; \quad x \in \mathbb{R}$

g) $f\colon x \mapsto \sin x + \cos x; \quad x \in \mathbb{R}$

h) $f\colon x \mapsto \dfrac{x^2 - 1}{x^2 + 1}; \quad x \in \mathbb{R}$

[1] An dieser Form lässt sich für $x_0 = y_0 = 0$ der Bezug zur Definition der Punktsymmetrie zum Ursprung besonders klar erkennen.

2. Welche Symmetrieeigenschaft haben die Graphen folgender Funktionen?

   a) $f\colon x \mapsto x^2 - 1$ b) $f\colon x \mapsto \frac{1}{x}$ c) $f\colon x \mapsto \frac{1}{x^2}$ d) $f\colon x \mapsto (x-2)(x+2)$

3. Zeige, dass der Graph der Funktion f mit $D_f = \mathbb{R}$ achsensymmetrisch ist zur Geraden $x = x_0$:

   a) $f\colon x \mapsto 2(x-1)^2 - 3;\quad x_0 = 1$ b) $f\colon x \mapsto x(x-4);\quad x_0 = 2$

   c) $f\colon x \mapsto -\frac{1}{2}x^2 - 3x - 2;\quad x_0 = -3$ d) $f\colon x \mapsto x^2(x-2);\quad x_0 = 1$

4. Zu welcher Geraden ist der Graph der Funktion f mit $D_f = \mathbb{R}$ achsensymmetrisch? (Begründung!)

   a) $f\colon x \mapsto 2(x-3)^2 - 5$ b) $f\colon x \mapsto \frac{1}{2}x^2 - x + 2$

   c) $f\colon x \mapsto 2x^2 - 6x$ d) $f\colon x \mapsto (x-1)^4$

5. Zeige, dass der Graph der Funktion f mit $D_f = \mathbb{R}$ punktsymmetrisch ist zum Punkt $P_0(x_0; y_0)$:

   a) $f\colon x \mapsto x^3 - 1;\quad P_0(0; -1)$ b) $f\colon x \mapsto (x-2)^3;\quad P_0(2; 0)$

   c) $f\colon x \mapsto (x+1)^3 + 2;\quad P_0(-1; 2)$ d) $f\colon x \mapsto x^3 - 2x + 5;\quad P_0(0; 5)$

   e) $f\colon x \mapsto x^3 + 3x^2;\quad P_0(-1; 2)$ f) $f\colon x \mapsto x^3 + 6x^2 - 10;\quad P_0(-2; 6)$

   g) $f\colon x \mapsto x^3 - 6x^2 + 12x - 5;\quad P_0(2; 3)$

6. Zu welchem Punkt ist der Graph der Funktion f mit maximalem Definitionsbereich punktsymmetrisch? (Begründung!)

   a) $f\colon x \mapsto x^3 + 2$ b) $f\colon x \mapsto (x+3)^3$

   c) $f\colon x \mapsto \frac{1}{x-2}$ d) $f\colon x \mapsto \frac{1}{x+3} + 2$

7. Prüfe auf Monotonie und Beschränktheit:

   a) $f\colon x \mapsto \frac{x-1}{x};\quad x > 1$ b) $f\colon x \mapsto \frac{x}{x-1};\quad x > 1$ c) $f\colon x \mapsto \frac{\sin x}{x};\quad \frac{\pi}{2} < x < \pi$

1.5. Ganzrationale Funktionen

1.5.1. Definition, Begriffe, Beispiele

In 1.2. und 1.3. betrachteten wir die Funktionen

$$f_1\colon x \mapsto f_1(x) = mx + t \quad \text{bzw.} \quad f_1\colon x \mapsto f_1(x) = a_1 x + a_0$$
$$f_2\colon x \mapsto f_2(x) = ax^2 + bx + c \quad \text{bzw.} \quad f_2\colon x \mapsto f_2(x) = a_2 x^2 + a_1 x + a_0.$$

Entsprechend ergänzt man diese Funktionenklasse:

$$f_3\colon x \mapsto f_3(x) = a_3 x^3 + a_2 x^2 + a_1 x + a_0$$
$$f_4\colon x \mapsto f_4(x) = a_4 x^4 + a_3 x^3 + a_2 x^2 + a_1 x + a_0 \quad \text{usw.}$$

Definition 1.8:

Eine Funktion f: $x \mapsto f(x)$; $D_f = \mathbb{R}$ mit

$$f(x) = a_n x^n + a_{n-1} x^{n-1} + \cdots + a_2 x^2 + a_1 x + a_0, \quad n \in \mathbb{N},$$

wobei $a_n, a_{n-1}, \ldots, a_2, a_1, a_0$ reelle Zahlen vertreten, nennt man eine *ganzrationale Funktion*. Ist $a_n \neq 0$, so hat die Funktion den *Grad* n.

Speziell die konstanten Funktionen mit der Zuordnungsvorschrift $x \mapsto a_0$; $x \in \mathbb{R}$, $a_0 \neq 0$, sind ganzrationale Funktionen *nullten Grades*. Die „Nullfunktion" mit $x \mapsto 0$ erhält keinen Grad zugewiesen.

$a_n, a_{n-1}, \ldots, a_2, a_1, a_0$ heißen *Koeffizienten* der ganzrationalen Funktion. Die Funktionsterme dieser Funktionen werden *Polynome* genannt.

1. Beispiel: f: $x \mapsto 2x^5 + \frac{1}{3}x^4 + 2\sqrt{2}x^2 + x - 2{,}4$; $x \in \mathbb{R}$

Es handelt sich um eine ganzrationale Funktion 5. Grades mit

$a_5 = 2$, $a_4 = \frac{1}{3}$, $a_3 = 0$, $a_2 = 2\sqrt{2}$, $a_1 = 1$, $a_0 = -2{,}4$.

2. Beispiel: Die Höhe h eines senkrecht nach oben geworfenen Körpers zum Zeitpunkt t wird beschrieben durch die Funktion:

$t \mapsto h = a_0 + a_1 t + a_2 t^2, \quad t > 0,$

eine ganzrationale Funktion 2. Grades. Dabei sind a_0 die Ausgangshöhe, a_1 die Anfangsgeschwindigkeit und $a_2 = -0{,}5g$ mit der Fallbeschleunigung (Ortsfaktor) g.

1.5.2. Sätze über ganzrationale Funktionen

Satz 1.2 (Zerlegungssatz):

Wenn x_0 eine Nullstelle der ganzrationalen Funktion f vom Grad n mit $n \in \mathbb{N}$ ist, gibt es folgende Zerlegung:

$$\begin{aligned} f(x) &= a_n x^n + a_{n-1} x^{n-1} + \cdots + a_1 x + a_0 \\ &= (x - x_0)(b_{n-1} x^{n-1} + \cdots + b_1 x + b_0), \quad b_{n-1} \neq 0 \end{aligned}$$

Daraus folgt: $f(x)$ ist durch $(x - x_0)$ teilbar.

Beweis:

Ist x_0 eine Nullstelle von $f(x)$, also $f(x_0) = 0$, so gilt:

$$f(x) = f(x) - f(x_0) = a_n(x^n - x_0^n) + \cdots + a_2(x^2 - x_0^2) + a_1(x - x_0) \qquad (1)$$

Nun ist $(x^2 - x_0^2) = (x - x_0)(x + x_0)$,
$(x^3 - x_0^3) = (x - x_0)(x^2 + xx_0 + x_0^2)$,
$(x^4 - x_0^4) = (x - x_0)(x^3 + x^2 x_0 + xx_0^2 + x_0^3)$,
$(x^5 - x_0^5) = (x - x_0)(x^4 + x^3 x_0 + x^2 x_0^2 + xx_0^3 + x_0^4)$,

usw., wie man durch Ausmultiplizieren der rechten Seiten bestätigt.
Bei allen Gliedern der rechten Seite von (1) kann man daher $(x - x_0)$ ausklammern und es bleibt ein Polynom vom Grad $(n - 1)$:

$$f(x) = (x - x_0)(b_{n-1} \cdot x^{n-1} + \cdots + b_1 \cdot x + b_0) \quad \text{mit} \quad b_{n-1} \neq 0.$$

Dieser Satz ist für uns zum Beispiel wertvoll, wenn von einer Funktion 3. Grades eine Nullstelle – etwa aus der Wertetabelle – bekannt ist. Dann lassen sich die beiden anderen Nullstellen, sofern sie vorhanden sind, rechnerisch ermitteln.
Lässt sich aus $f(x)$ der Faktor $(x - x_0)$ mehrfach, z. B. m-mal ausklammern, so nennt man x_0 eine m-fache Nullstelle. m heißt dann Vielfachheit der Nullstelle.

1. Beispiel: $f(x) = x^3 (x - 2)^2 (x^2 + 1)$
$x = 0$ ist *dreifache*, $x = 2$ *zweifache* Nullstelle.
Der Faktor $(x^2 + 1)$ lässt sich nicht mehr zerlegen und hat niemals den Wert null.

Da ein Polynom n-ten Grades in höchstens n lineare Faktoren $(x - x_k)$ zerlegt werden kann, erhält man den

Satz 1.3 (Nullstellensatz für ganzrationale Funktionen):

Eine ganzrationale Funktion vom Grad n hat höchstens n Nullstellen, wobei mehrfache Nullstellen mehrfach gezählt werden.

2. Beispiel: Gegeben ist die Funktion $f: x \mapsto x^3 - 3x^2 - 5x + 15$. Bekannt sei die Nullstelle $x_1 = 3$. Wie lauten die weiteren Nullstellen?

1. Lösungsweg: Durch *Polynomdivision* ergibt sich:

$$\begin{array}{l} (x^3 - 3x^2 - 5x + 15) : (x - 3) = x^2 - 5 \\ \underline{-(x^3 - 3x^2)} \\ \qquad\qquad -5x + 15 \\ \qquad\quad \underline{-(-5x + 15)} \\ \qquad\qquad\qquad 0 \end{array}$$

Die Funktion mit $x \mapsto (x - 3)(x^2 - 5)$ ist also identisch mit der gegebenen Funktion. Aus der 2. Klammer erhält man die weiteren Nullstellen
$x_2 = \sqrt{5}$, $x_3 = -\sqrt{5}$.

2. Lösungsweg Wir führen einen *Koeffizientenvergleich* durch. Dazu setzen wir

$$x^3 - 3x^2 - 5x + 15 = (x-3)(Ax^2 + Bx + C)$$
$$= Ax^3 + (B - 3A)x^2 + (C - 3B)x - 3C.$$

Die beiden Seiten der Gleichung müssen identisch sein. Dies ist dann und nur dann der Fall, wenn $1 = A$ und $-3 = B - 3A$ und $-5 = C - 3B$ und $15 = -3C$.
Man erhält $A = 1$, $B = 0$ und $C = -5$, also wieder $f(x) = (x-3)(x^2-5)$.

Hat man die Faktorenzerlegung des Polynoms, so ergibt sich das Vorzeichen eines Funktionswertes aus den Vorzeichen der einzelnen Faktoren an der betreffenden Stelle. Vorzeichenwechsel tritt nur bei einfachen, dreifachen usw. Nullstellen auf.

3. Beispiel: $f(x) = \frac{1}{10}(x^2+1)(x-5)(x+1)(x+3)^2$
Der 1. Faktor $\frac{1}{10}$ und der 2. Faktor (x^2+1) sind stets positiv. Der letzte Faktor $(x+3)^2$ ist für $x \neq -3$ positiv (doppelte Nullstelle). Der 3. Faktor $(x-5)$ ist für $x > 5$ positiv, für $x < 5$ negativ. Der 4. Faktor $(x+1)$ ist für $x > -1$ positiv, für $x < -1$ negativ. Diese Ergebnisse sind in Fig. 1.27 dargestellt. Gebiete, in denen keine Punkte des Graphen auftreten können, werden schraffiert („Felderabstreichen", in Fig. 1.27 schwarz gerastert).

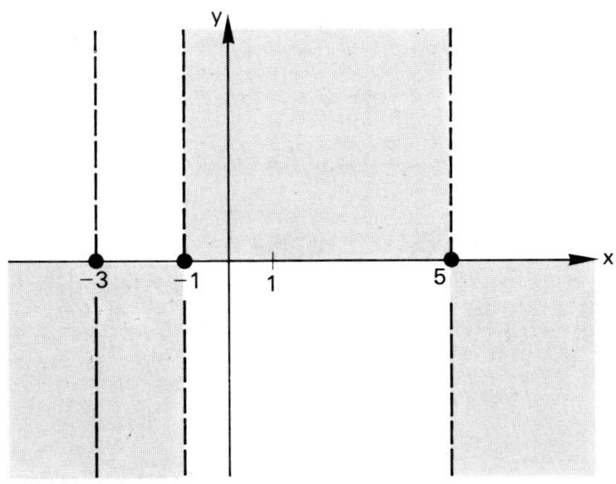

$\frac{1}{10}$	+	+	+	+
x^2+1	+	+	+	+
$x-5$	−	−	−	+
$x+1$	−	−	+	+
$(x+3)^2$	+	+	+	+
f(x)	+	+	−	+

Fig. 1.27

In 1.4.4. haben wir Symmetrieeigenschaften des Graphen kennen gelernt. Es gilt $x^2 = (-x)^2$, $x^4 = (-x)^4$, $x^6 = (-x)^6, \ldots$, allgemein $x^{2n} = (-x)^{2n}$ für $n \in \mathbb{N}$ und auch für $n = 0$. Damit folgt

Satz 1.4:

Treten im Funktionsterm $f(x)$ einer ganzrationalen Funktion $f: x \mapsto f(x)$, $x \in \mathbb{R}$ nur geradzahlige Exponenten von x (einschließlich null) auf, dann gilt $f(-x) = f(x)$ für alle $x \in \mathbb{R}$.
f ist eine gerade Funktion, der Graph symmetrisch zur y-Achse.

Entsprechend gilt

Satz 1.5:

Treten im Funktionsterm $f(x) = a_n x^n + a_{n-2} x^{n-2} + \ldots + a_1 x$ einer ganzrationalen Funktion $f: x \mapsto f(x)$, $x \in \mathbb{R}$ nur ungeradzahlige Exponenten von x auf (kein konstantes Glied), dann gilt $f(-x) = -f(x)$ für alle $x \in \mathbb{R}$.
f ist eine ungerade Funktion, der Graph punktsymmetrisch zum Ursprung.

Aufgaben

1. Bestimme den Grad und die Koeffizienten von $f(x) = (x-2)(8-x)\,0{,}5x$!

2. Gegeben sind $f: x \mapsto f(x) = 0{,}5x^2 - 3$ und $g: x \mapsto g(x) = 2x^3 - x + 4$. Gib den Grad und die Koeffizienten der Funktion $f \cdot g: x \mapsto f(x) \cdot g(x)$ an!

3. f sei eine ganzrationale Funktion vom Grad n, g eine solche vom Grad m. Was lässt sich über den Grad der Funktionen mit folgenden Funktionstermen aussagen?
   a) $f(x) \cdot g(x)$ b) $f(x) + g(x)$ c) $f(x) - g(x)$

4. Bestimme die Nullstellen der folgenden ganzrationalen Funktionen $f: x \mapsto f(x)$ und gib die Faktorenzerlegung von $f(x)$ an:
   a) $f(x) = (x+4)(x^2 + x - 2)$ b) $f(x) = (x-3)(x^2 + x + 2)$
   c) $f(x) = x^4 + 6x^3 + 9x^2$ d) $f(x) = x^3 + 2x^2 - 13x + 10$
   e) $f(x) = x^3 - x^2 + 2$ f) $f(x) = x^4 - 2x^3 - 25x^2 + 50x$
   Hinweis: Bei d), e) und f) ist zuerst eine Nullstelle durch Probieren zu ermitteln.

5. Die Graphen der Funktionen f_1 und f_2 schneiden sich an der Stelle $x = 2$. Bestimme die übrigen Schnittpunkte! In welchem Bereich gilt $f_1(x) \geqq f_2(x)$?
   a) $f_1: x \mapsto x^2 + 14$; $f_2: x \mapsto ax$ b) $f_1: x \mapsto x^3 - 9x^2 - 24$; $f_2: x \mapsto ax$

6. Wo gilt $f(x) > g(x)$?

a) $f(x) = x^2; \quad g(x) = x^4$

b) $f(x) = x^2 - x - 6$
$g(x) = -x^2 + 9x - 14$

c) $f(x) = -2x^3 - x^2 - 2x + 2$
$g(x) = x^3 - 2x^2 + 4x + 2$

d) $f(x) = x^4 - 2x^3$
$g(x) = 3x^2$

7. Bestimme eine ganzrationale Funktion möglichst niedrigen Grades, deren Graph durch folgende Punkte verläuft: $P_1(-1;0)$, $P_2(0;1)$, $P_3(1;2)$, $P_4(2;6)$.

8. Zeige: Der Graph einer ganzrationalen Funktion n-ten Grades $(n > 1)$ und der Graph einer linearen Funktion haben höchstens n Punkte gemeinsam.

9. a) Suche je eine Funktion vierten Grades mit 0, 1, 2, 3 bzw. 4 Nullstellen.
b) Sind bei Funktionen dritten Grades 0, 1, 2 und 3 Nullstellen möglich?

10. Welche Symmetrieeigenschaften kann der Graph einer ganzrationalen Funktion zweiten, dritten bzw. vierten Grades nicht haben?

11. Kennzeichne in einer Skizze die Bereiche, in denen keine Funktionswerte auftreten können, und lege eine Tabelle entsprechend Fig. 1.27 an!

a) $f(x) = (x-4)(x-1)(x+3)$

b) $f(x) = (x+4)(x-3)(x-1)^2$

c) $f(x) = x^4 - 4x^2$

d) $f(x) = x^5 + 4x^3$

Welche Symmetrieeigenschaften haben die Funktionen von c) und d)?

12. *Das Horner-Schema*
Begründe: $a_4x^4 + a_3x^3 + a_2x^2 + a_1x^1 + a_0 = (((a_4x + a_3)x + a_2)x + a_1)x + a_0$. Benutze diese Umformung für die Berechnung folgender Polynomwerte mit dem Taschenrechner:

a) $2x^3 - 7x^2 + x + 3; \quad x_1 = 3, \quad x_2 = \frac{1}{3}, \quad x_3 = 1{,}3579$

b) $8x^4 + 7x^3 - 6x^2 - 5x + 4; \quad x_1 = 7, \quad x_2 = \frac{3}{7}, \quad x_3 = 0{,}56789$

13. Zeige für das 2. Beispiel von 1.5.2. (1. Lösungsweg), sodann allgemein für Polynome 4. Grades $a_4x^4 + a_3x^3 + a_2x^2 + a_1x + a_0$, dass bei gegebener Nullstelle x_0 die unten stehenden Programmstücke die Koeffizienten b_{n-1} bis b_0 des reduzierten Polynoms vom Grad $n - 1$ berechnen!

```
BASIC
210 LET B(N-1)=A(N)
220 FOR I=N-1 TO 1 STEP -1
230 : LET B(I-1)=A(I)-B(I)*(-X0)
240 NEXT I
```

```
PASCAL
b[n-1]:=a[n];
FOR i:=n-1 DOWNTO 1 DO
  b[i-1]:=a[i]-b[i]*(-x0);
```

14. Was wird beim Lauf des folgenden PASCAL-Programms vom Benützer eingegeben?
Was wird durch die Anweisung in der 4. Zeile von unten {b} ausgegeben?
Bearbeite ohne Computer das Polynom $y = x^3 + 2x^2 + 3x + 5$ für $x = 3$ nach dem Verfahren der REPEAT-Schleife {a}.

```
PROGRAMM Polynom;
VAR i, x, y, li, re: Integer;
      a: ARRAY [Ø..4] OF Integer; {Koeffizienten}
BEGIN
  FOR i:=4 DOWNTO Ø DO { Eingaben }
    BEGIN
      Write('Koeffizient von x hoch ',i,' : '); Readln(a[i]);
    END;
  Write('Linke Grenze : '); Readln(li);
  Write('Rechte Grenze : '); Readln(re);
  Writeln('    x-Wert       y-Wert');
  x:=li;
  REPEAT { Berechnung und Ausgabe }                  )
    y:=a[4];                                         |
    FOR i:=3 DOWNTO Ø DO                             |
      y:=y*x+a[i];                                   > {a}
    Writeln(x:1Ø,y:1Ø); {1Ø Stellen}     {b}         |
    x:=x+1;                                          |
  UNTIL x>=re; Readln;                               )
END.
```

1.6. Rationale Funktionen

1.6.1. Definition und Beispiele

Schon eine so einfache Funktion wie die umgekehrte Proportionalität

$$f\colon x \mapsto \frac{1}{x}; \quad x \in \mathbb{R} \setminus \{0\}$$

gehört nicht mehr zu den ganzrationalen Funktionen, da x im Nenner auftritt. Der Term $\frac{1}{x}$ ist kein Polynom. f gehört jedoch zu der umfassenderen Funktionenklasse der rationalen Funktionen.

Definition 1.9:

Es seien g(x) und h(x) Polynome und $N = \{x \in \mathbb{R} \mid h(x) = 0\}$ die Menge der Nullstellen von h. Dann heißt die Funktion

$$f\colon x \mapsto f(x) = \frac{g(x)}{h(x)}; \quad x \in \mathbb{R} \setminus N$$

rationale Funktion.

h darf dabei natürlich nicht die Nullfunktion $x \mapsto 0$; $x \in \mathbb{R}$ sein.
Ist h(x) ein Polynom 0-ten Grades, d.h. eine Konstante ($\neq 0$), so ist $f = g/h$

ganzrational. Die Menge der ganzrationalen Funktionen ist daher eine Teilmenge der Menge der rationalen Funktionen.
Eine rationale Funktion, die nicht ganzrational ist, nennt man *gebrochenrational.*

Beispiele: a) $f\colon x \mapsto \frac{x+5}{x^2-2x+1};\quad x \in \mathbb{R}\setminus\{1\}$

ist eine sogenannte echt gebrochenrationale Funktion, weil der Grad des Zählerpolynoms kleiner ist als der des Nennerpolynoms.

b) $f\colon x \mapsto \frac{2x^3-x^2+4}{x^2-4};\quad x \in \mathbb{R}\setminus\{2; -2\}$

ist eine sogenannte unecht gebrochenrationale Funktion, weil der Grad des Zählerpolynoms nicht kleiner ist als der des Nennerpolynoms.

Beispiele: Aus der Physik:

a) Zusammenhang zwischen Frequenz f und Schwingungsdauer T:

$T \mapsto f = \frac{1}{T}$

b) Gravitationsgesetz:

$r \mapsto F = G \cdot \frac{m_1 \cdot m_2}{r^2}$ r Entfernung der Massenpunkte, F Gravitationskraft, G Gravitationskonstante, m_1 und m_2 Massen.

c) Optische Abbildung durch Sammellinsen:

$g \mapsto b = \frac{g \cdot f}{g - f}$ g Gegenstandsweite, b Bildweite, f Brennweite.

1.6.2. Definitionslücken

An den Nullstellen des Nennerpolynoms ist eine rationale Funktion nicht definiert, da man durch null nicht dividieren kann. Interessant ist es nun, wie sich die Funktion in der Nähe solcher „Definitionslücken" verhält.

1. Beispiel: $f\colon x \mapsto f(x) = \frac{1}{x};\quad x \in \mathbb{R}\setminus\{0\}.$

Der Termwert wächst für sehr kleine positive x-Werte offenbar über jede Schranke. Das Verhalten für $x < 0$ ergibt sich aus der Punktsymmetrie des Graphen. Fig. 1.28

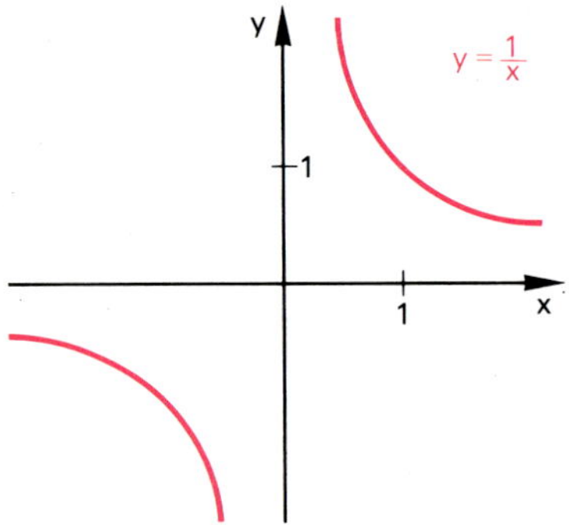

Fig. 1.28

Entsprechend ist jede rationale Funktion rechts und links von einer Nullstelle des Nenners nicht beschränkt, wenn der Zähler an dieser Stelle nicht auch null

ist. Man spricht von einer *Unendlichkeitsstelle*. Entsprechend der Überlegung in 1.5.2. wechselt die rationale Funktion das Vorzeichen an einer Unendlichkeitsstelle, wenn es sich um eine einfache, dreifache usw. Nullstelle des Nenners, aber keine Nullstelle des Zählers handelt. Bei geradzahligen Nullstellen dagegen wechselt das Vorzeichen nicht (4. Beispiel).
Man spricht in solchen Fällen auch von *mehrfachen Unendlichkeitsstellen*.
Anhand der Nullstellen und Unendlichkeitsstellen kann man sich oft schon einen guten Überblick über eine rationale Funktion verschaffen und eine grobe Skizze des Graphen anlegen. Dabei überlegt man sich z. B. auch, ob die Funktionswerte positiv oder negativ sind. Das Verhalten für große x-Werte wird in 2.1. behandelt.

2. Beispiel: $x \mapsto f(x) = \dfrac{(x-1)(x+4)}{(x-4)(x+2)}$

Einfache Nullstellen: $+1$, -4 (Vorzeichenwechsel von f, Graph *durchschneidet* an diesen Stellen die x-Achse). Unendlichkeitsstellen mit Vorzeichenwechsel: $+4$, -2. Für große $|x|$ ist $f(x) > 0$; $f(0) = 0{,}5$. Fig. 1.29.

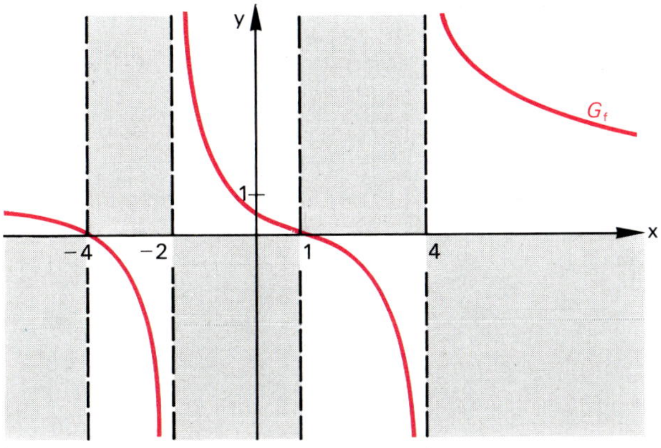

(x − 1)	−	−	−	+	+
(x + 4)	−	+	+	+	+
(x − 4)	−	−	−	−	+
(x + 2)	−	−	+	+	+
f(x)	+	−	+	−	+

Fig. 1.29

3. Beispiel: $x \mapsto f(x) = \dfrac{(x-3)^2}{(x+1)(4-x)}$

Doppelte Nullstelle: $+3$ (ohne Vorzeichenwechsel von f, Graph *berührt* an dieser Stelle die x-Achse). Einfache Unendlichkeitsstellen: -1, $+4$. Für große $|x|$ ist $f(x) < 0$. $f(0) = 2{,}25$. Fig. 1.30.

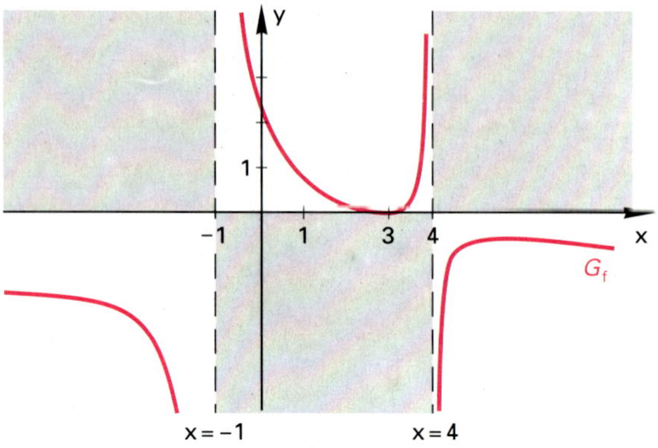

Fig. 1.30

4. Beispiel: $x \mapsto f(x) = \dfrac{x^2}{(x-3)^2}$

Doppelte Nullstelle: 0; Graph berührt die x-Achse im Ursprung. Doppelte Unendlichkeitsstelle: $+3$. Für alle $x \neq 0$ ist $f(x) > 0$. Fig. 1.31.

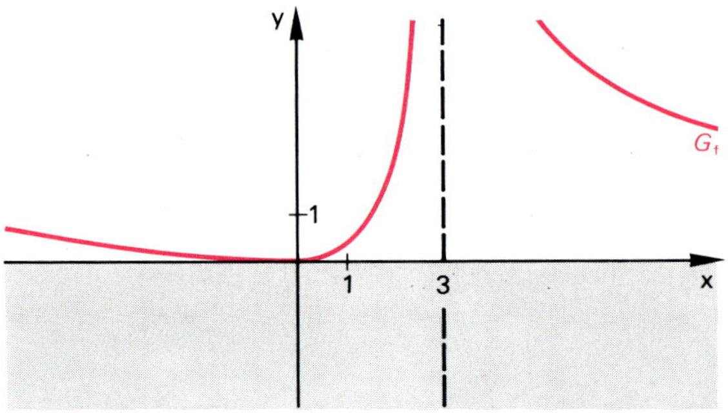

Fig. 1.31

5. Beispiel: $x \mapsto f(x) = \dfrac{x^2-1}{x^2+1}$

Symmetrie zur y-Achse. Einfache Nullstellen: -1, $+1$. Keine Unendlichkeitsstelle. $f(0) = -1$. Es ist stets $f(x) < 1$, da der Zähler immer kleiner ist als der Nenner. Fig. 1.32.

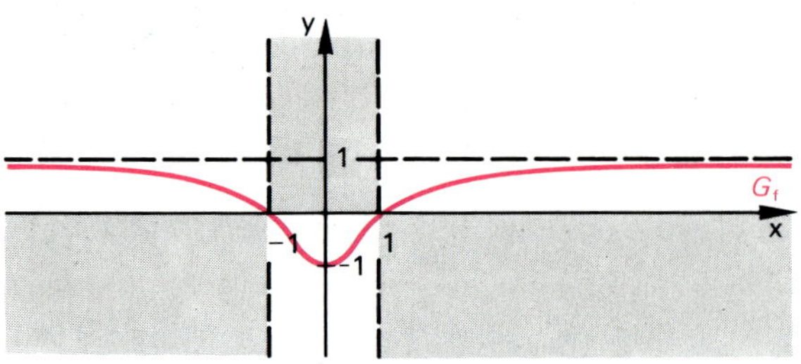

Fig. 1.32

Ist ein Faktor $(x - a)$ im Zähler und im Nenner enthalten, so kann man $f(x)$ für $x \neq a$ um diesen Faktor kürzen und den Funktionsterm dadurch vereinfachen. a gehört natürlich auch dann nicht zur Definitionsmenge. Enthält der Nenner nach vollständigem Kürzen der Faktoren $(x - a)$ keinen solchen Faktor mehr, dann „fehlt" im Graphen ein Punkt, er hat eine „Lücke".
Bleiben im Nenner noch Faktoren $(x - a)$ übrig, bleibt also a weiterhin Nullstelle des Nenners, dann hat die Funktion dort eine Unendlichkeitsstelle. Die Vielfachheit der *verbleibenden* Nullstelle entscheidet wie oben über den Vorzeichenwechsel.

6. Beispiel: $x \mapsto f(x) = \frac{x^2 - 16}{x^2 + 3x - 4} = \frac{(x+4)(x-4)}{(x+4)(x-1)}$; $\mathbb{D}_{f(x)} = \mathbb{R} \setminus \{-4; 1\}$

Für $x \neq -4$ gilt $\frac{(x+4)(x-4)}{(x+4)(x-1)} = \frac{x-4}{x-1}$

Für $x = -4$ liegt eine Definitionslücke, aber keine Unendlichkeitsstelle vor. Fig. 1.33.

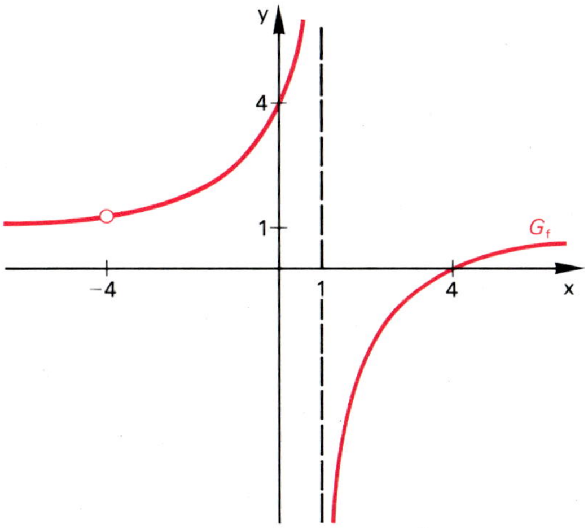

Fig. 1.33

Aufgaben

In den folgenden Aufgaben ist jeweils die maximale Definitionsmenge der Funktionen zu verwenden.

1. Bestimme Nullstellen, Unendlichkeitsstellen und erkennbare Symmetrieeigenschaften der Graphen folgender Funktionen:

a) $x \mapsto \frac{(x-2)(x+3)}{x^2(x+4)}$ b) $x \mapsto \frac{x^2 - 9}{x^4 - 4x^2}$ c) $x \mapsto \frac{x}{x^2 - 1}$

d) $x \mapsto \frac{x^2 - x - 6}{x^3 + x^2 - 2x}$ e) $x \mapsto \frac{x^3 - x}{x^2 + 4}$ f) $x \mapsto x - \frac{2}{x - 1}$

2. Skizziere, im Wesentlichen anhand der Nullstellen und Unendlichkeitsstellen, den groben Verlauf der Graphen folgender Funktionen:

a) $x \mapsto \frac{1}{x^2}$ b) $x \mapsto \frac{1}{x - 2}$ c) $x \mapsto \frac{x - 1}{x + 1}$

d) $x \mapsto -\frac{1}{x^2}$ e) $x \mapsto \frac{(x + 4)(x - 2)}{(x + 1)^2}$ f) $x \mapsto \frac{(x - 3)(x + 2)^2}{x + 2}$

g) $x \mapsto \frac{x(x - 2)(x + 1)}{x + 2}$ h) $x \mapsto \frac{x^2}{x^2 + 1}$ i) $x \mapsto \frac{x + 1}{x^2 - 2x}$

k) $x \mapsto \frac{(x - 1)(x - 2)(x - 3)}{x^3 - 6x^2 + 11x - 6}$

3. Bestimme die maximale Definitionsmenge und skizziere den Graphen von $f: x \mapsto f(x)$. Definitionslücken, an denen keine Unendlichkeitsstellen vorliegen, sind wie im 6. Beispiel zu kennzeichnen.

a) $f(x) = \frac{x^3 + x}{x}$ b) $f(x) = \frac{x^2 - 1}{x + 1}$ c) $f(x) = \frac{x - 4}{x^2 - 4x}$

d) $f(x) = \frac{x^2 + x - 6}{x^2 - 5x + 6}$ e) $f(x) = \frac{x^2 + 2x - 15}{x^2 + (k - 3)x - 3k}$

Für welchen Wert von k gibt es bei e) keine Unendlichkeitsstelle? Zeichne den Graphen G_f für $k = 4$ und $k = 5$!

4. Gegeben ist die Funktion $f: x \mapsto y = \frac{2x}{x^2 + 1}$.

a) Für welche x-Werte ist $y = \frac{1}{2}$? b) Für welche x-Werte ist $y = 1$?

c) Zu welchen y-Werten gibt es keine zugehörigen x-Werte? Wie lautet also die Wertemenge?

5. Gegeben ist die Funktionenschar $f_a: x \mapsto f_a(x) = \frac{x^2 - a^2}{x^2}$; $a > 0$.

a) Bestimme Nullstellen und Unendlichkeitsstellen!

b) Woran erkennt man, dass die Funktionswerte alle kleiner als 1 sind?

c) Skizziere die Graphen für $a = 2$, $a = 1$, $a = \frac{1}{2}$, also G_{f_2}, G_{f_1}, $G_{f_{0,5}}$!

6. Die Maßzahl der Beschleunigung, die ein Körper durch die Anziehungskraft der Erde erhält, ist

$$a(x) = \frac{9{,}81}{x^2}, \quad x \geqq 1,$$

wobei die Entfernung vom Erdmittelpunkt $x \cdot R$ (R = Erdradius) ist.
Zeichne den Graphen der Funktion: $x \mapsto a(x)$ für $x \in [1; 5]$!
Wie groß ist a(x) in Mondentfernung ($x = 60$) und in Höhe eines stationären Satelliten ($x = 6{,}62$)?

1.7. Weitere Funktionen[1]

1.7.1. Die Quadratwurzelfunktion

Wir kennen von früher her die Funktion

$$f\colon x \mapsto f(x) = \sqrt{x}; \quad D_f = \mathbb{R}_0^+.$$

Sie ist nur für nichtnegative x-Werte definiert; auch die Funktionswerte sind nichtnegativ. Die Funktion ist also nach unten beschränkt mit dem Infimum null. Wir bilden

$$f(x_2) - f(x_1) = \sqrt{x_2} - \sqrt{x_1} = \frac{(\sqrt{x_2} - \sqrt{x_1})(\sqrt{x_2} + \sqrt{x_1})}{\sqrt{x_2} + \sqrt{x_1}} = \frac{x_2 - x_1}{\sqrt{x_2} + \sqrt{x_1}}.$$

Für $x_2 > x_1$ ist der Zähler positiv, der Nenner ebenfalls. Nach 1.4.1. ist die Quadratwurzelfunktion also streng monoton zunehmend. Die einzige Nullstelle ist der Ursprung. Fig. 1.34.

Die Quadratwurzelfunktion ist die Umkehrfunktion zu $g\colon x \mapsto x^2$, $D_f = \mathbb{R}_0^+$, und umgekehrt.

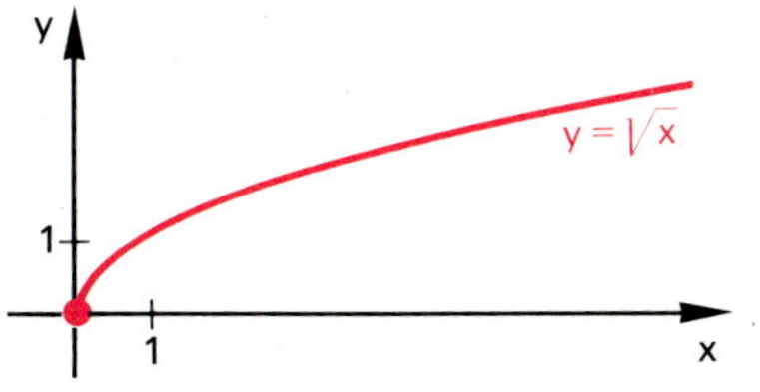

Fig. 1.34

1.7.2. Die Sinus- und Kosinusfunktion

A. Bekannt sind die beiden Funktionen:

$$x \mapsto f(x) = \sin x \quad \text{und}$$
$$x \mapsto f(x) = \cos x \quad \text{mit} \quad D_f = \mathbb{R}.^2$$

Ihre Nullstellen liegen bei $n \cdot \pi$ bzw. bei $n \cdot \pi + \frac{1}{2}\pi$, $n \in \mathbb{Z}$.
Die Sinusfunktion ist ungerade, ihr Graph punktsymmetrisch zum Ursprung.
Die Kosinusfunktion ist gerade, ihr Graph ist achsensymmetrisch zur y-Achse.
Beide Funktionen sind beschränkt. Infimum ist -1, Supremum $+1$; $W_f = [-1; 1]$.
Beide Funktionen haben die Periode 2π, d.h., jeder Funktionswert wiederholt sich, wenn man zum x-Wert ganzzahlige Vielfache von 2π addiert. Fig. 1.35, 1.36.

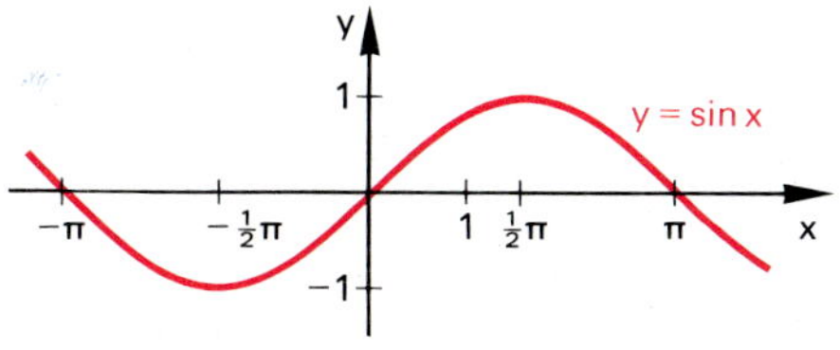

Fig. 1.35

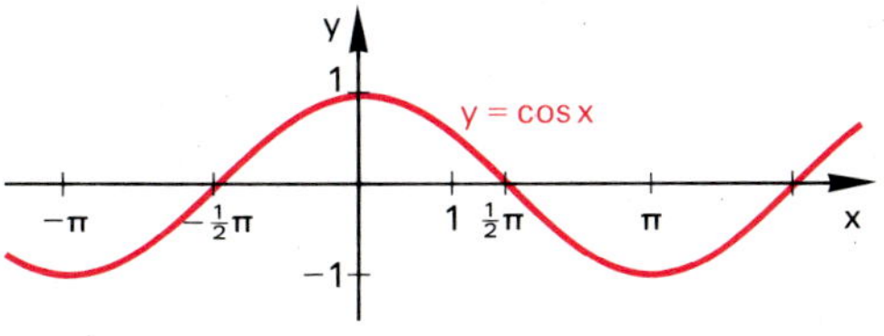

Fig. 1.36

---

[1] Dieser Abschnitt enthält Wiederholungen von Lehrstoff aus der Mittelstufe.

[2] Allgemein wird bei trigonometrischen Funktionen das Argument im Bogenmaß angegeben (Taschenrechnereinstellung: RAD).

B. In der Schwingungslehre tritt die Funktion $x \mapsto a \cdot \sin(x+c)$ mit $a > 0$ und $c \gtrless 0$ auf. Aus der Trigonometrie wissen wir, dass der Faktor a die Schwingungsweite (Amplitude) bestimmt. Die Konstante c im Argument legt die Parallelverschiebung (Phasenverschiebung) um $|c|$ Einheiten der x-Achse fest, und zwar nach links, wenn c positiv, nach rechts, wenn c negativ ist. Die Wertemenge der Funktion ist das Intervall $[-a; a]$.

C. Im allgemeinen Fall der Funktion $x \mapsto a \cdot \sin(bx+c)$ wird (für $b > 0$) zusätzlich die Periodenlänge von 2π auf $\frac{2\pi}{b}$ verändert.

1.7.3. Die Betragsfunktion

A. Der absolute Betrag einer Zahl wurde bereits in 0.2.3. wiederholt. Für die Betragsfunktion

$$f\colon x \mapsto f(x) = |x|; \quad D_f = \mathbb{R}$$

ergibt sich als Nullstelle der Ursprung. Die Funktion ist nach unten beschränkt, das Infimum ist 0. Der Graph ist symmetrisch zur y-Achse. Fig. 1.37.

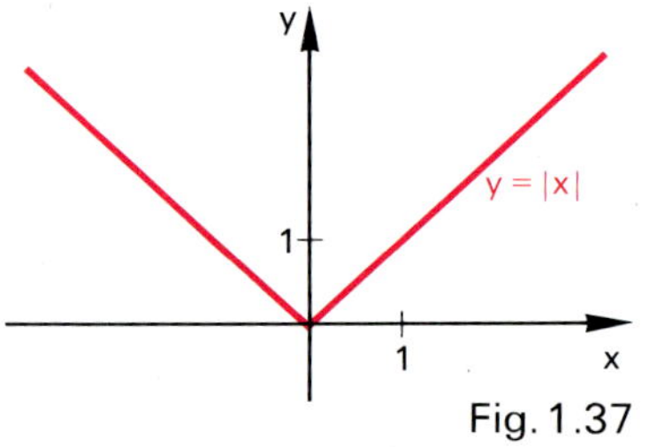

Fig. 1.37

Die Betragsfunktion steht auch in vielen Programmiersprachen für Computer zur Verfügung und wird dort meist mit ABS(X) bezeichnet.

B. Bei Untersuchungen von Funktionen, in deren Termen Absolutstriche vorkommen, beseitigt man diese durch abschnittsweises Definieren:

Beispiele: a) $f(x) = |x|;\ D = \mathbb{R} \quad \Leftrightarrow \quad f(x) = \begin{cases} x & \text{für } x \geqq 0 \\ -x & \text{für } x < 0 \end{cases}$

b) $g(x) = |x-2|;\ D = \mathbb{R} \quad \Leftrightarrow \quad g(x) = \begin{cases} (x-2) & \text{für } x \geqq 2 \\ -(x-2) & \text{für } x < 2 \end{cases}$

also: $g(x) = \begin{cases} x-2 & \text{für } x \geqq 2 \\ -x+2 & \text{für } x < 2 \end{cases}$ (Fig. 1.38)

c) $\varphi(x) = 2 - |\tfrac{1}{2}x + 1|;\ D = \mathbb{R} \quad \Leftrightarrow \quad \varphi(x) = \begin{cases} 2 - (\tfrac{1}{2}x+1) & \text{für } x \geqq -2 \\ 2 - [-(\tfrac{1}{2}x+1)] & \text{für } x < -2 \end{cases}$

also: $\varphi(x) = \begin{cases} -\tfrac{1}{2}x + 1 & \text{für } x \geqq -2 \\ \tfrac{1}{2}x + 3 & \text{für } x < -2 \end{cases}$ (Fig. 1.39)

Man geht dabei folgendermaßen vor: Zunächst zerlegt man den Definitionsbereich D in einen Teilbereich D_1, in dem der Wert des Terms zwischen den Betragsstrichen positiv oder null ist, und in einen Teilbereich D_2, in dem er negativ ist. Im ersten Fall ersetzt man die Absolutstriche durch Klammern, im zweiten Fall durch Klammern mit vorgesetztem Minuszeichen. „Kritische Stelle" ist die Nullstelle des Terms zwischen den Betragsstrichen.

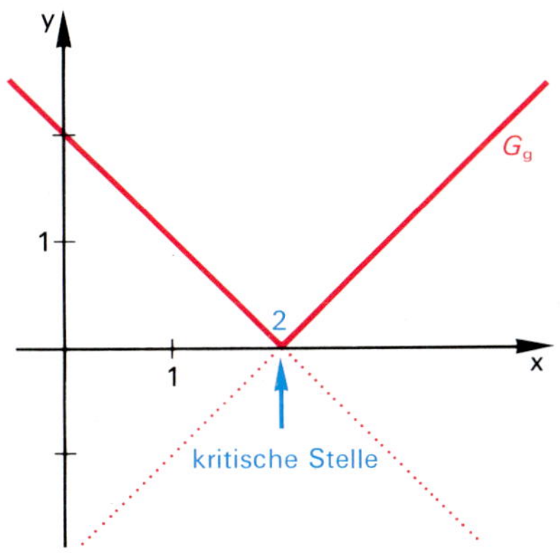

Fig. 1.38

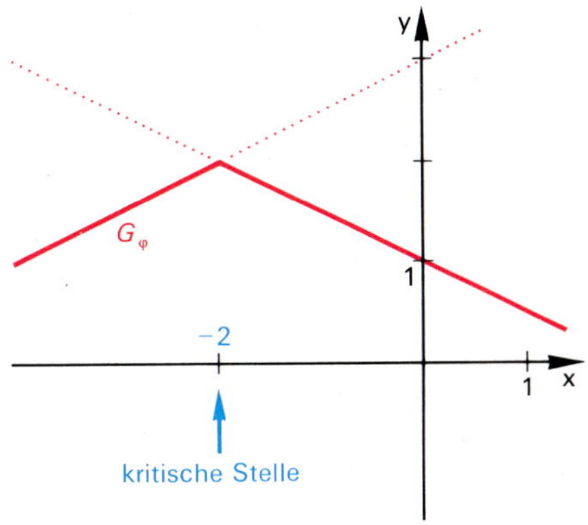

Fig. 1.39

C. Bereits erwähnt wurde die Dreiecksungleichung[1]

$$|x+y| \leqq |x| + |y|.$$

Begründung: Aus der Definition der Betragsfunktion folgt $|a| \geqq a$ und $|a| \geqq -a$.
Für $(x+y) \geqq 0$ gilt also $|x+y| = x+y \leqq |x| + |y|$,
für $(x+y) < 0$ gilt $|x+y| = -(x+y) = (-x) + (-y) \leqq |x| + |y|$.

1.7.4. Zwei Standardfunktionen der Informatik

A. Die Funktion INT (Gauß'sche Klammerfunktion)[2]

Eine bei der Programmierung oft gebrauchte Funktion ist die Gauß'sche Klammerfunktion:

$$f\colon x \mapsto f(x) = [x]; \quad D_f = \mathbb{R}$$

Ist x eine ganze Zahl, so ist $[x] = x$, sonst ist $[x]$ die größte ganze Zahl, die kleiner ist als x.

Beispiele: $[3] = 3$, $[-5] = -5$
$[3{,}7] = 3$, $[-2{,}2] = -3$, $[0{,}7] = 0$
$[-\sqrt{5}] = -3$

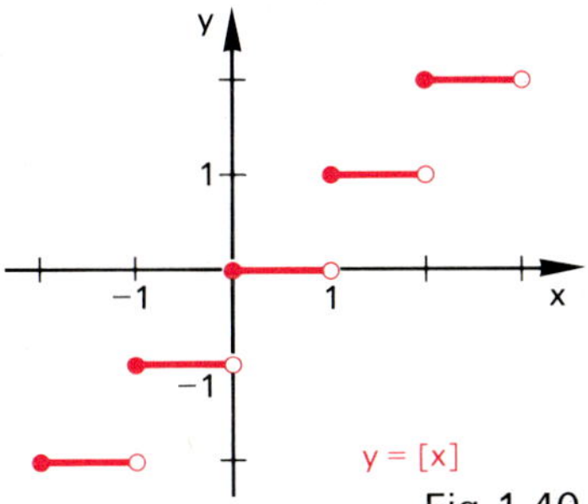

Fig. 1.40

In der Programmiersprache BASIC wird diese Funktion INT(X) geschrieben.[3] Den Graphen G_f zeigt Fig. 1.40.

[1] Die Bezeichnung „Dreiecksungleichung" geht auf eine analoge Ungleichung über Beträge von Vektoren zurück: $|\vec{x} + \vec{y}| \leqq |\vec{x}| + |\vec{y}|$. Diese Ungleichung besagt anschaulich, dass im Dreieck eine Seite nie länger sein kann als die beiden anderen Seiten zusammen. (Skizze!)
[2] INT(X), sprich „Integer x" von engl. integer, ganz
[3] Vorsicht, bei Taschenrechnern nicht einheitlich!

Bemerkung:

Die im 2. Beispiel von 1.1.1. erwähnte Rundungsfunktion kann man aus der Gauß'schen Klammerfunktion leicht erhalten.
In BASIC lässt sich die Rundungsfunktion, wir wollen sie FNR nennen, so definieren:

```
DEF FNR(X) = INT(X+0.5)
```

Dann ist FNR(3.6) = INT(3.6+0.5) = INT(4.1) = 4.
FNR(2.1) = 2, FNR(−1.8) = −2, FNR(−1.3) = −1.

(Definiert man in BASIC eine Funktion selbst, so muss der Name dieser Funktion aus drei Buchstaben bestehen, wobei die ersten beiden FN lauten müssen.)

B. Die Funktion SGN (Vorzeichenfunktion)[1]

Ebenfalls in der Programmierpraxis wird die Funktion sgn verwendet:

$$\text{sgn: } x \mapsto \operatorname{sgn} x = \begin{cases} +1 & \text{für } x > 0 \\ 0 & \text{für } x = 0 \\ -1 & \text{für } x < 0 \end{cases}$$

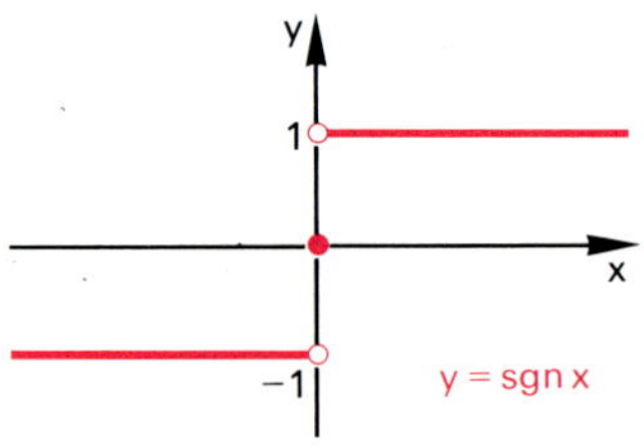

Fig. 1.41

Fig. 1.41 zeigt den Graphen dieser Funktion, die man als Vorzeichen- oder Signumfunktion bezeichnet. Die Wertemenge besteht aus den drei Elementen −1, 0 und 1.
In BASIC wird die Signumfunktion SGN(X) geschrieben.

Aufgaben

1.–4. Bestimme jeweils den maximalen Definitionsbereich $D_{f(x)}$ des Funktionsterms f(x) und skizziere den Graphen von f: $x \mapsto f(x)$; $x \in D_{f(x)}$! Gib jeweils an, ob f nach oben oder unten beschränkt ist! Bei den trigonometrischen Funktionen ist als Längeneinheit 2 cm zu wählen und jeweils eine volle Schwingung zu zeichnen.

1. a) $f(x) = \frac{1}{2}\sqrt{x}$ b) $f(x) = -2\sqrt{x}$ c) $f(x) = \sqrt{x-1}$
d) $f(x) = \sqrt{x+1}$ e) $f(x) = \frac{1}{2}\sqrt{x+1}$ f) $f(x) = -\frac{1}{2}\sqrt{x-2}$
g) $f(x) = \sqrt{-x}$ h) $f(x) = \sqrt{2-x}$ i) $f(x) = -2\sqrt{-2-x}$
k) $f(x) = \sqrt{2x+3}$ l) $f(x) = \sqrt{8-2x}$ m) $f(x) = \sqrt{x^2}$
n) $f(x) = \sqrt{3x-6}$ o) $f(x) = \sqrt{-x+3}$ p) $f(x) = \sqrt{x^2+2x+1}$

2. a) $f(x) = 2\sin x$ b) $f(x) = -\frac{1}{2}\cos x$ c) $f(x) = \sin x - 1$
d) $f(x) = \frac{1}{2}\sin(x+1)$ e) $f(x) = 2 \cdot \sin(x-1)$ f) $f(x) = -\frac{1}{2}\sin(x+2) - 1$
g) $f(x) = 3\sin 2x$ h) $f(x) = 2\cos\frac{x}{3}$ i) $f(x) = 3\sin(\frac{1}{2}x - 1)$

[1] SGN(X), sprich „Signum x" vom lat. signum, Zeichen

3. a) $f(x) = 2|x|$ b) $f(x) = \frac{1}{2}|x|$ c) $f(x) = -|x|$
d) $f(x) = -\frac{1}{4}|x|$ e) $f(x) = \frac{1}{4}|x| + 3$ f) $f(x) = \frac{1}{4}|x| - 3$
g) $f(x) = \sqrt{|x|}$ h) $f(x) = |\sin x|$ i) $f(x) = |\cos x|$

4. Schreibe f(x) ohne Absolutstriche und zeichne den Graphen von $f\colon x \mapsto f(x)$!
a) $f(x) = |x - 2|$ b) $f(x) = |x + 3|$ c) $f(x) = \frac{1}{2}|x + 2|$
d) $f(x) = 4 - 2|x - 1|$ e) $f(x) = |2x - 5|$ f) $f(x) = |\frac{1}{2}x + 4|$
g) $f(x) = |x - 2| + x$ h) $f(x) = x - |x - 2|$ i) $f(x) = 2x - |x - 3|$
k) $f(x) = x|x|$ l) $f(x) = \frac{1}{2}x|x|$ m) $f(x) = \frac{1}{10}|x|x^2$
n) $f(x) = |x^2 - 4|$ o) $f(x) = |-x^2 + 1|$ p) $f(x) = |-\frac{1}{10}x^3|$
q) $f(x) = |x^2 + 2x|$ r) $f(x) = |x^2 - 2x - 3|$ s) $f(x) = |x^2 + 2x - 3| - 4$

5. Gegeben ist die Funktion $f\colon x \mapsto f(x) = 2 - \frac{1}{2}|x - 1|$; $D_f = \mathbb{R}$
a) Schreibe f(x) ohne Absolutstriche, bestimme die Nullstellen, und zeichne den Graphen der Funktion.
b) Wie lässt sich der höchste Punkt des Graphen bereits am gegebenen Term ablesen?
c) Zeichne in einer anderen Farbe den Graphen der Funktion $g\colon x \mapsto g(x) = |2 - \frac{1}{2}|x - 1||$; $x \in \mathbb{R}$ in das gleiche Koordinatensystem ein.

6. Schreibe die Funktion $f\colon x \mapsto f(x)$; $D_f = \mathbb{R}$, und zeichne ihren Graphen. Wie kann man die Achsensymmetrie des Graphen zur y-Achse unmittelbar am Funktionsterm erkennen?
a) $f(x) = x^2 - 2|x|$ b) $f(x) = x^2 - 2|x| - 3$

7. Zeichne G_f a) $f(x) = -[x]$ b) $f(x) = 2[x]$ c) $f(x) = [x - 2]$

Vermischte Aufgaben

8. a) $g(x) = x^3 - x^2 - 2x$
Berechne: g(0), g(2), g(−2), g(2,5), g(π), g(2+h), ggf. mit ETR auf 2 Dez.!

b) $k(x) = \begin{cases} x^2 & \text{für } x \geqq 0 \\ -x^2 & \text{für } x < 0 \end{cases}$
Berechne: k(0), k(1), k(−1), k(3+h), k(−3+h) mit $0 < h < 3$!

c) $\varphi(x) = \begin{cases} 1 + \sin x & \text{für } x \geqq 0 \\ 1 - x & \text{für } -3 < x < 0 \\ 6 + x & \text{für } x \leqq -3 \end{cases}$
Berechne: $\varphi(0)$, $\varphi(\frac{1}{6}\pi)$, $\varphi(-\frac{1}{6}\pi)$, $\varphi(2)$, $\varphi(-2)$, $\varphi(-3)$, $\varphi(-4)$.

9. Ermittle ohne Zeichnung, ob und wo eventuell der Graph der Funktion $f\colon x \mapsto f(x)$ die x-Achse schneidet!
a) $f(x) = x^2 - 4x + 3$; $x \in \mathbb{R}$ b) $f(x) = x^3 - 4x$; $x \in \mathbb{R}$
c) $f(x) = x^2 + x + 1$; $x \in \mathbb{R}$ d) $f(x) = x + x \cdot \sin x$; $x \in [0; 2\pi[$
e) $f(x) = 2^x(x^3 + 1)$; $x \in \mathbb{R}_0^+$ f) $f(x) = \dfrac{x^2 - 9}{x + 2}$; $x \in \mathbb{R}_0^+$

10. Bestimme für die folgenden Funktionen die maximal zulässige Definitionsmenge und die Wertemenge:

a) $x \mapsto -\sqrt{25-x^2}$ b) $x \mapsto \sqrt{x^2-16}$ c) $x \mapsto \sqrt{1+x^2}-x$

d) $x \mapsto 1+\sin x$ e) $x \mapsto \sin^2 x + \cos^2 x$ f) $x \mapsto -|\cos x|+1$

11. Zeige, dass die Wertemengen folgender Funktionen f: $x \mapsto f(x)$ einelementig sind:

a) $f(x) = \begin{cases} 0 & \text{für } x = 0 \\ |x|-x & \text{für } x > 0 \\ |x|+x & \text{für } x < 0 \end{cases}$ b) $f(x) = x - \sqrt{x^2+2x+1}$ für $x \geqq -1$

c) $f(x) = \cos 2x + 2\sin^2 x + 3$ d) $f(x) = \sin x + \sqrt{1-\cos^2 x}$; $x \in]\pi; 2\pi[$

12. Für welche x-Werte sind folgende Funktionen f: $x \mapsto f(x)$ *nicht* definiert?

a) $f(x) = \dfrac{1-\cos x}{\sin x}$ b) $f(x) = \sqrt{x^2+2x-3}$ c) $f(x) = \sqrt{3+2x-x^2}$

13. Eine Funktion f: $x \mapsto f(x)$; $x \in \mathbb{R}$ ist gegeben durch

$$f(x) = \begin{cases} \frac{1}{2}x + 2 & \text{für } x \leqq 0 \\ -(x-1)^2 + 3 & \text{für } 0 < x \leqq 2 \\ -x+3 & \text{für } x > 2 \end{cases}$$

Zeichne den Graphen der Funktion im Intervall $[-3; 3]$! Wo liegen die Nullstellen?

14. Zeichne den Graphen der Funktion f: $x \mapsto f(x)$; $x \in D_{f(x)}$!

a) $f(x) = \sqrt{x^2+2x+1}$ b) $f(x) = x + \sqrt{x^2+2x+1}$ c) $f(x) = |x| + \sqrt{4x^2-4x+1}$

Hinweis: $\sqrt{a^2} = |a|$ für $a \in \mathbb{R}$.

15. Führe für die Funktion f: $x \mapsto |x-3| + |x-1|$; $x \in]-1; 5[$ Fallunterscheidungen für $x \geqq 3$, $1 < x < 3$ und $x \leqq 1$ durch, schreibe f abschnittsweise und zeichne den Graphen!

16. Schreibe die Funktion f: $x \mapsto 2|x-1| + |x-3|$; $x \in]-1; 4[$ ohne Verwendung von Absolutstrichen und zeichne den Graphen!

17. Zeige, dass die Funktion f: $x \mapsto ax^2 + b|x| + c$; $x \in \mathbb{R}$ entweder 0, 1, 2, 3 oder 4 Nullstellen haben kann. Bilde für jeden dieser Fälle ein Beispiel mit Skizze!

18. Überlagerung von Graphen

Gegeben sind die Funktionen f: $x \mapsto f(x)$ und g: $x \mapsto g(x)$. Zeichne den Graphen G_φ der Funktion φ: $x \mapsto f(x) + g(x)$ durch Addition der entsprechenden Ordinaten von G_f und G_g!

a) $f(x) = \frac{1}{2}x^2$; $x \in \mathbb{R}$ und $g(x) = x + 1$; $x \in \mathbb{R}$

b) $f(x) = 2x$; $x \in \mathbb{R}$ und $g(x) = -\frac{1}{2}x^2$; $x \in \mathbb{R}$

c) $f(x) = \frac{1}{10}x^3$; $x \in [-4; 4]$ und $g(x) = -\frac{1}{10}x^2$; $x \in [-4; 4]$

d) $f(x) = x$; $x \in [0; 2\pi[$ und $g(x) = \sin x$; $x \in [0; 2\pi[$

e) $f(x) = \frac{1}{x}$; $x \in \mathbb{R}^+$ und $g(x) = x$; $x \in \mathbb{R}^+$

f) $f(x) = \sqrt{x}$; $x \in \mathbb{R}_0^+$ und $g(x) = -x$; $x \in \mathbb{R}_0^+$

19. Zeichne den Graphen der Funktion $f\colon x \mapsto x + \operatorname{sgn} x$!

20. Vergleiche die Funktionen mit den Termen:
a) $f_1(x) = |x|$, $f_2(x) = x \cdot \operatorname{sgn} x$, $f_3(x) = \sqrt{x^2}$ b) $f_1(x) = \operatorname{sgn} x$, $f_2(x) = \dfrac{x}{|x|}$

21. Bestimme
a) FNR(1.5) b) FNR(−1.5) c) INT(1.5) d) INT(−1.5)!

22. Bestimme die Definitionsmenge und ermittle, allein durch Rechnung, die Wertemenge der Funktion

$$f\colon x \mapsto \frac{4x+7}{x^2+2x+2}.$$

Anleitung: Für die Ermittlung von W_f denke man sich den Graphen von f mit der Schar der Geraden $g_a\colon y - a = 0$ geschnitten, wobei a ein reeller Scharparameter ist. Für welche Werte von a gibt es zwei, für welche genau einen, für welche keinen Schnittpunkt?

23. Ermittle, ohne Zeichnung, die Wertemenge der Funktion

$$f\colon x \mapsto 4 \cdot \sin x + 3 \cdot \cos x!$$

Anleitung: Da sich bei der Addition von Sinus- und Kosinusschwingungen wieder eine Schwingung ergibt, versucht man den Ansatz $4 \cdot \sin x + 3 \cdot \cos x = a \cdot \sin(x - \varphi)$. Durch Einsetzen von $x = 0$ und $x = \frac{1}{2}\pi$ in diese Identität ergeben sich zwei Gleichungen für a und φ, aus denen sich a rasch ermitteln lässt.

24. Einfache Termänderungen
Aus $f\colon x \mapsto f(x)$ wird durch geringfügige Änderung des Terms $f(x)$ eine neue Funktion $\varphi\colon x \mapsto \varphi(x)$ erzeugt.
Gib bei den Aufgabenbeispielen den Term $\varphi(x)$ an und skizziere G_f und G_φ!

	Zusammenhang zwischen $\varphi(x)$ und $f(x)$	Zusammenhang zwischen G_f und G_φ verbal	grafisch G_f: – – – G_φ: ——	Aufgabenbeispiele
a)	$\varphi(x) = -f(x)$	Spiegelung an der x-Achse	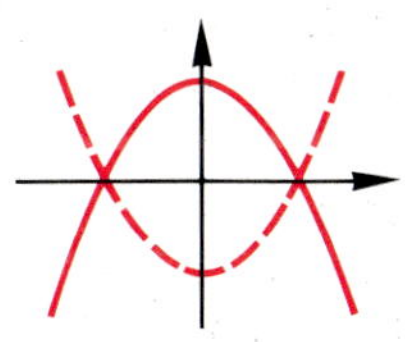	$f(x) = x - 1$
b)	$\varphi(x) = f(-x)$	Spiegelung an der y-Achse	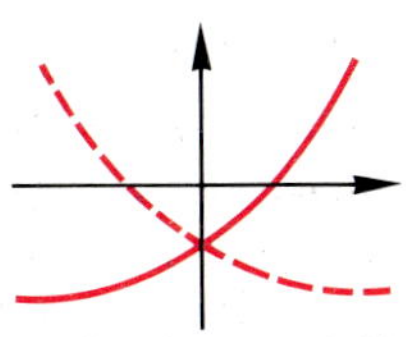	$f(x) = x - 1$

	Zusammenhang zwischen $\varphi(x)$ und $f(x)$	Zusammenhang zwischen G_f und G_φ verbal	grafisch G_f: – – – G_φ: ——	Aufgaben-beispiele
c)	$\varphi(x) = f(x) + a$	Verschiebung um $\|a\|$ nach oben, falls $a > 0$, um $\|a\|$ nach unten, falls $a < 0$	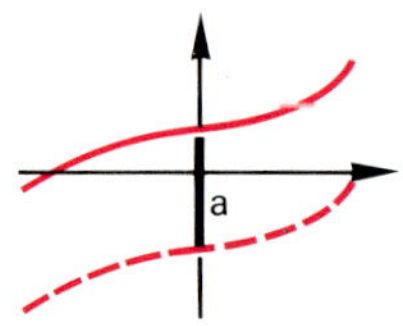	$f(x) = -x^2$, $a = 2$ $f(x) = x^2$, $a = -4$
d)	$\varphi(x) = f(x + b)$	Verschiebung um $\|b\|$ nach links, falls $b > 0$, um $\|b\|$ nach rechts, falls $b < 0$	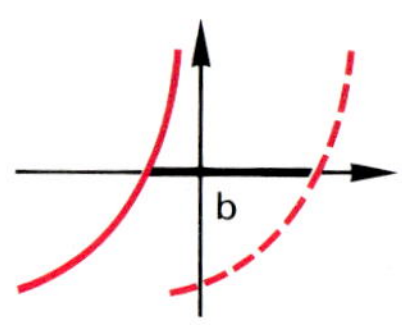	$f(x) = -x^2 + 1$, $b = 3$ $f(x) = x^2 + 1$, $b = -3$
e)	$\varphi(x) = f(x+b) + a$	Verschiebung um $\|b\|$ nach links und um $\|a\|$ nach oben, falls $b > 0$, $a > 0$. Welche Fälle sind noch möglich?	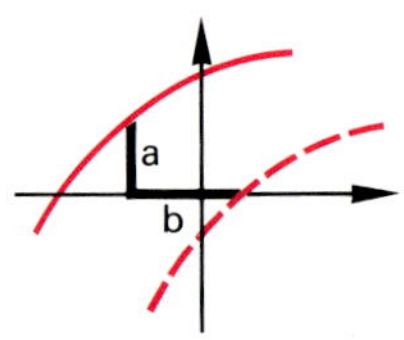	$f(x) = x^2$, $b = 2$, $a = 3$ $f(x) = x^2$, $b = -2$, $a = -3$
f)	$\varphi(x) = c \cdot f(x)$ $c > 0$	Streckung parallel zur y-Achse mit Faktor c (d.h. „Dehnung" für $c > 1$, „Stauchung" für $0 < c < 1$)	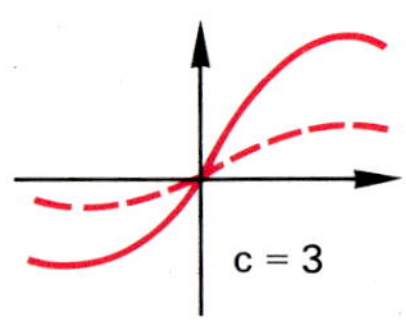	$f(x) = \cos x$, $c = 2$ $f(x) = \sin x$, $c = \frac{1}{2}$
g)	$\varphi(x) = f(d \cdot x)$ $d > 0$	Streckung parallel zur x-Achse mit Faktor $\frac{1}{d}$ (d.h. „Dehnung" für $0 < d < 1$, „Stauchung" für $d > 1$)	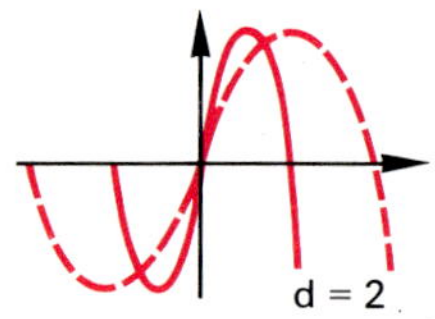	$f(x) = \cos x$, $d = 2$ $f(x) = \sin x$, $d = \frac{1}{2}$
h)	$\varphi(x) = \|f(x)\|$	Spiegelung der unter der x-Achse liegenden Teile an der x-Achse	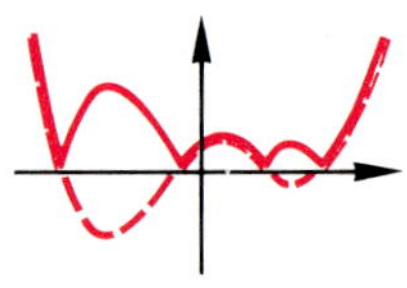	$f(x) = x^2 - 4$

	Zusammenhang zwischen φ (x) und f (x)	Zusammenhang zwischen G_f und G_φ verbal	grafisch G_f: --- G_φ: ——	Aufgaben-beispiele
i)	$\varphi(x) = f(\lvert x \rvert)$	Spiegelung der rechts der y-Achse liegenden Teile an der y-Achse, die Teile von G_f links der y-Achse verschwinden	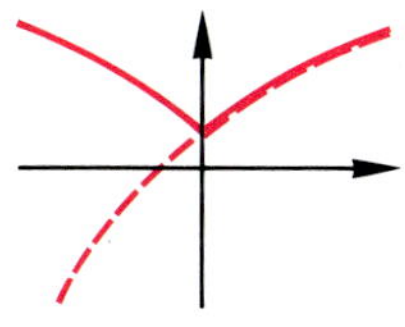	$f(x) = 2^x - 1$

1.8. Folgen

1.8.1. Begriff der Folge

In der Algebra sind uns schon wiederholt Folgen von Zahlen begegnet. Bei Iterationsverfahren zur Wurzelberechnung zum Beispiel erhält man einen 1., 2., 3., ... Näherungswert, etwa für $\sqrt{5}$:

1	2	3	...
2,0	2,25	2,2361	...

Dabei errechnet sich der 2. Näherungswert $x_2 = 2{,}25$ aus $x_1 = 2$ nach der Formel

$$x_2 = \tfrac{1}{2}\left(x_1 + \frac{5}{x_1}\right).$$

Allgemein gilt für $n \in \mathbb{N} \setminus \{1\}$:

$$x_n = \tfrac{1}{2}\left(x_{n-1} + \frac{5}{x_{n-1}}\right).$$

Man kann solche Zahlenfolgen als Funktionen mit der speziellen Definitionsmenge $\mathbb{N}$ definieren:

Definition 1.10:

Eine Funktion f mit der Definitionsmenge $D_f = \mathbb{N}$ heißt Folge.

Da Folgen erst später in dieser Weise als spezielle Funktionen aufgefasst wurden, sind hier andere, z.T. kürzere Bezeichnungen als sonst bei Funktionen üblich. An Stelle von x wählt man oft den griechischen Buchstaben ν.

Statt $\quad f(1), \quad f(2), \quad f(3), \ldots, \quad f(\nu), \ldots$

schreibt man $\quad a_1, \quad a_2, \quad a_3, \ldots, \quad a_\nu, \ldots$

und nennt diese Funktionswerte die *Glieder* der Folge, a_ν heißt *allgemeines Glied* der Folge. Kennt man den Term für das allgemeine Glied, so kann man alle Glieder der Folge angeben. So liefert z. B. $a_\nu = \nu^2$ mit $\nu \in \mathbb{N}$ die Folge der Quadratzahlen:

$$a_1 = 1; \quad a_2 = 4; \quad a_3 = 9; \quad a_4 = 16; \ldots \quad \text{oder kürzer} \quad 1; 4; 9; 16; \ldots$$

Der Graph besteht, wie bei jeder Folge, aus isolierten Punkten (vgl. Fig. 1.42). Für $a_\nu = (-1)^\nu \frac{2}{\nu}$ mit $\nu \in \mathbb{N}$ erhalten wir die Folge $-2; 1; -\frac{2}{3}; \frac{1}{2}; -\frac{2}{5}; \frac{1}{3}; \ldots$ (vgl. Fig. 1.43).

Wegen des dauernden Vorzeichenwechsels sprechen wir hier von einer alternierenden[1] Folge.

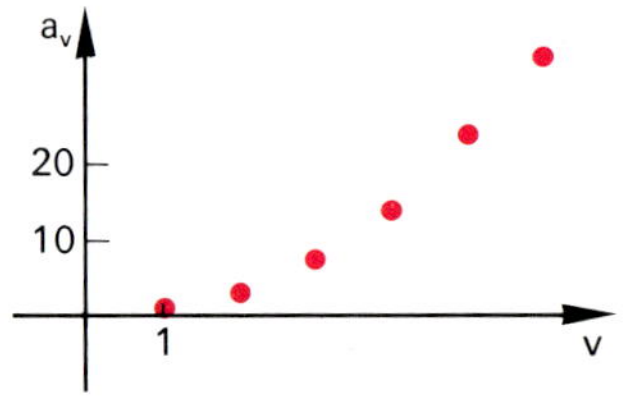

Fig. 1.42

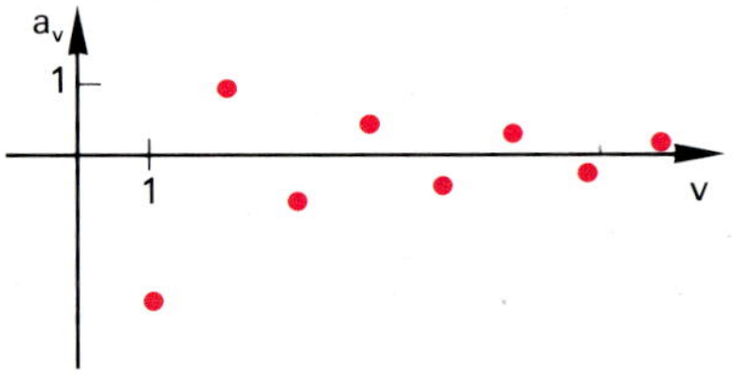

Fig. 1.43

1.8.2. Besondere Folgen

Die arithmetischen Folgen

Ausgehend von einer beliebigen Anfangszahl a_1 unterscheiden sich zwei aufeinander folgende Glieder stets durch die gleiche Differenz d. Man könnte die Folge eindeutig festlegen durch einen beliebigen Startwert a_1 und die Vorgabe

$$a_\nu = a_{\nu-1} + d \quad \text{für} \quad \nu > 1$$

Man spricht hier von einer rekursiven[2] Definition der Folge.
Daraus gewinnt man leicht die übliche Darstellung. Es ist dann nämlich

$$a_2 = a_1 + d; \quad a_3 = a_2 + d = a_1 + 2d; \quad a_4 = a_3 + d = a_1 + 3d \quad \text{usw.}$$

Das allgemeine Glied lautet:

$$\boxed{a_\nu = a_1 + (\nu - 1)\,d}$$

[1] alternare (lat.) abwechseln
[2] recurrere (lat.) zurücklaufen

Beispielsweise erhalten wir

a) für $a_1 = 1$ und $d = 2$ die Folge 1; 3; 5; 7; 9; ... der ungeraden Zahlen mit $a_\nu = 1 + 2(\nu - 1) = 2\nu - 1$

b) für $a_1 = 5$ und $d = -3$ erhält man die Folge 5; 2; −1; −4; −7; ... also $a_\nu = 5 - 3(\nu - 1) = 8 - 3\nu$.

Warum bilden auch die natürlichen Zahlen eine arithmetische Folge?

Die geometrischen Folgen

Ausgehend von einer beliebigen Anfangszahl $a_1 \neq 0$ haben zwei aufeinander folgende Glieder stets den gleichen Quotienten q. Also gilt:

$a_1 \neq 0$ (beliebig); $a_\nu = a_{\nu-1} \cdot q$ für $\nu > 1$.

Aus dieser rekursiven Definition erhalten wir

$a_2 = a_1 q$; $a_3 = a_2 q = a_1 q^2$; $a_4 = a_3 q = a_1 q^3$

usw. Also gilt für das allgemeine Glied:

$$a_\nu = a_1 q^{\nu - 1}$$

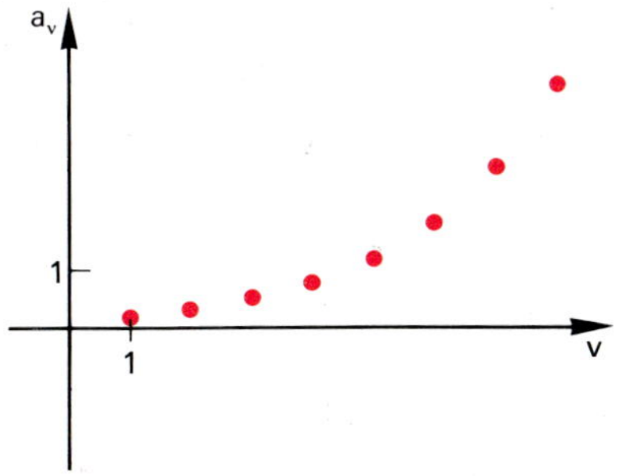

Fig. 1.44

a) für $a_1 = \frac{1}{4}$; $q = \frac{3}{2}$ erhalten wir die Folge

$\frac{1}{4}; \frac{3}{8}; \frac{9}{16}; \frac{27}{32}; \ldots \quad a_\nu = \frac{1}{4}\left(\frac{3}{2}\right)^{\nu-1}$

(Fig. 1.44)

b) für $a_1 = 3$; $q = -\frac{2}{3}$ ergibt sich die Folge

$3; -2; \frac{4}{3}; -\frac{8}{9}; \ldots \quad a_\nu = 3\left(-\frac{2}{3}\right)^{\nu-1}$

(Fig. 1.45)

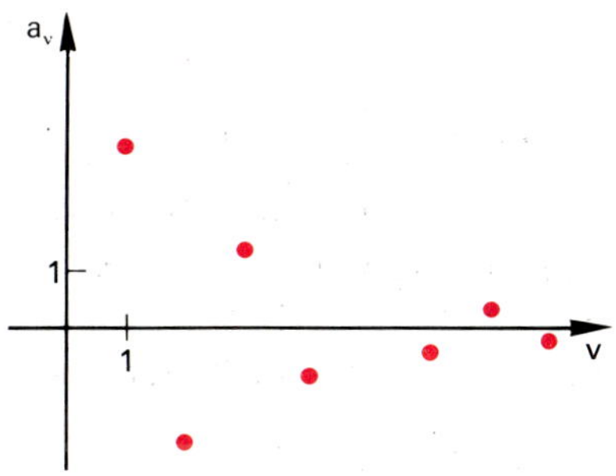

Fig. 1.45

Allgemein kann man feststellen:
Ist $a_1 > 0$, so nimmt die geometrische Folge für $q > 1$ zu, sie ist konstant für $q = 1$, sie nimmt für $0 < q < 1$ ab und sie ist alternierend für $q < 0$.
Geometrische Folgen haben große Bedeutung in der Naturwissenschaft. Zahlreiche Wachstums- oder Zerfallsvorgänge, aber z. B. auch die Abnahme des Luftdrucks mit steigender Höhe lassen sich mit Hilfe geometrischer Folgen beschreiben.

Aufgaben

1. Schreibe die ersten acht Glieder der Folge an und zeichne den Graphen! Ist die Folge nach oben oder unten beschränkt? Wie ist das Monotonieverhalten?

   a) $a_\nu = \frac{1}{10}(4\nu + 5)$ b) $a_\nu = [1 + (-1)^\nu] \cdot \nu$ c) $a_\nu = (-1)^\nu \cdot \frac{\nu}{2}$

   d) $a_\nu = 4(-1)^\nu \sin(\frac{1}{6}\pi\nu)$ e) $a_\nu = 0{,}1\,(40 - \nu^2)$ f) $a_\nu = (-1)^\nu \cdot 2^{\nu-1}$

2. Aus den ersten vier Gliedern dieser Folgen lässt sich jeweils ein Bildungsgesetz erraten. Wie lautet der Term für das allgemeine Glied a_ν? Beachte, dass es u. U. mehrere Möglichkeiten geben kann!

   a) $1; \frac{1}{2}; \frac{1}{3}; \frac{1}{4}; \ldots$ b) $\frac{1}{2}; \frac{2}{3}; \frac{3}{4}; \frac{4}{5}; \ldots$ c) $\frac{1}{2}; \frac{4}{3}; \frac{9}{4}; \frac{16}{5}; \ldots$

   d) $0; \frac{1}{3}; \frac{2}{4}; \frac{3}{5}; \ldots$ e) $1; -1; 1; -1; \ldots$ f) $1; -1; -3; -5; \ldots$

   g) $4; 2; 1; \frac{1}{2}; \ldots$ h) $1; 3; 7; 15; \ldots$ i) $5; 7; 9; 11; 13; \ldots$

3. Berechne bei den folgenden, rekursiv definierten Folgen die Glieder a_1 bis a_5 und versuche den Term für a_ν zu ermitteln:

   a) $a_\nu = a_{\nu-1} + (2\nu - 1); \quad a_1 = 1$ b) $a_\nu = 3a_{\nu-1}; \quad a_1 = 3$

   c) $a_\nu = 2a_{\nu-1}; \quad a_1 = 5$ d) $a_\nu = a_{\nu-1} + 3; \quad a_1 = 3$

   e) $a_\nu = -a_{\nu-1}; \quad a_1 = 1$ f) $a_\nu = -0{,}5 \cdot a_{\nu-1}; \quad a_1 = 1$

4. a) Schreibe die ersten 10 Glieder der Folge mit $a_\nu = 2\nu - 1$ auf.

   b) Die Folge der b_ν erhält man, wenn man je zwei benachbarte Glieder a_ν addiert, also $b_1 = a_1 + a_2$, $b_2 = a_2 + a_3$ usw. Bestimme die ersten 9 Glieder dieser Folge und stelle den Term für das allgemeine Glied b_ν auf. Um welche Art von Folge handelt es sich?

   c) Wende nun das Verfahren, mit dem aus den Gliedern a_ν die Glieder b_ν erzeugt wurden, auf die Glieder b_ν an. Stelle den Term für die entstehenden Glieder c_ν auf. Welcher Zusammenhang besteht zwischen c_ν und a_ν?

   d) Denke dir das Verfahren fortgesetzt, für die Glieder d_ν, e_ν usw. Erkläre, weshalb alle entstehenden Folgen arithmetische Folgen sind.

5. a) Zeichne ein Quadrat mit der Seitenlänge $a_1 = 8\,\text{cm}$. Verbinde die Seitenmittelpunkte zu einem Quadrat mit der Seitenlänge a_2. Verbinde die Seitenmittelpunkte dieses Quadrats zu einem Quadrat mit der Seitenlänge a_3 usw.

   b) Welche Seitenlänge a_{10} hat das zehnte Quadrat?

   c) Gib das allgemeine Folgeglied a_ν für die Seitenlängen der Quadrate an.

   d) Berechne für die Folge $A_1, A_2, \ldots$ der Flächeninhalte die ersten 10 Glieder.

   e) Um welche Art von Folge handelt es sich bei den Seitenlängen a_ν, um welche Art von Folge bei den Flächeninhalten A_ν?

6. a) Zeige, dass man wieder eine geometrische Folge erhält, wenn man die Glieder einer geometrischen Folge quadriert.

   b) Gib eine entsprechende Regel für arithmetische Folgen an.

7. Der durchschnittliche Luftdruck in Meereshöhe beträgt $p_0 = 1013$ mbar. Mit der Höhe nimmt der Druck ab, und zwar ergibt sich bei jeweils gleichen Höhendifferenzen eine geometrische Folge. Für eine Höhendifferenz von 1 km gilt etwa $q = 0{,}882$. In ν km Höhe beträgt der Luftdruck daher $p_\nu = p_0 \cdot 0{,}882^{\nu-1}$ mbar.
Berechne den Luftdruck in 3 km, 6 km, 9 km und 12 km Höhe. Was bedeutet dies für einen Bergsteiger bzw. Ballonfahrer?

8. Wachstum
   a) Die Bevölkerung eines Landes beträgt 90,2 Millionen. In den letzten Jahren war der durchschnittliche jährliche Zuwachs 2,3%. Mit welcher Einwohnerzahl kann man (statistisch) bei dieser Wachstumsquote in 10 Jahren rechnen?
   b) Der Holzbestand eines Bergwaldes wird auf 95 500 Festmeter (fm) geschätzt. Die jährliche Wachstumsrate kann mit 3,5% angenommen werden. Auf wie viele fm belief sich der Bestand vor 12 Jahren?

9. Zerfall
Betrachtet man die Abnahme der Atome eines radioaktiven Materials in gleichen Zeitintervallen, so bildet die Anzahl der noch nicht zerfallenen Atome eine geometrische Folge. Wie viel Prozent der ursprünglichen Atome sind nach 1, 2, 5, 10, 100 Jahren noch vorhanden
   a) bei Plutonium 238, wobei $q = 0{,}99215$ beim Zeitintervall 1 Jahr,
   b) bei Strontium 90, wobei $q = 0{,}976$ beim Zeitintervall 1 Jahr,
   c) bei Kobalt 60, wobei $q = 0{,}877$ beim Zeitintervall 1 Jahr,
   d) bei Polonium 210, wobei $q = 0{,}16$ beim Zeitintervall 1 Jahr?

10. Aus der Musikkunde
Um die sogenannte gleichmäßig temperierte Tonleiter zu gewinnen, wird das Intervall einer Oktave in 12 gleich große Teilintervalle zerlegt. Dabei versteht man unter dem Intervall zweier Töne den Quotienten ihrer Schwingungszahlen. Es entsteht also eine geometrische Folge von Schwingungszahlen. Der Quotient hat im Falle der Oktave den Wert 2.[1]
   a) Berechne die Größe eines Teilintervalls, das heißt den Quotienten q zweier aufeinander folgender Töne der gleichmäßig temperierten Tonleiter.
   b) Welche Frequenz hat der fünfte Zwischenton im Oktavenintervall mit dem Grundton a = 440 Hz bei gleichmäßig temperierter Stimmung eines Klaviers?
   c) Die Frequenz eines Orgelpfeifentons ist umgekehrt proportional der Pfeifenlänge. Welche Kurve beschreiben die Enden in gleichmäßigen Abständen nebeneinander angeordneter Orgelpfeifen?

11. Aus der Homöopathie
Eine homöopathische Mischung der Konzentration D_ν kommt wie folgt zustande: 1 Teil der Arznei wird mit 9 Teilen Wasser gemischt; 1 Teil dieser Mischung wird wieder mit 9 Teilen Wasser gemischt usw., das Ganze ν-mal. Mischungen mit z. B. D_{12} sind üblich. Welches Volumenverhältnis Arznei : Wasser hat eine solche Mischung?

---

[1] Johann Sebastian Bach (1685–1750) verwendete diese Tonleiter, die 1691 von dem Musiktheoretiker Andreas Werckmeister erfunden wurde, in seinem „Wohltemperierten Klavier".

Ergänzungen und Ausblicke

Reihen

Werden die ersten n Glieder einer Zahlenfolge $a_1, a_2, a_3, \dots, a_n$ addiert, so entsteht eine *Reihe* mit n Gliedern. Ihr Summenwert wird üblicherweise mit s_n ($n \in \mathbb{N}$) bezeichnet. Als Symbol für die fortgesetzte Addition verwendet man dabei häufig den großen griechischen Buchstaben Σ (Sigma), der unserem S (für „Summe") entspricht. Man schreibt:

$$s_n = a_1 + a_2 + a_3 + \cdots + a_n = \sum_{\nu=1}^{n} a_\nu$$

(gelesen: Summe der a_ν von $\nu = 1$ bis $\nu = n$).

So ist beispielsweise die Summe der ersten sechs Quadratzahlen

$$s_6 = 1^2 + 2^2 + 3^2 + 4^2 + 5^2 + 6^2 = \sum_{\nu=1}^{6} \nu^2 = 91$$

Für die Summe der ersten n natürlichen Zahlen lässt sich eine häufig gebrauchte Formel aufstellen. Wir benutzen dazu einen Kunstgriff, indem wir die Reihe zweimal anschreiben, einmal vorwärts, darunter rückwärts, und addieren:

$$\begin{array}{lrcccccccc} & s_n = & 1 + & 2 & + & 3 & + & 4 & + \cdots + & (n-1) & + n \\ & s_n = & n + & (n-1) & + & (n-2) & + & (n-3) & + \cdots + & 2 & + 1 \\ \hline \text{addiert:} & 2s_n = & (n+1) + & (n+1) & + & (n+1) & + & (n+1) & + \cdots + & (n+1) & + (n+1) \end{array}$$

$$\Rightarrow \quad 2s_n = n \cdot (n+1)$$

$$\Rightarrow \quad \boxed{s_n = \frac{n(n+1)}{2}}$$

Für die Summe der ersten hundert natürlichen Zahlen erhalten wir mit $n = 100$

$$s_{100} = \sum_{\nu=1}^{100} \nu = \frac{100 \cdot 101}{2} = 5050$$

Wie lässt sich die Summe aller natürlichen Zahlen von 23 bis 100 berechnen? Überlege, warum sich trotz des Nenners 2 stets eine ganze Zahl für s_n ergibt!

Die endliche geometrische Folge $a, aq, aq^2, \dots, aq^{n-1}$ führt zur *geometrischen Reihe* mit n Gliedern. Für ihren Summenwert s_n gilt:

(1) $\qquad s_n = a + aq + aq^2 + \cdots + aq^{n-1}$

Um eine Formel für s_n zu erhalten, multiplizieren wir (1) mit q und erhalten

(2) $\qquad qs_n = aq + aq^2 + \cdots + aq^{n-1} + aq^n$

Bilden wir (2) – (1), so folgt:

$$qs_n - s_n = -a + aq^n$$

$$\Rightarrow \quad s_n(q-1) = a(q^n - 1)$$

$$\Rightarrow \quad \boxed{s_n = a\,\frac{q^n - 1}{q - 1}} \qquad a \in \mathbb{R};\ q \in \mathbb{R} \setminus \{1\};\ n \in \mathbb{N}$$

Für den Sonderfall $q = 1$ erhält man $s_n = na$, wie aus (1) zu ersehen ist.

Beispiele: a) Für die geometrische Reihe

$$1 + 4 + 16 + 64 + \cdots + 4^8$$

ergibt sich mit $a = 1$, $q = 4$, $n = 8 + 1$ der Summenwert

$$s_9 = \frac{4^9 - 1}{4 - 1} = 87381.$$

b) $$1 + \frac{1}{2} + \frac{1}{4} + \cdots + \frac{1}{2^{n-1}} = 1 \cdot \frac{0{,}5^n - 1}{0{,}5 - 1} = 2 - \frac{1}{2^{n-1}},$$

denn es handelt sich um eine geometrische Reihe mit n Gliedern, dem Anfangsglied $a = 1$ und dem Quotienten $q = 0{,}5$.

Aufgaben

1. Bilde die Summe der ersten 10 geraden Zahlen.

2. Die Summe der ersten k natürlichen Zahlen beträgt 325. Berechne die Anzahl k der Zahlen.

3. Die Summe von vier aufeinander folgenden natürlichen Zahlen beträgt 170. Welche Zahlen sind es?

4. Gerüchte
   Ein Gerücht wird am 1. Tag vom Ausstreuenden an 2 Personen weitergegeben. Diese verbreiten es am 2. Tag an je 2 weitere Personen.
   Nimm an, dass ein „Empfänger" das Gerücht jeweils einen Tag später an 2 weitere Personen verbreitet (dann nicht mehr) und dass keine Person mehrmals zum Empfänger wird.
   a) Wie vielen Personen kommt das Gerücht dann am 5. Tag bzw. am 10. Tag zu Ohren?
   b) Wie vielen Personen insgesamt ist das Gerücht nach 5, 10, 20, 30 Tagen bekannt?

5. Gegeben ist ein rechtwinkliges Koordinatenkreuz, in dem die Winkelhalbierenden der beiden Quadranten eingezeichnet sind. Vom Punkt P_1 (a; 0) wird das Lot $[P_1P_2]$ auf die Winkelhalbierende des I. Quadranten gefällt, von P_2 das Lot $[P_2P_3]$ auf die y-Achse und weiter gemäß Fig. 1.46 verfahren. Es ergibt sich eine Spirale $P_1P_2P_3 \ldots P_9$. Berechne ihre Länge in Abhängigkeit von a! Berechne auch die Länge von $P_1 \ldots P_n$ für einige sehr große n im Falle a = 1!

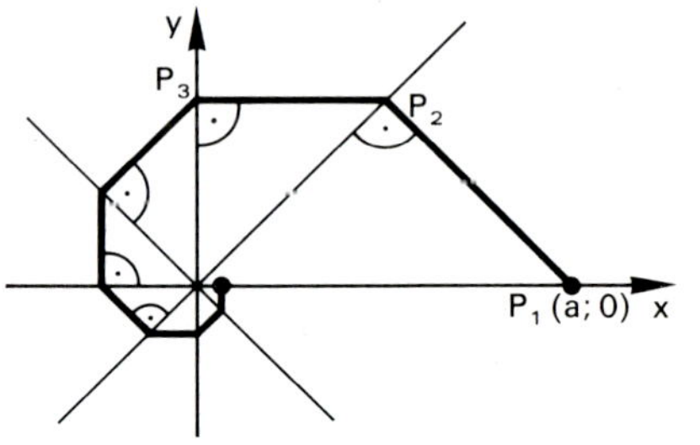

Fig. 1.46

6. Im Winkelfeld eines 60°-Winkels liegen fünf Kreise, die sich gegenseitig berühren und die Schenkel des Winkels als gemeinsame Tangenten haben. Der Radius des innersten Kreises sei $r_1 = r$. Berechne die Flächensumme aller Kreise!

Fig. 1.47 zeigt die ersten drei dieser Kreise.

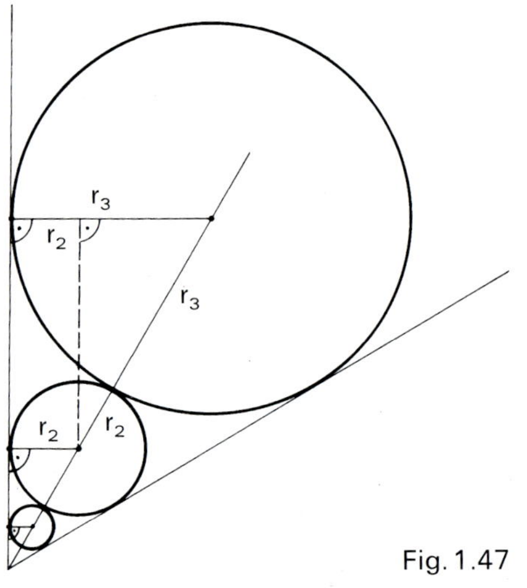

Fig. 1.47

7. Es wird erzählt, dass sich Sessa Ebn Daher, der Erfinder des Schachspieles, für seine geistreiche Idee vom indischen König Sheram eine Belohnung erbitten durfte. Er wünschte sich die Menge Reis, die sich auf einem Schachbrett ergäbe, wenn man auf das erste Feld 1 Korn, auf das zweite 2, auf das dritte 4, auf das vierte 8, also auf jedes Feld immer doppelt so viel Körner gelegt denkt wie auf das vorhergehende. Der König lächelte über diesen Wunsch, der ihm bescheiden erschien. Die Rechnung ergab jedoch 18446744073709551615 Körner. Alle Vorräte des Landes hätten zusammen nur einen winzigen Teil dieser Menge ergeben.

a) Warum ist die Körnerzahl eine ungerade Zahl?

b) Überprüfe sie, soweit es die Genauigkeit des Instruments zulässt, mit dem Taschenrechner!

c) Wie groß ist die genaue Zahl der Körner auf dem 20. Feld?

2. Grenzwertrechnung

2.1. Das Verhalten von Funktionen „im Unendlichen"

2.1.1. Zur Einführung

Bei den bisherigen Betrachtungen über Funktionen haben wir zur Ermittlung des ungefähren Graphenverlaufs unter anderem folgende Fragen zu klären versucht:

(1) Ist die Funktion monoton zunehmend bzw. monoton abnehmend?
(2) Ist die Funktion beschränkt bzw. nur nach oben bzw. nur nach unten beschränkt?
(3) Hat der Graph der Funktion Symmetrieeigenschaften?
(4) Wo liegen Null- bzw. Unendlichkeitsstellen?

Mit der Beantwortung dieser Fragen und einer geeigneten Wertetabelle lässt sich bereits in vielen Fällen der Graph der Funktion recht gut skizzieren. Dennoch bleiben noch manche Fragen offen, die für ein tieferes Verständnis des Graphenverlaufs innerhalb des gesamten Definitionsbereichs zu untersuchen wären. Eine dieser Fragen betrifft z. B. bei Funktionen mit unbeschränktem Definitionsbereich das Verhalten für beliebig große x-Werte bzw. für beliebig kleine x-Werte. Wir sprechen umgangssprachlich vom *Verhalten „im Unendlichen"*. Auch bei der Betrachtung von Vorgängen in der Natur, die sich durch Funktionen beschreiben lassen, interessieren diese Fragen.

A. Grenzvorgänge in der Physik

a) Das Newton'sche Abkühlungsgesetz

Der Wärmeaustausch eines Körpers (Anfangstemperatur T_1) mit seiner Umgebung (Temperatur T_2) vollzieht sich bei nicht zu großem Temperaturunterschied nach folgendem Gesetz:

Die Abkühlungsgeschwindigkeit, d.h. die Temperaturabnahme[1] *in der Zeiteinheit, ist dem jeweiligen Temperaturunterschied zur Umgebung proportional.*

Demnach ändert sich die Körpertemperatur immer langsamer, je geringer der Temperaturunterschied zur Umgebung ist. Theoretisch würde also der Temperaturausgleich mit der Umgebung „unendlich lange Zeit" dauern. Das heißt: Ist die Momentantemperatur T eine Funktion f der Zeit mit $D_f = \{t \mid t \geqq 0\}$ und $f(0) = T_1$, dann interessiert uns, wie sich f(t) mit ständig weiterwachsendem t verhält.
Von praktischer Bedeutung ist dabei die Frage, wann sich T der Umgebungstemperatur T_2 bis auf einen gewissen Restunterschied genähert hat, beispielsweise bei der Messung mit dem Fieberthermometer. Hier kann man feststellen, wie lang die Fiebermessung mindestens durchgeführt werden muss, damit der Mess-

[1] Entsprechendes gilt bei Temperaturzunahme, wenn $T_2 > T_1$.

fehler (Differenzbetrag) kleiner als z. B. 0,1 °C wird. Die Erfahrungswerte bei Quecksilberthermometern liegen bei etwa 5 Minuten, was sich auch rechnerisch bestätigen lässt.

b) Gedämpfte Schwingungen

Dem Chemiker machen die Schwingungen seiner Analysenwaage beim Ablesen Schwierigkeiten: Theoretisch kommt diese sehr empfindliche Balkenwaage eigentlich erst „nach unendlich langer Zeit" zur Ruhe. Auch praktisch dauert es oft schon sehr lange, bis die Waage nicht mehr pendelt. Aus diesem Grund muss man die Ruhelage durch Mittelung einer Folge von Amplitudenmesswerten angenähert bestimmen.

B. Das Grenzverhalten von Funktionen

a) Wir betrachten als erstes mathematisches Beispiel die Funktion

$$f_1\colon x \mapsto \frac{4}{x+1}; \quad D_{f_1} = \mathbb{R}_0^+ \qquad \text{(Fig. 2.1)}.$$

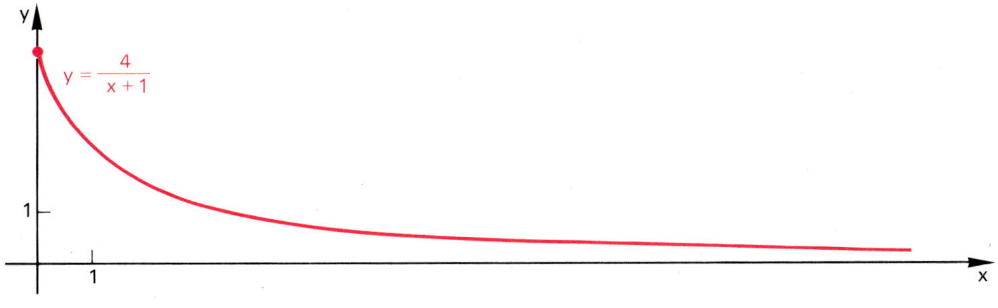

Fig. 2.1

Man erkennt sofort, dass f_1 in D_{f_1} streng monoton abnimmt. Die Funktionswerte werden also mit immer größer werdendem x immer kleiner. Die folgende Wertetabelle lässt erkennen, dass die Funktionswerte für „große" x-Werte jeden noch so kleinen positiven Wert unterschreiten und immer näher an den Wert 0 als „Grenze" heranrücken werden:

x	0	1	10	100	1000	999999
$f_1(x)$	4	2	0,3636 ...	0,0396 ...	0,003996 ...	0,000004

Der Schluss liegt nahe, dass sich $f_1(x)$ vom Wert 0 *beliebig wenig* unterscheidet, wenn nur für x eine *genügend große* Zahl eingesetzt wird. Was heißt aber „beliebig wenig" oder „genügend groß"? Dies werden wir noch zu präzisieren haben. Fig. 2.1 zeigt den Graphen der Funktion. Er „schmiegt" sich immer enger der waagrechten Geraden mit der Gleichung $y = 0$ an (x-Achse). Diese Gerade heißt *Asymptote*[1] des Graphen. Als Funktionswert ist die Null jedoch ausgeschlossen, da der Zähler für alle x ungleich null ist.

b) Nun untersuchen wir die Funktion

$$f_2 \colon x \mapsto \frac{2x+6}{x+1}; \quad D_{f_2} = \mathbb{R}_0^+ \qquad \text{(Fig. 2.2)}.$$

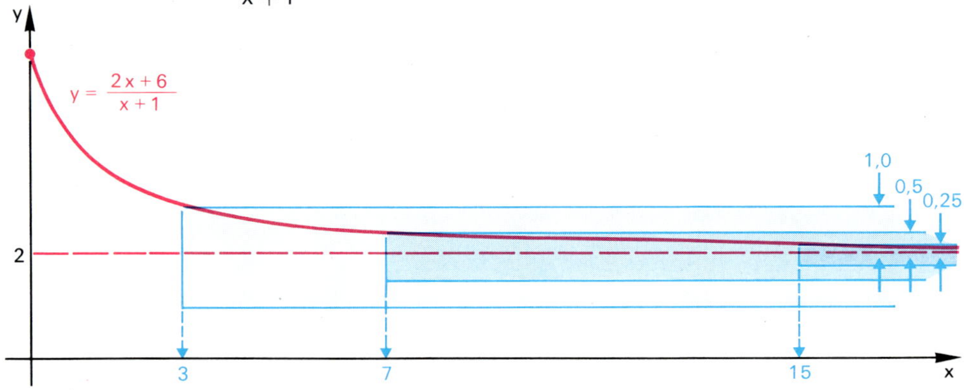

Fig. 2.2

Das Verhalten dieser ebenfalls streng monoton abnehmenden Funktion für größer werdende x-Werte lässt sich nicht mehr unmittelbar aus dem Funktionsterm ablesen. Man kann allerdings vermuten, dass für immer größer werdendes x die Summanden +6 und +1 im Zähler bzw. Nenner ein immer geringeres Gewicht haben werden. Der Zähler wird also etwa doppelt so groß wie der Nenner sein, der Funktionswert daher annähernd 2, wobei die Annäherung „von oben" erfolgen muss, da $2x + 6 > 2(x+1)$. Eine Wertetabelle wie im 1. Beispiel zeigt, dass die neuen Funktionswerte jeweils durch Addition von 2 zu den entsprechenden Funktionswerten des 1. Beispiels entstehen, was auch folgende Termumformung bestätigt:

$$f_2(x) = \frac{2x+6}{x+1} = \frac{2x+2+4}{x+1} = \frac{2(x+1)+4}{x+1} = 2 + \frac{4}{x+1}$$

Dies lässt mit Beachtung des Ergebnisses im 1. Beispiel die Annahme zu, dass $f_2(x)$ dem Wert 2 als „Grenze" *beliebig nahe* kommt, wenn x nur *genügend groß* gewählt wird. Der Graph schmiegt sich an die Gerade mit der Gleichung $y = 2$ an (Asymptote). Wegen $\frac{4}{x+1} > 0$ für alle $x \in \mathbb{R}_0^+$ erfolgt die Annäherung an den Grenzwert 2 „von oben". Als Funktionswert wird 2 nicht angenommen. Geschickte Termumformungen können Grenzwertbetrachtungen also erheblich vereinfachen. (Vgl. Aufgabe 2!).

---

[1] asymptotos (griech.): nicht zusammenfallend

Aufgaben

1. Kennzeichne das Verhalten der Funktion f: $x \mapsto f(x)$ für immer größer werdende x-Werte! Skizziere den Graphen!

a) $f(x) = -\frac{4}{1+x}$; $D_f = \mathbb{R}_0^+$ b) $f(x) = \frac{3}{x^2}$; $D_f = \mathbb{R}^+$ c) $f(x) = \frac{1}{x^2+1}$; $D_f = \mathbb{R}_0^+$

2. Beschreibe, nach vorteilhafter Termumformung, das Verhalten folgender Funktionen für immer größer werdende x-Werte! Entscheide anhand der Termumformung auch, ob gegebenenfalls die Annäherung an den Grenzwert ,,von oben" oder ,,von unten" erfolgt. Skizziere den Graphen!

a) $x \mapsto \frac{2x+7}{x+1}$; $x \in \mathbb{R}_0^+$ b) $x \mapsto \frac{x-6}{x+2}$; $x \in \mathbb{R}_0^+$ c) $x \mapsto \frac{x^2+2}{x^2+1}$; $x \in \mathbb{R}_0^+$

2.1.2. Der Grenzwert

Beide in 2.1.1. betrachteten Funktionen haben einen nach rechts unbeschränkten Definitionsbereich, und in beiden Fällen streben die Funktionswerte gegen einen bestimmten Zahlenwert a, wenn x gegen unendlich strebt (,,x strebt gegen unendlich" heißt: x übertrifft jede noch so große positive reelle Zahl). Man schreibt:

$$f(x) \to a \quad \text{für} \quad x \to \infty.$$ [1]

Im Beispiel der Funktion f_1 ist $a = 0$, im Beispiel mit f_2 ist $a = 2$.

Das ,,Streben gegen den Wert a" äußert sich darin, dass der Graph von f vollständig innerhalb eines beliebig schmal gewählten Parallelstreifens um die Gerade $y = a$ verläuft, wenn man diesen Streifen nur ,,weit genug rechts" (d.h. bei genügend großem x) beginnen lässt (Fig. 2.2).
Mit anderen Worten: ,,$f(x) \to a$ für $x \to \infty$" bedeutet, dass die Abweichung des Funktionswertes f(x) von einer bestimmten Zahl a für $x \to \infty$ beliebig klein wird. Diese Abweichung kommt durch den Differenzbetrag $|f(x) - a|$ zum Ausdruck. Im Beispiel mit f_2 gilt:

$$|f(x) - 2| = \left|\frac{2x+6}{x+1} - 2\right| \underset{2}{=} \frac{4}{x+1}.$$

Diese Abweichung machen wir jetzt ,,beliebig klein", z.B. kleiner als 1, und betrachten die Konsequenzen (vgl. Fig. 2.2):

$$|f(x) - 2| < 1 \Leftrightarrow \frac{4}{x+1} < 1 \underset{2}{\Leftrightarrow} 4 < x+1 \Leftrightarrow 3 < x$$

[1] Lies: f(x) gegen a für x gegen unendlich
[2] Wegen $x + 1 > 0$ in D_f!

Alle x, die größer sind als 3, sind also „groß genug", damit $|f(x) - 2| < 1$ gilt. Oder wir machen $|f(x) - 2|$ kleiner als 0,5:

$$|f(x) - 2| < 0{,}5 \Leftrightarrow \frac{4}{x+1} < 0{,}5 \underset{1}{\Leftrightarrow} 4 < 0{,}5x + 0{,}5 \Leftrightarrow 7 < x$$

Alle x, die größer sind als 7, sind also „groß genug", damit $|f(x) - 2| < 0{,}5$ gilt. Ebenso finden wir

$|f(x) - 2| < 0{,}25$ erfüllt für alle $x > 15$,
$|f(x) - 2| < 0{,}01$ erfüllt für alle $x > 399$.

Wollen wir die Wahl der oberen Schranke für die Abweichung offen halten, müssen wir eine positive Variable ε statt der festen Schrankenzahl einsetzen:

$$|f(x) - 2| < \varepsilon \Leftrightarrow \frac{4}{x+1} < \varepsilon \underset{1}{\Leftrightarrow} 4 < \varepsilon x + \varepsilon \Leftrightarrow \frac{4-\varepsilon}{\varepsilon} < x$$

Also ist $|f(x) - 2| < \varepsilon$ erfüllt für alle $x > \frac{4}{\varepsilon} - 1 \; (= s_\varepsilon)$.

Wir definieren allgemein:

Definition 2.1:

Eine Funktion f mit rechtsseitig unbeschränktem Definitionsbereich hat für $x \to \infty$ *den Grenzwert* a, wenn der Differenzbetrag $|f(x) - a|$ jede noch so kleine positive Zahl unterschreitet, falls man x nur groß genug wählt. Man schreibt:[2]

$$\lim_{x \to \infty} f(x) = a \quad \text{bzw.} \quad \lim_{x \to \infty} (f(x) - a) = 0$$

und sagt, f *konvergiert*[3] *für* $x \to \infty$ *gegen den Grenzwert* a.

Bemerkungen:

1. Die Schreibweisen $\lim\limits_{x \to \infty} f(x) = a$ und $\lim\limits_{x \to \infty} (f(x) - a) = 0$ sind gleichwertig zueinander und zu der bereits benutzten anschaulichen Form

$$f(x) \to a \quad \text{für} \quad x \to \infty \quad \text{bzw.} \quad (f(x) - a) \to 0 \quad \text{für} \quad x \to \infty.$$

2. Statt vom Grenzwert einer Funktion f: $x \mapsto f(x)$ spricht man sehr oft vereinfachend vom Grenzwert von f(x), also vom *Grenzwert eines Terms.*
3. Hätten wir bei der Funktion f des letzten Beispiels die *falsche* Vermutung gehabt, der Grenzwert sei 3, so hätte die Lösung der Ungleichung

$$|f(x) - 3| < \tfrac{1}{100} \Leftrightarrow \left|\frac{3-x}{x+1}\right| < \tfrac{1}{100}$$

---

[1] Wieder wegen $x + 1 > 0$ in D_f.
[2] Lies: „Limes f(x) für x gegen unendlich gleich a"; limes (lat.): Grenze
[3] convergere (lat.): zusammenstreben

nicht auf die Form $x > s$ gebracht werden können, sondern nur auf das beschränkte Lösungsintervall $]\,2\frac{97}{101};\,3\frac{4}{99}\,[$ geführt. Überprüfe das selbst mit der Fallunterscheidung $x \leqq 3$ und $x > 3$!

Wir ergänzen unsere Definition durch eine entsprechende für den Fall, dass x jede noch so kleine negative Zahl[1] unterschreitet, kurz: $x \to -\infty$:

Definition 2.2:

Eine Definition f mit linksseitig unbeschränktem Definitionsbereich hat für $x \to -\infty$ *den Grenzwert* a, wenn der Differenzbetrag $|f(x) - a|$ jede noch so kleine positive Zahl unterschreitet, falls man x nur klein genug wählt. Man schreibt:

$$\lim_{x \to -\infty} f(x) = a \quad \text{bzw.} \quad \lim_{x \to -\infty} (f(x) - a) = 0$$

Aus beiden Grenzwertdefinitionen ergeben sich sofort die häufig gebrauchten Grenzwertregeln:

$$\lim_{x \to \infty} \frac{a}{x^n} = 0$$

$$\lim_{x \to -\infty} \frac{a}{x^n} = 0$$

mit $n \in \mathbb{N}$ und der Konstanten $a \in \mathbb{R}$.

Für $x \to +\infty$ und $x \to -\infty$ kann man zusammenfassend auch $|x| \to +\infty$ oder $|x| \to \infty$ schreiben. Vereinfachend schreibt man dafür auch $x \to \pm\infty$.

Aufgaben

1. Untersuche für die folgenden Funktionen $f: x \mapsto f(x)$ jeweils das Verhalten für $x \to \infty$ anhand einer Wertetabelle! Welcher Wert ist für $\lim\limits_{x \to \infty} f(x)$ zu erwarten? Zeichne den Graphen G_f in $[1; 6]$!

a) $f(x) = \frac{4}{x^2 + 1}$; $D_f = \mathbb{R}$

b) $f(x) = \frac{2x - 1}{x^2 + 1}$; $D_f = [1; \infty[$

c) $f(x) = \frac{3x - 5}{6x + 3}$; $D_f = \mathbb{R}_0^+$

d) $f(x) = \frac{3 - 2x}{x}$; $D_f = \{x \mid x \neq 0\}$

[1] d.h. negative Zahl mit großem Betrag

2. a) Zeichne den Graphen G_φ der Funktion $\varphi: x \mapsto \varphi(x) = \frac{3}{x}$; $x \in \mathbb{R}^+$.

Wie groß ist $\lim\limits_{x \to \infty} \varphi(x)$? Von welchem x ab unterschreiten die Funktionswerte die Schrankenzahl 0,01?

b) Zeichne den Graphen G_ψ der Funktion $\psi: x \mapsto \frac{8}{x+2}$; $x \in \mathbb{R}_0^+$. Gib $\lim\limits_{x \to \infty} \psi(x)$ an und bestimme diejenige Stelle x_0, von der ab alle Funktionswerte die Zahl 0,1 unterschreiten!

3. Untersuche die Funktionen $\bar{f}_1 : x \mapsto f_1(x)$ und $\bar{f}_2 : x \mapsto f_2(x)$ (siehe die Beispiele in 2.1.1.) jeweils in Bezug auf ihr Verhalten für $x \to -\infty$ anhand einer Wertetabelle bei entsprechend erweitertem Definitionsbereich. Zeichne jeweils den Graphen im Intervall $[-11; -2]$!

4. Bestimme ein s so, dass für alle x mit $x > s$ gilt:

a) $\left| \frac{5}{2} - \frac{5x-6}{2x-2} \right| < \frac{1}{1000}$ b) $\left| \frac{x^2+1}{x^2-1} - 1 \right| < \frac{1}{100}$

c) $\left| \frac{\sqrt{x}+1}{\sqrt{x}-1} - 1 \right| < \frac{1}{100}$ d) $\left| \frac{1}{x^3 - x - 1} \right| < \frac{1}{1000}$

5. Gegeben ist die Funktion $f: x \mapsto f(x) = \frac{6x-1}{3x-4}$; $x \in \mathbb{R}^-$.

a) Welcher Wert ist für $\lim\limits_{x \to -\infty} f(x)$ zu erwarten? Für welche Werte gilt $|f(x) - 2| < \frac{1}{100}$?

b) Wie ist die zuletzt gestellte Frage zu beantworten, wenn man den maximal möglichen Definitionsbereich des Terms f(x) zugrunde legt? Was bedeutet das für die erweiterte Funktion $\bar{f}$?

2.1.3. Funktionen ohne Grenzwert im Unendlichen

Die meisten Funktionen, darunter viele der bereits betrachteten, haben keinen Grenzwert für $x \to \pm\infty$. Alle diese Funktionen lassen sich unter zwei Gesichtspunkten klassifizieren:

Typ A: $|f(x)|$ wächst mit $|x| \to \infty$ über alle Grenzen

Zu diesen Funktionen gehören z. B. die nichtkonstanten linearen Funktionen, alle ganzrationalen Funktionen und die Wurzelfunktion: $x \mapsto \sqrt{x}$.

Man sagt auch, dass f(x) für $|x| \to \infty$ *bestimmt divergiert*[1].
Analog zur Grenzwertschreibweise ist auch die formale Abkürzung

$$\lim_{x \to \pm\infty} f(x) = \infty \quad \text{bzw.} \quad \lim_{x \to \pm\infty} f(x) = -\infty$$

in Gebrauch. Diese „Formeln" stellen allerdings keine mathematischen Gleichungen im eigentlichen Sinne dar, denn die Zeichen „∞" und „$-\infty$" vertreten keine Zahlen, mit denen man rechnen kann.

[1] divergere (lat.): auseinander streben

Beispiel: f: $x \mapsto \frac{x^2+3}{x+1}$; $D_f = \mathbb{R} \setminus \{-1\}$

Wertetabelle:

x	0	1	10	100	1000	999999
f(x)	3	2	9,3636	99,0396	999,003996	999998

a) Obwohl *mit wachsendem* x auch der Nenner immer größer wird, überwiegt der Zähler immer mehr, sodass f(x) mit x über alle Grenzen wächst. So gilt beispielsweise nach der Tabelle:

$f(x) > 999998$ für alle $x > 999999$

Wir kennzeichnen dieses Verhalten durch folgende Schreibweise:

$$f(x) = \frac{x^2+3}{x+1} \to \infty \quad \text{für } x \to \infty$$

Noch besser zu erkennen ist dieses Verhalten nach Umformung des Funktionsterms:

$$f(x) = \frac{x^2+3}{x+1} = \frac{x^2-1+4}{x+1} = \frac{(x+1)(x-1)+4}{x+1} \underset{1}{=} x-1+\frac{4}{x+1};$$

Der Summand $x-1$ wächst natürlich zusammen mit x „über alle Grenzen". Der Summand $\frac{4}{(x+1)}$ dagegen geht für $x \to \infty$ gegen null, liefert also für große x nur noch einen unwesentlichen Beitrag zum Wert der Summe. Fig. 2.3.

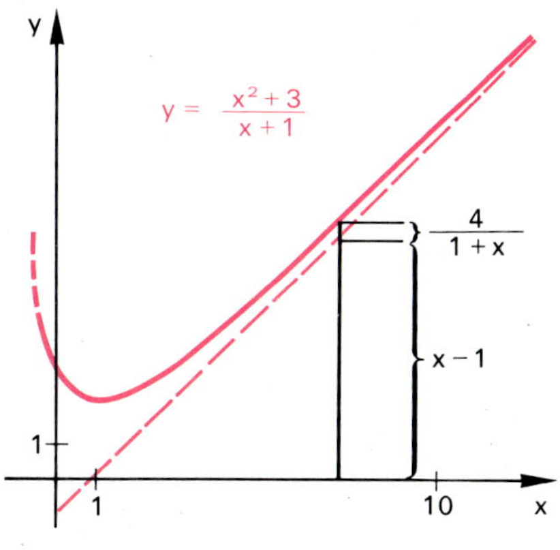

Fig. 2.3

b) f(x) strebt, wie leicht zu sehen ist, *mit immer kleiner werdendem* x gegen $-\infty$.
Wir schreiben:

$f(x) \to -\infty$ für $x \to -\infty$.

Typ B: $|f(x)|$ verhält sich mit $|x| \to \infty$ unbestimmt.

Ein Beispiel hierzu ist die Sinusfunktion. Sie durchläuft in periodischer Aufeinanderfolge immer wieder alle Funktionswerte von -1 bis $+1$, sodass keine Tendenz für das Funktionsverhalten erkennbar ist, wenn $|x| \to \infty$ strebt (Fig. 2.4).

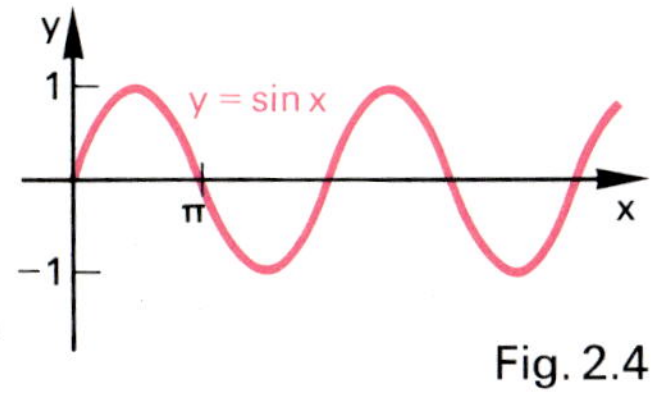

Fig. 2.4

[1] Diese Umformung kann man auch durch Polynomdivision erhalten.

Entsprechend verhält sich die Funktion f: $x \mapsto x \cdot \sin x$ mit $D_f = \mathbb{R}$, nur dass in diesem Fall mit $|x| \to \infty$ die Funktionswerte jeden Wert zwischen $-\infty$ und $+\infty$ annehmen (unbestimmte Divergenz, Fig. 2.5a).

Auch die Zahlenfolge

$$\nu \mapsto a_\nu = \begin{cases} 1 & \text{für } \nu \text{ gerade} \\ -1 & \text{für } \nu \text{ ungerade} \end{cases}$$

gehört zu dieser Funktionsklasse. Für $\nu \to \infty$ kann weder 1 noch -1 als Grenzwert in Frage kommen (Fig. 2.5b).

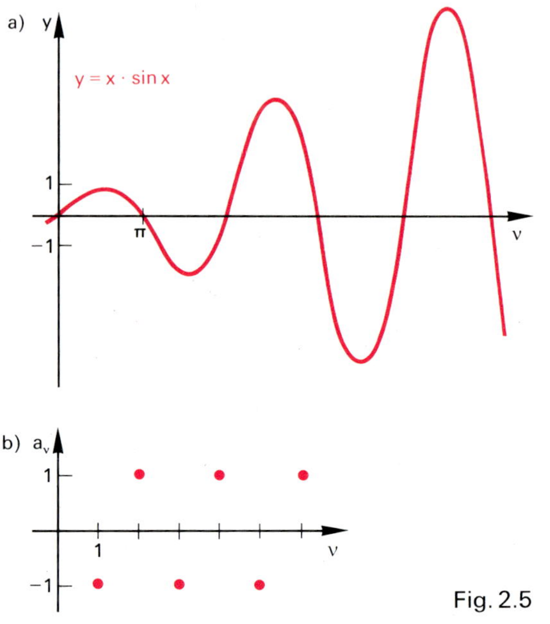

Fig. 2.5

Aufgaben

1. Zeige jeweils mit Hilfe einer Termumformung, dass folgende Funktionen für $x \to \infty$ gegen unendlich streben ($D_f = D_{f(x)}$):

   a) f: $x \mapsto \frac{x^3 - x^2}{x - 1}$. Von welchem x ab gilt $f(x) > 10000$?

   b) g: $x \mapsto \frac{x^2 - 1}{x + 1}$. Von welchem x ab gilt $g(x) > 1000$?

   c) φ: $x \mapsto \frac{3x^2 - 6x - 10}{x - 2}$. Von welchem x ab gilt $\varphi(x) > 100$?

2. Skizziere den Graphen der Funktion f: $x \mapsto \frac{1}{10}\sqrt{x}$. Für welche x-Werte ist f(x) größer als 15, 1000, 1000000?

3. Von welcher Stelle x ab gilt gegebenenfalls $f(x) > 1000$?

   a) $f(x) = x^3$ b) $f(x) = \sqrt{x + 1}$ c) $f(x) = x^2 + 2x - 3$

   d) $f(x) = \frac{x^2}{1 + x}$ e) $f(x) = x \sin x$

4. Wie verhält sich die Funktion f: $x \mapsto f(x)$ für $x \to \infty$?

   a) $f(x) = \cos x$ b) $f(x) = x^2 \cos x$ c) $f(x) = 2^x \sin x$

   d) $f(x) = \frac{1}{2 + \sin x}$ e) $f(x) = \frac{1}{x} \sin x$

5. Gib für alle nichtkonstanten ganzrationalen Funktionen das Verhalten für $|x| \to \infty$ an! (4 Fälle)

2.2. Rechnen mit Grenzwerten

2.2.1. Rechenregeln für Grenzwerte

Unsere Untersuchungen haben bereits die beiden wesentlichen Fälle des Funktionsverhaltens im Unendlichen gezeigt: Entweder hat die Funktion für $x \to \infty$ bzw. $x \to -\infty$ einen Grenzwert oder sie hat keinen. Wir betrachten dazu noch ein weiteres Beispiel und beobachten nun insbesondere das Verfahren, mit dem wir auf den Grenzwert schließen:

$$f\colon x \mapsto \frac{10x - 2x^2}{x^2 + 5}; \quad D_f = \mathbb{R}$$

Durch Ausklammern von x^2 (der höchsten im Nenner vorkommenden Potenz von x) und Kürzen des Bruchs ergibt sich:

$$f(x) = \frac{x^2 \cdot \left(\frac{10}{x} - 2\right)}{x^2 \cdot \left(1 + \frac{5}{x^2}\right)} = \frac{\frac{10}{x} - 2}{1 + \frac{5}{x^2}}$$

Wegen $\lim\limits_{x \to \infty} \frac{10}{x} = 0$ und $\lim\limits_{x \to \infty} \frac{5}{x^2} = 0$ ist $\lim\limits_{x \to \infty} f(x) = -2$ zu erwarten.

Ebenso ergibt sich $\lim\limits_{x \to -\infty} f(x) = -2$.

Beim Schluss auf den Grenzwert setzen wir stillschweigend Regeln voraus, die wir nun ausdrücklich formulieren:

Satz 2.1 (Grenzwertregeln, 1. Teil):

I. Wenn die Grenzwerte $\lim\limits_{x \to \infty} f(x)$ und $\lim\limits_{x \to \infty} g(x)$ existieren, dann gilt:

(1) $\lim\limits_{x \to \infty} [f(x) \pm g(x)] = \lim\limits_{x \to \infty} f(x) \pm \lim\limits_{x \to \infty} g(x)$

(2) $\lim\limits_{x \to \infty} [f(x) \cdot g(x)] = \lim\limits_{x \to \infty} f(x) \cdot \lim\limits_{x \to \infty} g(x)$

(3) $\lim\limits_{x \to \infty} \frac{f(x)}{g(x)} = \frac{\lim\limits_{x \to \infty} f(x)}{\lim\limits_{x \to \infty} g(x)}$, falls $\lim\limits_{x \to \infty} g(x) \neq 0$

II. Aus $f(x) \to \infty$ für $x \to \infty$ folgt: $\lim\limits_{x \to \infty} \frac{1}{f(x)} = 0$.

Entsprechendes gilt für $x \to -\infty$.

Auf den **Beweis** der Regel I verzichten wir; wir zeigen lediglich die Gültigkeit von (1):

$\lim\limits_{x\to\infty} f(x) = a$ bedeutet $(f(x) - a) \to 0$, $\lim\limits_{x\to\infty} g(x) = b$ bedeutet $(g(x) - b) \to 0$

jeweils für $x \to \infty$ (vgl. Bemerkung 1. in 2.1.2.). Also gilt auch (Dreiecksungleichung!):

$|(f(x) \pm g(x)) - (a \pm b)| = |(f(x) - a) \pm (g(x) - b)| \leqq |f(x) - a| + |g(x) - b| \to 0,$

für $x \to \infty$; denn mit den beiden Summanden $|f(x) - a|$ und $|g(x) - b)|$ wird auch ihr Summenwert beliebig klein.

Regel II ergibt sich unmittelbar aus der Grenzwertdefinition.

Häufig finden mehrere dieser Regeln gleichzeitig Anwendung, wobei meist stillschweigend von dem nicht eigens erwähnten Sonderfall einer konstanten Funktion $f: x \mapsto f(x) = c$ mit

$$\lim_{x\to\infty} c = \lim_{x\to-\infty} c = c \quad (c \in \mathbb{R})$$

Gebrauch gemacht wird. (Man erläutere den Sachverhalt am Graphen G_f!)

Beispiel: $f: x \mapsto f(x) = \dfrac{10x - 2x^2}{x^2 + 5}; \quad D_f = \mathbb{R} \quad$ (s.o.!)

$$f(x) = \frac{x^2\left(\frac{10}{x} - 2\right)}{x^2\left(1 + \frac{5}{x^2}\right)} = \frac{\frac{10}{x} - 2}{1 + \frac{5}{x^2}}.$$ Dann ist in ausführlicher Schreibweise:

$$\lim_{x\to\infty} f(x) = \lim_{x\to\infty} \frac{\frac{10}{x} - 2}{1 + \frac{5}{x^2}} = \frac{\lim\limits_{x\to\infty}\left(\frac{10}{x} - 2\right)}{\lim\limits_{x\to\infty}\left(1 + \frac{5}{x^2}\right)} = \frac{\lim\limits_{x\to\infty}\frac{10}{x} - \lim\limits_{x\to\infty} 2}{\lim\limits_{x\to\infty} 1 + \lim\limits_{x\to\infty}\frac{5}{x^2}} = \frac{0 - 2}{1 + 0} = -2$$

In der Praxis wird man einen Teil der Grenzwerte im Kopf berechnen. Der wegen der entstehenden Nenner auszuschließende Fall $x = 0$ spielt hier keine Rolle, da wir ja nur das Verhalten für $x \to +\infty$ untersuchen und dafür stets schon $x > 0$ voraussetzen dürfen.

2.2.2. Abschätzung mit Hilfe einer Schrankenfunktion

Ein weiteres Verfahren zur Grenzwertbestimmung erarbeiten wir am Beispiel

$$f: x \mapsto f(x) = \frac{2\sin\left(\frac{1}{2}\pi x\right)}{x}; \quad D_f = [1; +\infty[.$$

Wir fragen nach dem Grenzwert für $x \to \infty$. Zunächst stellen wir fest:

$$|f(x)| = \left|\frac{2\sin\left(\frac{1}{2}\pi x\right)}{x}\right| = \frac{2}{|x|}\left|\sin\left(\tfrac{1}{2}\pi x\right)\right| \leqq \frac{2}{|x|} \cdot 1 = \left|\frac{2}{x}\right|.$$

Nun ist $\lim\limits_{x \to \infty} \frac{2}{x} = 0$. $|f(x)|$ ist aber für $x \geqq 1$ immer kleiner oder gleich $\frac{2}{x}$, also ist erst recht $\lim\limits_{x \to \infty} f(x) = 0$.

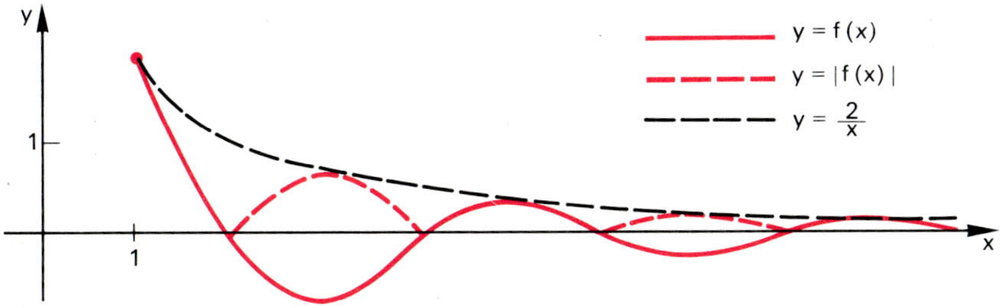

Fig. 2.6

Die Funktion g mit $g(x) = \frac{2}{x}$ heißt *Schrankenfunktion* zur Funktion f.

Wir formulieren das hier angewendete Verfahren allgemein als Regel:

> Gilt $|f(x)| \leqq |g(x)|$ und ist $\lim\limits_{x \to \infty} g(x) = 0$, so ist erst recht $\lim\limits_{x \to \infty} f(x) = 0$.

Das Verfahren lässt sich mit Hilfe einer „unteren Schrankenfunktion" g und einer „oberen Schrankenfunktion" h in folgender Weise verallgemeinern:

Satz 2.2:

> Gilt in einer rechtsseitig unbeschränkten Definitionsmenge
>
> $$g(x) \leqq f(x) \leqq h(x) \quad \text{und ist} \quad \lim_{x \to \infty} g(x) = \lim_{x \to \infty} h(x) = a,$$
>
> so ist auch $\lim\limits_{x \to \infty} f(x) = a$.

Beispiel: Für $f\colon x \mapsto f(x) = \frac{2x + \sin x}{x + 1}$; $x \in \mathbb{R}_0^+$ können wir wegen $-1 \leqq \sin x \leqq 1$ mit gleichem Definitionsbereich als Schrankenfunktionen

$$g(x) = \frac{2x - 1}{x + 1} \quad \text{und} \quad h(x) = \frac{2x + 1}{x + 1}$$

wählen. Wegen $\lim\limits_{x \to \infty} g(x) = \lim\limits_{x \to \infty} h(x) = 2$ muss auch $\lim\limits_{x \to \infty} f(x) = 2$ sein.

Aus $\lim\limits_{x \to \infty} g(x) = \lim\limits_{x \to \infty} h(x)$ ergibt sich $\lim\limits_{x \to \infty} [h(x) - g(x)] = 0$.

In dieser Form werden wir den obigen Satz später noch des Öfteren zum Nachweis von Grenzwerten einsetzen. Für monotone und beschränkte Funktionen (vgl. Abschnitte 1.4.1. und 1.4.3.) lässt sich die Existenz eines Grenzwertes für $x \to \infty$ oft durch den folgenden Satz nachweisen:

Satz 2.3:

Eine monoton zunehmende und nach oben beschränkte Funktion f mit rechtsseitig unbeschränktem Definitionsbereich D_f hat für $x \to \infty$ einen Grenzwert.

Beweis:

Auf Grund der Vollständigkeitseigenschaft der reellen Zahlen muss es unter den oberen Schranken der Funktion f eine kleinste, das sogenannte Supremum $s \in \mathbb{R}$ geben (vgl. 1.4.3.). Wir wollen zeigen, dass $\lim\limits_{x \to \infty} f(x) = s$ ist.

Zunächst ist definitionsgemäß $f(x) \leqq s$ für alle $x \in D_f$, andererseits kann eine noch so knapp unter s liegende Zahl b nicht mehr obere Schranke von f sein. Es muss also eine Stelle $x_0 \in D_f$ mit $f(x_0) > b$ geben. Wegen der Monotonie von f gilt dann für alle $x \geqq x_0$: $f(x) > b$ und damit insgesamt $b < f(x) \leqq s$.
Da die Differenz $s - b$ kleiner als jede noch so kleine positive Zahl gemacht werden kann, gilt dies also auch für $s - f(x)$, wenn man nur x größer als eine genügend große, von b abhängende Zahl x_0 wählt.
Es ist also tatsächlich $\lim\limits_{x \to \infty} f(x) = s$.

Bemerkung:

Selbstverständlich lassen sich der obige Satz und sein Beweis auf monoton abnehmende, nach unten beschränkte Funktionen übertragen und analog auch auf den Fall $x \to -\infty$. Formuliere die entsprechenden Sätze selbst.

Aufgaben

1. Bestimme mit Hilfe der Grenzwertsätze die folgenden Grenzwerte! Es liegt jeweils der Definitionsbereich des Terms zugrunde.

a) $\lim\limits_{x \to \infty} 3$

b) $\lim\limits_{x \to \infty} (-\pi)$

c) $\lim\limits_{x \to -\infty} (\sin^2 x + \cos^2 x)$

d) $\lim\limits_{x \to -\infty} \left(3 + \frac{1}{x}\right)$

e) $\lim\limits_{x \to \infty} \left(5 - \frac{1}{\sqrt{x}}\right)$

f) $\lim\limits_{x \to \infty} \frac{\pi}{\sqrt{x}}$

g) $\lim\limits_{x \to \infty} 2^{-x}$

h) $\lim\limits_{x \to \infty} \frac{1}{\log x}$

i) $\lim\limits_{x \to -\infty} 1^x$

k) $\lim\limits_{x \to \infty} \frac{1}{\sqrt{x + x}}$

l) $\lim\limits_{x \to \infty} \left(\frac{1}{\sqrt{x}} + \frac{1}{x} - \frac{1}{x^2}\right)$

m) $\lim\limits_{x \to \infty} \frac{1 - x - x^2 - x^3}{x^3}$

n) $\lim\limits_{x \to \infty} \frac{5x - 10}{3x + 5}$

o) $\lim\limits_{x \to \infty} \frac{3x - 10}{1 + 5x}$

p) $\lim\limits_{x \to \infty} \frac{x^2 - 3x + 2}{x^2 + x - 6}$

q) $\lim\limits_{x \to \infty} \left(\frac{2x - 1}{3x + 1} \cdot \frac{6x^2 - 7}{x^2 + 4}\right)$

r) $\lim\limits_{x \to \infty} \left(\frac{x^3 - 1}{x^3 + 1} \cdot \frac{x + 1}{x^2 - 1}\right)$

s) $\lim\limits_{x \to \infty} \left(\frac{x^5 - a^5}{x^5 + a^5} \cdot \frac{2 \sin x (\frac{1}{2}\pi x)}{x}\right)$

2. und 3.: Abschätzung mit Hilfe einer Schrankenfunktion.

2. a) Begründe mit Hilfe von Fig. 2.7 für $0 < \alpha \leqq \frac{1}{2}\pi$ die folgende Ungleichung:

   $0 < \sin\alpha < \alpha$

   Hinweis: Vergleiche die Fläche des Dreiecks ABM mit der Fläche des durch α markierten Kreissektors! $\overline{MB} = 1$ LE.

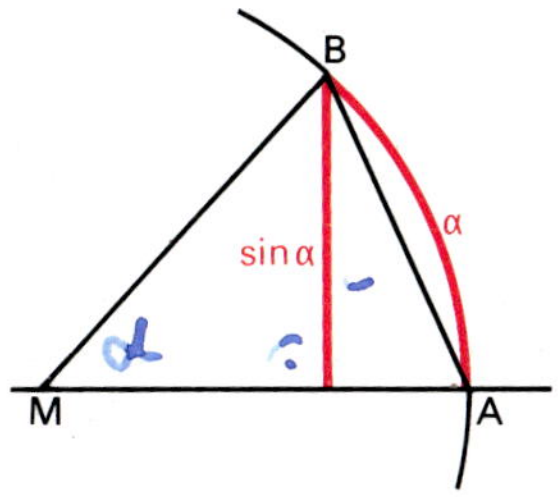

Fig. 2.7

   b) Berechne $\lim\limits_{x\to\infty} \sin\frac{\varphi}{x}$, $(0 < \varphi < 2\pi)$!

   c) Was ergibt $\lim\limits_{x\to\infty} \tan\frac{\varphi}{x}$, $(0 < \varphi < 2\pi)$?

   Hinweis: Hier kann die Schrankenfunktion nicht wie in Frage b) gefunden werden (warum?). Man findet sie durch Anwendung der Formeln:

   $\tan\alpha = \dfrac{\sin\alpha}{\cos\alpha}$ und $\cos\alpha = \sqrt{1 - \sin^2\alpha}$

3. Gib zu $f: x \mapsto f(x)$ eine Schrankenfunktion $g: x \mapsto g(x)$ an und bestimme sodann $\lim\limits_{x\to\infty} f(x)$!

   a) $f(x) = \dfrac{\sin x}{x}$ b) $f(x) = \dfrac{2x-1}{5x^2+1} \cdot \sin 2x$ c) $f(x) = \dfrac{4}{x^2} \cdot \cos(\frac{1}{2}\pi x)$

   d) $f(x) = \dfrac{2x^2-1}{5x^3+1} \cdot \sin x$ e) $f(x) = \dfrac{1}{x}\sqrt{1+\sin x}$ f) $f(x) = \dfrac{a}{x^2\sqrt{x^2+a^2}}$

   g) $f(x) = \dfrac{\sin x}{x^2}$ h) $f(x) = \dfrac{\sin x}{x} + \dfrac{\sin x}{\sqrt{x}}$ i) $f(x) = \dfrac{3x+1}{7x^2+x+2} \cdot \dfrac{1}{\sqrt{1+x^4}}$

4. Gib für die Funktion $f: x \mapsto f(x)$, $x \in \mathbb{R}_0^+$ eine obere und eine untere Schrankenfunktion mit gleichem Grenzwert für $x \to \infty$ an und bestimme damit $\lim\limits_{x\to\infty} f(x)$:

   a) $f(x) = \dfrac{2x + 3\sin x}{3x+2}$ b) $f(x) = \dfrac{3x - 2\cos x}{2x+4}$ c) $f(x) = \dfrac{x^2 + x\sin x - \cos x}{2x^2+1}$

5. Berechne nachstehende Grenzwerte:

   a) $\lim\limits_{x\to\infty} \dfrac{3+2\sin x}{x}$ b) $\lim\limits_{x\to\infty} \dfrac{3x}{x+\sin x}$ c) $\lim\limits_{x\to\infty} \dfrac{1+x}{x\cdot 2^x}$

   d) $\lim\limits_{x\to\infty} \dfrac{\sqrt{x+1}}{x-1}$ e) $\lim\limits_{x\to\infty} \dfrac{2x-3}{\sqrt{x^2+1}}$ f) $\lim\limits_{x\to\infty} \dfrac{x+2\sqrt{x}}{3x-\sqrt{x}}$

   g) $\lim\limits_{x\to\infty} \dfrac{10x^2-4x+1}{x^3+3x+4}$ h) $\lim\limits_{x\to\infty} \dfrac{x^3-1}{x^5+1}$ i) $\lim\limits_{x\to\infty} \dfrac{2x^3-3x^2+7x+4}{5x^3+8x^2-9x+9}$

6. Betrachtet wird die Funktion g: $x \mapsto \sqrt{4 - \frac{25}{x^2}}$ mit $D_g = D_{g(x)}$.
   a) Bestimme $D_{g(x)}$ (Definitionsbereich des Funktionsterms)!
   b) Wie verhält sich die Funktion g für $x \to \infty$ bzw. für $x \to -\infty$?
   c) Skizziere den Graphen G_g der Funktion g für $|x| \leqq 6$!

7. Für eine Funktion f sei $\lim\limits_{x \to \infty} f(x) = a$. Unter welcher Bedingung existieren auch die Grenzwerte
   a) $\lim\limits_{x \to \infty} \frac{1}{f(x)}$ b) $\lim\limits_{x \to \infty} f(x) \cdot \sin x$?

2.3. Grenzwert einer Zahlenfolge[1]

2.3.1. Allgemeine Aussagen

Zahlenfolgen sind spezielle Funktionen (vgl. Abschnitt 1.8.). Unsere Grenzwertbetrachtungen lassen sich daher auf Folgen übertragen. Wir betrachten dazu die Folge

$$3,\ 2,\ \tfrac{5}{3},\ \tfrac{6}{4},\ \tfrac{7}{5},\ \ldots \quad \text{mit} \quad a_\nu = \frac{\nu + 2}{\nu}.$$

Eine einfache Umformung zeigt: $\frac{\nu + 2}{\nu} = 1 + \frac{2}{\nu}$. Daraus folgt:

$|a_\nu - 1| = \frac{2}{\nu}$ unterschreitet für $\nu \to \infty$ jede noch so kleine positive Zahl.

Wir können schreiben:

$$\lim_{\nu \to \infty} \frac{\nu + 2}{\nu} = 1$$

Wir können die Definition 2.1 auf Folgen übertragen:

Definition 2.3:

Die Folge der a_ν hat für $\nu \to \infty$ den Grenzwert a, wenn $|a_\nu - a|$ für $\nu \to \infty$ jede noch so kleine positive Zahl unterschreitet. Wir schreiben

$$\lim_{\nu \to \infty} a_\nu = a \quad \text{sowie} \quad \lim_{\nu \to \infty} (a_\nu - a) = 0$$

Eine Zahlenfolge mit dem Grenzwert 0 nennt man eine *Nullfolge*. Beispielsweise ist die Zahlenfolge mit dem allgemeinen Glied $a_\nu = \frac{5}{\nu - 2}$ (beachte hier $\nu \geqq 3$!) eine Nullfolge. Wir können allgemein sagen:

[1] Dieses Kapitel ist als wahlweise behandelbarer Stoff anzusehen.

Die Folge der a_ν hat den Grenzwert a, wenn die Folge $a_\nu - a$ eine Nullfolge ergibt.

Wir können auch den Satz 2.3 aus Abschnitt 2.2.2. auf Folgen übertragen und erhalten:

Satz 2.4

Eine monotone und beschränkte Zahlenfolge hat einen Grenzwert.

2.3.2. Intervallschachtelungen

Monotone Zahlenfolgen treten bei der Intervallschachtelung auf, die wir bereits im Algebraunterricht der Mittelstufe kennen gelernt haben. Sie kann jetzt so definiert werden:

Die Intervalle $J_\nu = [a_\nu; b_\nu]$ mit den Intervallgrenzen a_ν und b_ν ($a_\nu \leqq b_\nu$ und $\nu \in \mathbb{N}$) bilden eine Intervallschachtelung, wenn gilt

(1) die Folge der a_ν nimmt monoton zu,
(2) die Folge der b_ν nimmt monoton ab,
(3) die Differenz $b_\nu - a_\nu$ ergibt eine Nullfolge.

Mit Satz 2.4 ergibt sich auch anschaulich sofort:

Durch eine Intervallschachtelung ist als gemeinsamer Grenzwert der beiden Folgen genau eine reelle Zahl festgelegt.

Diese reelle Zahl gehört als einzige allen Intervallen $[a_\nu; b_\nu]$ an. Fig. 2.8

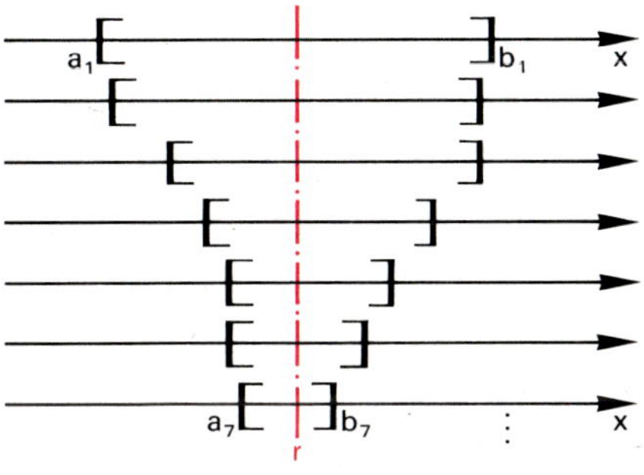

Fig. 2.8

Aufgaben

1. Untersuche das Verhalten der durch a_ν gegebenen Zahlenfolge für $\nu \to \infty$!

a) $a_\nu = \frac{10}{\nu}$
b) $a_\nu = \frac{5+\nu}{\nu^2}$
c) $a_\nu = (-1)^\nu \frac{1}{\nu^3}$
d) $a_\nu = \frac{\nu+1}{\nu}$
e) $a_\nu = \frac{4\nu+1}{2\nu}$
f) $a_\nu = (-1)^\nu \frac{2\nu+3}{\nu}$

2. Welche Konstante k muss man von den Gliedern der durch a_ν gegebenen Zahlenfolge jeweils subtrahieren, damit eine Nullfolge entsteht?

a) $a_\nu = \dfrac{2 - \frac{3}{\nu}}{1 + \frac{1}{\nu}}$ b) $a_\nu = \dfrac{2}{1 - 2^{-\nu}}$ c) $a_\nu = \cos^2\left(\dfrac{\pi}{\nu}\right)$

3. Wie verhält sich a_ν für $\nu \to \infty$? Falls ein Grenzwert existiert, ist dieser anzugeben:

a) $a_\nu = \left(\dfrac{3}{4}\right)^\nu$ b) $a_\nu = \left(\dfrac{4}{3}\right)^\nu$ c) $a_\nu = \left(\dfrac{1}{1+\nu}\right)^\nu$

d) $a_\nu = 0{,}99^\nu$ e) $a_\nu = 1{,}001^\nu$ f) $a_\nu = q^\nu$ (Fallunterscheidungen!)

g) Probiere mit dem Taschenrechner: Ab welchem Glied unterschreiten bei Aufgabe a) alle folgenden Glieder die Schrankenzahl 0,00001?

4. Zeige, dass die Folgen a_ν und b_ν eine Intervallschachtelung bilden. Veranschauliche sie auf der Zahlengeraden und gib den gemeinsamen Grenzwert an.

a) $a_\nu = 5\left(1 - \dfrac{1}{2^\nu}\right)$; $b_\nu = 5\left(1 + \dfrac{1}{2^\nu}\right)$ b) $a_\nu = 2 - \dfrac{1}{2^\nu}$; $b_\nu = 2 + \dfrac{1}{\nu}$

c) $a_\nu = 1 + \dfrac{\nu}{\nu+1}$; $b_\nu = 1 + \dfrac{\nu+1}{\nu}$

5. Bestimme nachstehende Folgengrenzwerte nach Division von Zähler und Nenner durch die höchste im Nenner vorkommende Potenz von ν:

a) $\lim\limits_{\nu\to\infty} \dfrac{\nu^2 - 2\nu + 1}{\nu^2 + \nu + 1}$ b) $\lim\limits_{\nu\to\infty} \dfrac{\nu - 3}{\nu^2 - \nu - 6}$ c) $\lim\limits_{\nu\to\infty} \dfrac{4\nu^2 - 1}{3\nu^2 + \nu}$ d) $\lim\limits_{\nu\to\infty} \dfrac{\nu + 2\sqrt{\nu}}{3\nu - \sqrt{\nu}}$

6. Bestimme den Grenzwert $\lim\limits_{\nu\to\infty} a_\nu$ nach geeigneter Umformung des Terms:

a) $a_\nu = \dfrac{(1+\nu)^2}{1 - \nu^2}$ b) $a_\nu = \dfrac{3\sin\left(\frac{\pi}{\nu}\right)}{\sin\left(\frac{\pi}{2\nu}\right)}$ c) $a_\nu = \dfrac{\sqrt{\nu+1} - \sqrt{\nu}}{\sqrt{\nu+1} + \sqrt{\nu}}$

7. Ermittle mit Hilfe der Grenzwertsätze den Grenzwert $\lim\limits_{\nu\to\infty} a_\nu$:

a) $a_\nu = \dfrac{5\nu - \sqrt{\nu+1}}{\nu+1}$ b) $a_\nu = \dfrac{2\nu + \cos\nu\pi}{\nu} \cdot \dfrac{3\nu}{\nu+1}$ c) $a_\nu = \dfrac{1 + (-1)^\nu \nu}{1 + \nu^2}$

8. Bestimme die nachstehenden Folgengrenzwerte!

a) $\lim\limits_{\nu\to\infty} \frac{1}{3}[1 - (-\frac{5}{8})^\nu]$ b) $\lim\limits_{\nu\to\infty} \left[\dfrac{2^{\nu+2}+1}{2^\nu} \cdot \dfrac{3\nu + \sin(\frac{1}{2}\pi\nu)}{6\nu}\right]$

9. Bestimme für $\nu \to \infty$ den Folgengrenzwert a, und ermittle jeweils eine natürliche Zahl n so, dass $|a_\nu - a| < 0{,}001$ wird für alle $\nu > n$:

a) $a_\nu = 2 + \dfrac{1}{\nu+1}$ b) $a_\nu = -3 + \dfrac{(-1)^\nu}{\sqrt{\nu}}$ c) $a_\nu = \dfrac{4\nu - 3}{2\nu + 2}$ d) $a_\nu = \dfrac{3\nu^2 + 2}{12\nu^2 + 7}$

10. Gegeben ist die Zahlenfolge mit $a_\nu = \dfrac{2\nu - \sqrt{\nu} - 8}{10 - 3\nu}$.

a) Welchen Grenzwert hat die Zahlenfolge?

b) Für welche Folgenglieder ist die Ungleichung $a_\nu < -\frac{2}{3}$ erfüllt?

11. Führt man Intervalle in $\mathbb{Q}$ analog wie in $\mathbb{R}$ ein, lässt sich auch die Definition der Intervallschachtelung auf $\mathbb{Q}$ übertragen. Warum legen solche „Intervallschachtelungen" nicht ebenso genau eine *rationale* Zahl fest? Beispiel!

12. Schreibe ein Computerprogramm, das für eine rekursiv definierte Folge eine größere Zahl von Gliedern berechnet.

a) $a_\nu = k a_{\nu-1}(1 - a_{\nu-1})$ mit $a_1 = 0{,}1$ und $k = 2;\ 3{,}2;\ 3{,}5$.

b) $a_\nu = a_{\nu-1}^2 - k$ mit $a_1 = 0{,}1$ und $k = 0{,}5;\ 1;\ 1{,}3;\ 1{,}37;\ 1{,}7$.

c) $a_\nu = k \sin \pi a_{\nu-1}$ mit $a_1 = 0{,}1$ und $k = 0{,}5;\ 0{,}8;\ 0{,}85;\ 0{,}86;\ 0{,}9$.

In einigen Fällen erkennt man einen Grenzwert der Folge, in anderen nähern sich die Glieder abwechselnd mehreren Werten an (man nennt die Menge dieser Werte einen Attraktor), oder die Glieder zeigen keinerlei Regelmäßigkeit (man spricht von chaotischem Verhalten).

Ergänzungen und Ausblicke

Unendliche geometrische Reihen

Bereits in den Ergänzungen und Ausblicken zu Kapitel 1 hatten wir für die Summe s_n der ersten n Glieder einer geometrischen Folge die Formel

$$\boxed{s_n = a\,\frac{1 - q^n}{1 - q}}$$

für $q \neq 1$ und $n \in \mathbb{N}$ erhalten.

Die Zahlen $s_1, s_2, s_3, \ldots$, allgemein s_n, bilden für $n \in \mathbb{N}$ selbst wieder eine Folge, die sog. „Teilsummenfolge" der geometrischen Reihe.

Beispiel: Für die geometrische Folge $1;\ \frac{1}{2};\ \frac{1}{4};\ \frac{1}{8};\ \ldots,\ a_n = \dfrac{1}{2^{n-1}}$

erhalten wird durch fortgesetzte Addition die Teilsummenfolge

$1;\ 1\frac{1}{2};\ 1\frac{3}{4};\ 1\frac{7}{8};\ \ldots,\ s_n = 2 - \dfrac{1}{2^{n-1}}$.

Lässt man die Zahl n hier unbegrenzt wachsen, so ist offensichtlich $\lim\limits_{n\to\infty} s_n = 2$, weil $\lim\limits_{n\to\infty} \dfrac{1}{2^{n-1}} = 0$ ist. (Trage zur Veranschaulichung die ersten fünf Glieder der Teilsummenfolge auf der Zahlengeraden ein!)

Man spricht von einer *unendlichen geometrischen Reihe* und bezeichnet in diesem Fall den Grenzwert der Teilsummenfolge $\lim\limits_{n\to\infty} s_n = s_\infty$ als ihren *Summenwert*.

Um den Sachverhalt allgemein zu untersuchen, können wir s_n in zwei Summanden zerlegen:

$$s_n = \frac{a}{1-q} - \frac{aq^n}{1-q}$$

Der erste Summand ist unabhängig von n, im zweiten tritt n nur im Term q^n auf. Entscheidend wird also sein, wie sich q^n für $n \to \infty$ verhält.
Durch Probieren auf dem Taschenrechner oder durch rechnerischen Nachweis mit Hilfe der Logarithmusfunktion kann man feststellen, dass genau für den Fall

$$|q| < 1 \quad \text{gilt} \quad \lim_{n \to \infty} q^n = 0.$$

Ergebnis: Für $|q| < 1$ konvergiert die unendliche geometrische Reihe gegen den Grenzwert

$$\boxed{s_\infty = \lim_{n \to \infty} s_n = \frac{a}{1-q}}$$

Beispiele: a) Für die unendliche geometrische Reihe

$10 + 9 + 8{,}1 + \cdots + 10\,(0{,}9)^{\nu-1} + \cdots$ ist $a = 10$ und $q = 0{,}9$. Also gilt:

$$s_\infty = \frac{10}{1-0{,}9} = \frac{10}{0{,}1} = 100$$

b) Für die unendliche geometrische Reihe

$1 - 0{,}5 + 0{,}25 - 0{,}125 + 0{,}0625 + \cdots$ mit $q = -0{,}5$ ist

$$s_\infty = \frac{1}{1-(-0{,}5)} = \frac{1}{1{,}5} = \frac{2}{3}$$

Die unendliche geometrische Reihe spielt überraschenderweise schon bei der Bruchrechnung eine wichtige Rolle. Dort wurde die Umwandlung eines unendlichen, periodischen Dezimalbruchs in einen gewöhnlichen Bruch gezeigt, ohne eine exakte Begründung des Verfahrens angeben zu können. Dies ist jetzt möglich. Erläutere den Rechengang in a) bis c)!

a) $$0{,}\overline{4} = 0{,}4 + 0{,}04 + 0{,}004 + \cdots = \frac{4}{10} + \frac{4}{100} + \frac{4}{1000} + \cdots$$
$$= \frac{4}{10}\left(1 + \frac{1}{10} + \frac{1}{100} + \cdots\right) = \frac{4}{10} \cdot \frac{1}{1-\frac{1}{10}} = \frac{4}{9}. \quad \text{Probe!}$$

b) $$0{,}\overline{37} = 0{,}37 + 0{,}0037 + 0{,}000037 + \cdots = \frac{37}{100} + \frac{37}{10000} + \frac{37}{1000000} + \cdots$$
$$= \frac{37}{100}\left(1 + \frac{1}{100} + \frac{1}{10000} + \cdots\right) = \frac{37}{100} \cdot \frac{1}{1-\frac{1}{100}} = \frac{37}{99}$$

c) $$0{,}7\overline{3} = \frac{7}{10} + \left(\frac{3}{100} + \frac{3}{1000} + \cdots\right) = \frac{7}{10} + \frac{\frac{3}{100}}{1-\frac{1}{10}} = \frac{7}{10} + \frac{1}{30} = \frac{11}{15}. \quad \text{Probe!}$$

d) Verwandle in einen gewöhnlichen Bruch:

(1) $0,\overline{1}$ (2) $0,\overline{9}$ (3) $0,\overline{54}$ (4) $0,\overline{612}$ (5) $0,8\overline{3}$ (6) $0,63\overline{123}$

Die nachfolgenden Aufgaben zeigen Anwendungsmöglichkeiten der unendlichen geometrischen Reihe auf andere interessante Fragestellungen.

Aufgaben

1. Es wird nochmals die Spirale in Aufgabe 1 der „Ergänzungen und Ausblicke" zu Kapitel 1 (S. 73) betrachtet.

   a) Gegen welchen Wert strebt die Länge der Spirale, wenn der Vorgang des Lotfällens unbegrenzt fortgesetzt wird?

   b) Welche Gesamtfläche wird im Grenzfall erreicht, wenn man die Flächeninhalte der Quadrate über den Lotstrecken $[P_\nu P_{\nu+1}]$, $\nu = 1, 2, \ldots$ addiert?

2. Ein Wiedersehen mit dem Kathetensatz.

   Ein gleichseitiges Dreieck hat die Seitenlänge a. Mit seinen Höhen wird ein zweites gleichseitiges Dreieck gezeichnet, mit dessen Höhen ein drittes usw. Es soll nun ein Quadrat konstruiert werden, dessen Flächeninhalt so groß ist wie die „Summe" der Flächeninhalte aller dieser gleichseitigen Dreiecke. Fig. 2.9 zeigt ein mögliches Konstruktionsverfahren. Erläutere und begründe es!

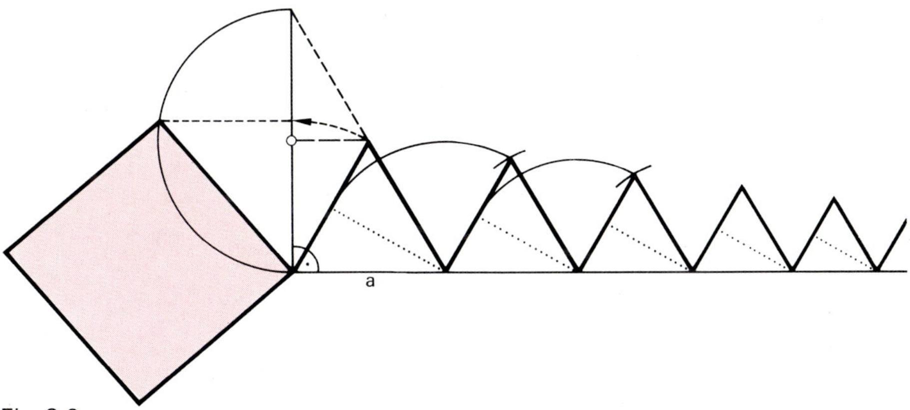

Fig. 2.9

3. a) Begründe die folgende geometrische Veranschaulichung zu einer konvergenten und einer divergenten geometrischen Reihe mit dem Anfangsglied a und dem Quotienten $q = \tan\alpha$! (Fig. 2.10)

   b) Veranschauliche durch eine saubere Zeichnung die Konvergenz bzw. Divergenz der geometrischen Reihen

   $$3 + 1 + \tfrac{1}{3} + \cdots \quad \text{und} \quad 1 + 2 + 4 + \cdots$$

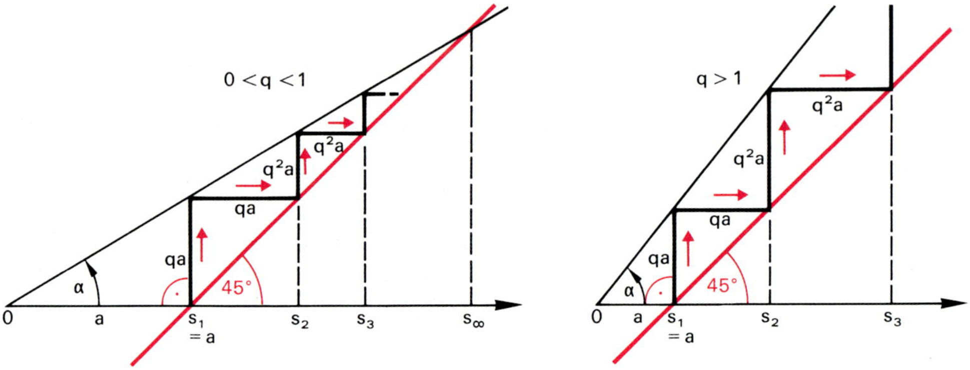

Fig. 2.10

c) Veranschauliche durch analoge Anwendung des Verfahrens auch geometrische Reihen mit negativem Quotienten! Hinweis: α wird negativ!

4. Aus der Theorie der gedämpften Schwingung

Wir sprechen in der Physik von einer gedämpften Schwingung, wenn die Amplitude, das heißt die maximale Entfernung aus der Ruhelage, mit der Zeit abnimmt. Dabei bilden die Amplituden $a_1, a_2, a_3, \ldots$ im Allgemeinen eine geometrische Folge. (Fig. 2.11)

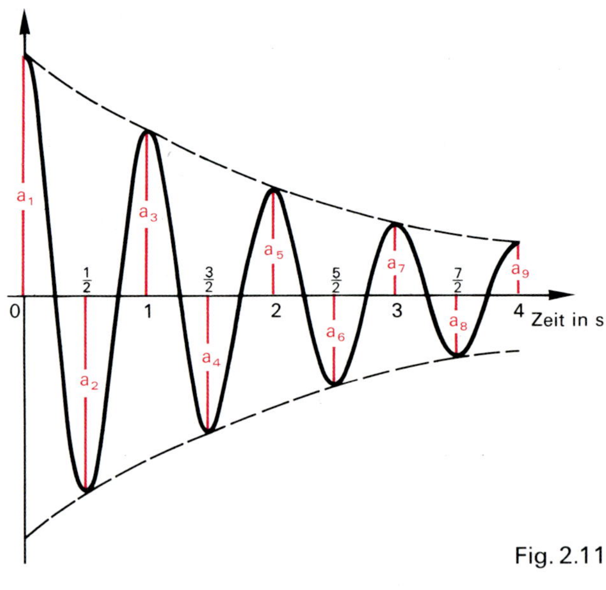

Fig. 2.11

a) Welchen Weg legt die Pendelmasse eines Fadenpendels bei der Ausgangsamplitude $a_1 = 10$ cm bis zur vollständigen Ruhe zurück, wenn die Amplitude nach jeder halben Schwingung um 10% kleiner wird?

b) Nach welcher Zeit ist die Amplitude kleiner als 1 mm, wenn die Schwingungsdauer 1 s beträgt?

5. Hund und Herr

Auf dem 1 km langen Weg nach Hause läuft ein Hund mit zweifacher Geschwindigkeit seinem Herrn (5 km/h) voraus. Am Haus angekommen, kehrt er um und läuft dem Herrn wieder entgegen. Bei ihm kehrt er wieder um und läuft zum Haus voraus usw. Welchen Weg hat der Hund insgesamt zurückgelegt, bis auch sein Herr das Haus erreicht hat?

6. Das Paradoxon des Zenon[1]

Zenon von Elea verwirrte im 5. Jahrhundert vor Christus die Gelehrten mit folgender Behauptung: Der schnellfüßige Achilleus kann trotz größter Anstrengung eine langsamere Schildkröte, mit der er zum Wettrennen startet und der er fairerweise einen Vorsprung d_0 einräumt, niemals einholen, obwohl er 100 mal so schnell ist. Denn wenn Achilleus den Startpunkt P_1 der Schildkröte erreicht hat, ist diese schon ein Stück weiter, am Punkt P_2. Hat Achilleus P_2 erreicht, ist die Schildkröte bereits an einem weiteren Punkt P_3 usw. Der Schildkröte bleibt also jeweils ein (wenn auch haarfeiner) Vorsprung.

a) Was lässt sich über den jeweils verbleibenden Vorsprung d_v der Schildkröte aussagen, wenn Achilleus den Punkt P_v erreicht hat (Fig. 2.12)? Welche Strecke hat er bis dahin zurückgelegt?

b) Erkläre den scheinbaren Widerspruch (Paradoxon) zwischen dieser Darstellung und der Erfahrung, dass Achilleus die Schildkröte schließlich doch überholt!

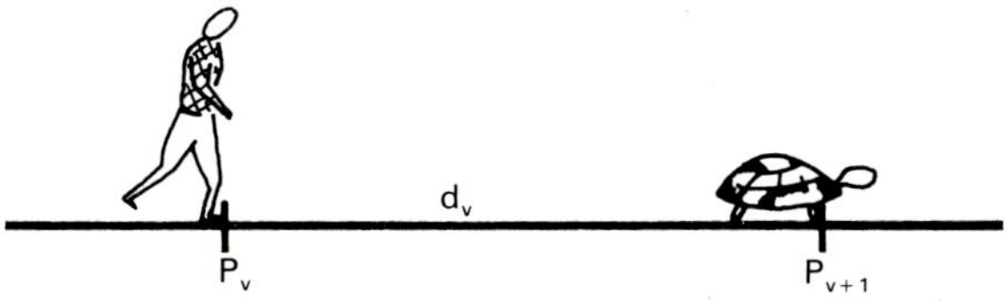

Fig. 2.12

2.4. Zur Geschichte der Grenzwertrechnung

Im Mathematikunterricht der vergangenen Jahre kamen immer wieder Probleme der Infinitesimalrechnung zur Sprache, d.h. Fragestellungen, deren korrekte Lösung einen sogenannten *Grenzprozess* erfordern. Als wichtigste Beispiele seien erwähnt: unendliche Dezimalbrüche, die Existenz von Irrationalzahlen bzw. von inkommensurablen Strecken, Umfang und Flächeninhalt des Kreises sowie die Volumenbestimmung bei Pyramide, Zylinder, Kegel und Kugel im Zusammenhang mit dem Cavalieri'schen Prinzip. Zum Abschluss unserer ersten Einführung in die Infinitesimalrechnung wollen wir den historischen Wurzeln nachgehen, aus denen sich derartige Grenzbetrachtungen entwickelt haben.

Die ersten Ansätze reichen zurück in das 6. vorchristliche Jahrhundert. Dort machten Mitglieder aus der Schule der *Pythagoreer* die aufregende Entdeckung, dass Seite und Diagonale eines Quadrats nicht beide mit einer gemeinsamen Maßeinheit ganzzahlig gemessen werden können, wie klein man auch diese Maßeinheit wählt. Diese dem Denken der damaligen Zeit unbegreifliche Erkenntnis hat das mathematisch-philosophische Weltbild der Antike aufs stärkste erschüttert. Der algebraische Beweis für die Irrationalität von $\sqrt{2}$ mit Hilfe gerader und ungerader natürlicher Zahlen, der bereits im 5. Jahrhundert v. Chr. bekannt gewesen sein muss, verdeckt allerdings den Grenzprozess, der dem Nachweis inkommensurabler Strecken zugrunde liegt.

Da jeder Grenzprozess letztlich auf eine nicht endende, d.h. unendliche Folge von Denkschritten zurückführbar ist, bedurfte die Frage nach dem, was unter

[1] Griechischer Philosoph (490–413 v. Chr.)

dem ‚Unendlichen' in der Mathematik zu verstehen sei, einer begrifflichen Klärung. In seinem berühmten Paradoxon vom Wettlauf des Achilleus mit der Schildkröte (vgl. Aufgabe 6, S. 97) geht der griechische Philosoph *Zenon* von unendlich vielen Weglängen aus, die Achilleus in endlicher Zeit durchlaufen muss, um den Vorsprung der Schildkröte aufzuholen. Zenon will mit diesen Überlegungen Widersprüche aufzeigen, die sich im Zusammenhang mit dem (der Zahl nach) Unendlichgroßen und dem (der Größe nach) Unendlichkleinen ergeben können, und so den Begriff der Bewegung ad absurdum führen. *Aristoteles von Stageira* (384–322), einer der bedeutendsten Philosophen der Antike, betonte als Erster den *potenziellen Charakter des Unendlichen*. Danach hat das Unendliche nur ein mögliches, aber kein wirkliches (aktuelles) Dasein. Es bezieht sich auf einen beliebig oft wiederholbaren Prozess, der jedoch zu jedem Zeitpunkt nur endlich viele Schritte durchlaufen hat. So ist z. B. jede durch ein allgemeines Bildungsgesetz bestimmte Zahlenfolge potenziell-unendlich; denn jedes Folgenglied hat einen Nachfolger, aber nur endlich viele Vorgänger. Alle Grenzwertbetrachtungen und die gesamte Infinitesimalrechnung basieren auf dieser Auffassung vom Unendlichen. In diesem Sinne bezeichnet *C.F. Gauß* 1831 in einem Brief an einen Freund das Unendliche als eine „Façon de parler, indem man eigentlich von Grenzen spricht, denen gewisse Verhältnisse so nahe kommen als man will, während anderen ohne Einschränkung zu wachsen verstattet ist".

Nur am Rande sei noch auf eine andere Sichtweise des Unendlichen hingewiesen, die *Georg Cantor* (1845–1918), der als Schöpfer der Mengenlehre gilt, das *Aktual-Unendliche* nannte. Cantor verstand darunter eine wirkliche mathematische Größe oder Gesamtheit. Sie beruht im Unterschied zur Idee des Potenziell-Unendlichen auf einem Prozess, bei dem zu jeder Zeit immer schon unbegrenzt viele ‚Schritte' vorausgegangen sind. Als Beispiel sei die Erzeugung der Menge $\mathbb{R}$ der reellen Zahlen erwähnt. Bei dieser Betrachtungsweise wird dann auch die Unterscheidung verschiedener ‚Mächtigkeiten' bei unendlichen Mengen verständlich, die Cantor als *transfinite Kardinalzahlen* bezeichnete.

Die meisten infinitesimalen Problemstellungen der antiken Welt befassten sich mit der Berechnung von Flächen- und Rauminhalten, auf die erst im Rahmen der Integralrechnung eingegangen wird. Hier sei nur noch kurz auf *Archimedes von Syrakus* (287–212) hingewiesen, der für die Infinitesimalrechnung die bedeutendsten Beiträge der Antike geliefert hat und hinsichtlich der von ihm praktizierten mathematischen Strenge für viele Jahrhunderte als Vorbild galt.

3. Lokale Aussagen über Funktionen

3.1. Differenzierbarkeit einer Funktion

3.1.1. Differenzenquotient und Steigung

In vielen Anwendungsfällen ist nicht nur der Wert einer Funktion an einer bestimmten Stelle von Interesse, sondern auch die Frage, ob der Funktionswert an dieser Stelle zunehmende oder abnehmende Tendenz hat und wie stark diese Tendenz ist, genauer: Es interessiert die „*Änderungsrate*" der durch diese Funktion beschriebenen Größe. Beispiele:

a) Für den Käufer einer Aktie ist nicht nur der augenblickliche Börsenkurs und die Effektivverzinsung, sondern auch die Frage nach der momentanen „Änderungstendenz" des Kurses, ihre Richtung, ihre Stärke von Interesse. Sie bestimmt in erster Linie die Kaufentscheidung.

b) Einen Meteorologen interessiert nicht nur der aktuelle Wert des Luftdrucks zu einem bestimmten Zeitpunkt, sondern auch die Frage, wie und wie stark der Druck sich ändert; wir achten beim Klopfen auf das Barometerglas auch nicht nur auf den Stand des Zeigers, sondern in welche Richtung und wie weit er springt. Da das von einem Barographen aufgezeichnete Kurvenbild sich nur auf die Vergangenheit und den Jetztzustand bezieht, den künftigen Kurvenverlauf aber offen lässt, sind in Wetterstationen Lämpchen eingebaut, die zu jedem Zeitpunkt die Tendenz des Luftdrucks, ob er steigt oder fällt, erkennen lassen.[1]

c) Die Ortsveränderung eines Fahrzeugs in einem Zeitabschnitt hängt von den Geschwindigkeiten ab, die das Fahrzeug zu jedem Zeitpunkt dieses Zeitabschnittes hat. Die Untersuchung des Zusammenhangs von Ort und Zeit bei einem Bewegungsablauf führte den großen englischen Gelehrten Sir Isaac Newton 1665/66 zur Entwicklung der Infinitesimalrechnung (vgl. auch 5.3.) Wir werden uns mit diesem klassischen Beispiel in einem eigenen Abschnitt (3.1.4.) beschäftigen.

Die Frage nach der Änderungsrate zu einem bestimmten Zeitpunkt könnte man näherungsweise dadurch lösen, dass man die Werte y_1 bzw. y_2 der betrachteten Größe zu den Zeitpunkten t_1 bzw. t_2 misst und die Veränderung $\Delta y = y_2 - y_1$ der Größe zur Länge $\Delta t = t_2 - t_1$ dieses Zeitintervalls ins Verhältnis setzt, also den sogenannten *Differenzenquotienten*

$$\frac{\Delta y}{\Delta t} = \frac{y_2 - y_1}{t_2 - t_1}$$

bildet. Der Wert dieses Quotienten würde aber von der Wahl des Zeit*intervalls* abhängen und daher schwanken. Man müsste vielmehr eine Größe finden, die eindeutig die Änderungsrate (also Richtung und Stärke des Trends) zum betrachteten Zeit*punkt* beschreibt.

---

[1] Man beachte, dass diese Lämpchen nur die Änderungs*richtung*, nicht aber die Änderungs*stärke* anzeigen.

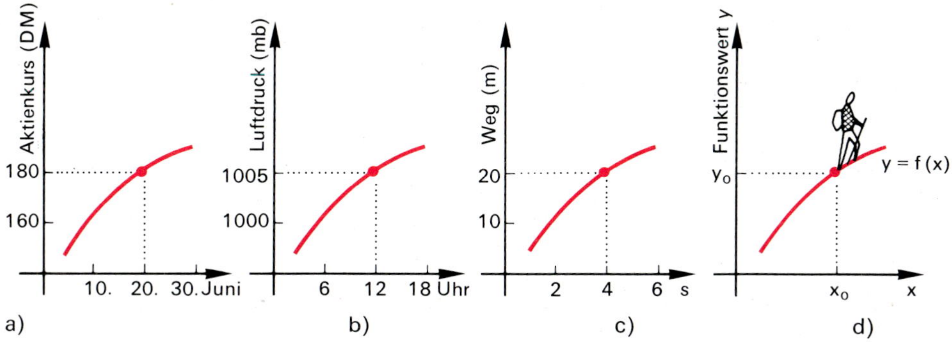

Fig. 3.1

An den Graphen zu obigen Beispielen (Fig. 3.1 a–c) erkennen wir, dass die Antwort auf die gestellte Frage offenbar mit der Steilheit des Graphen zusammenhängt: Je steiler er ansteigt oder abfällt, desto stärker ändert sich die Größe in der unmittelbaren Nachbarschaft der betrachteten Stelle.

Die Frage im 1. Beispiel von 0.1., wie man den Begriff der Steigung eines Weges in einem bestimmten Punkt festlegen könnte, ist geometrisch völlig gleichwertig mit der Frage nach der Steilheit eines Graphen. Denn das Wegprofil kann als Graph irgendeiner Funktion f mit der Gleichung $y = f(x)$ gedeutet werden (Fig. 3.1 d).

Daher spricht man auch von der *Steigung des Graphen an der Stelle* x_0.

A. Den Begriff der Steigung haben wir bereits in 1.2.1. am Beispiel der linearen Funktion

$$f: x \mapsto mx + t; \quad x \in \mathbb{R}$$

kennen gelernt. Der Funktionsgraph ist eine Gerade mit der Gleichung $y = mx + t$. Ihre Steigung ist in jedem beliebigen Punkt $P_0(x_0; y_0)$ durch den Faktor m festgelegt. Wir machen uns dies nochmals anhand von Fig. 3.2 klar: Dazu wählen wir auf der Geraden einen weiteren Punkt P (x; y). Gemäß Formel (1) in 1.2.1. bilden wir den Quotienten aus der Differenz der y-Werte und der x-Werte, den sog. *Differenzenquotienten* bezüglich der Stelle x_0:

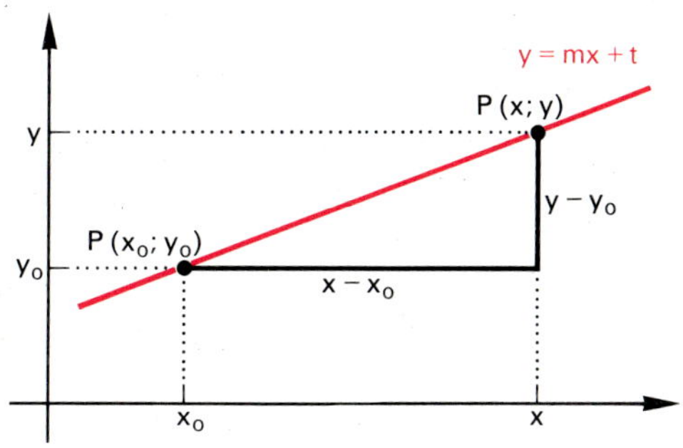

Fig. 3.2

$$\frac{y - y_0}{x - x_0}, \quad \text{wobei } x \neq x_0$$

Beachten wir, dass $y = mx + t$ und folglich $y_0 = mx_0 + t$ gilt, so folgt

$$\frac{y - y_0}{x - x_0} = \frac{(mx + t) - (mx_0 + t)}{x - x_0} = \frac{m(x - x_0)}{x - x_0} = m.$$

Das Ergebnis ist also von t und insbesondere von der speziellen Wahl der Stelle x_0 unabhängig: Eine Gerade hat überall konstante Steigung.

B. Bei *gekrümmten* Graphen haben wir bisher nur eine gefühlsmäßige Vorstellung vom Begriff der Steigung. Als Beispiel wählen wir die quadratische Funktion

$$f: x \mapsto 0{,}25x^2; \quad x \in \mathbb{R},$$

deren Graph G_f eine nach oben geöffnete Parabel mit dem Scheitel im Ursprung ist (Fig. 3.3). Sie wird offenbar für $x > 0$ immer „steiler", je größer die Abszisse x der betrachteten Stelle ist.

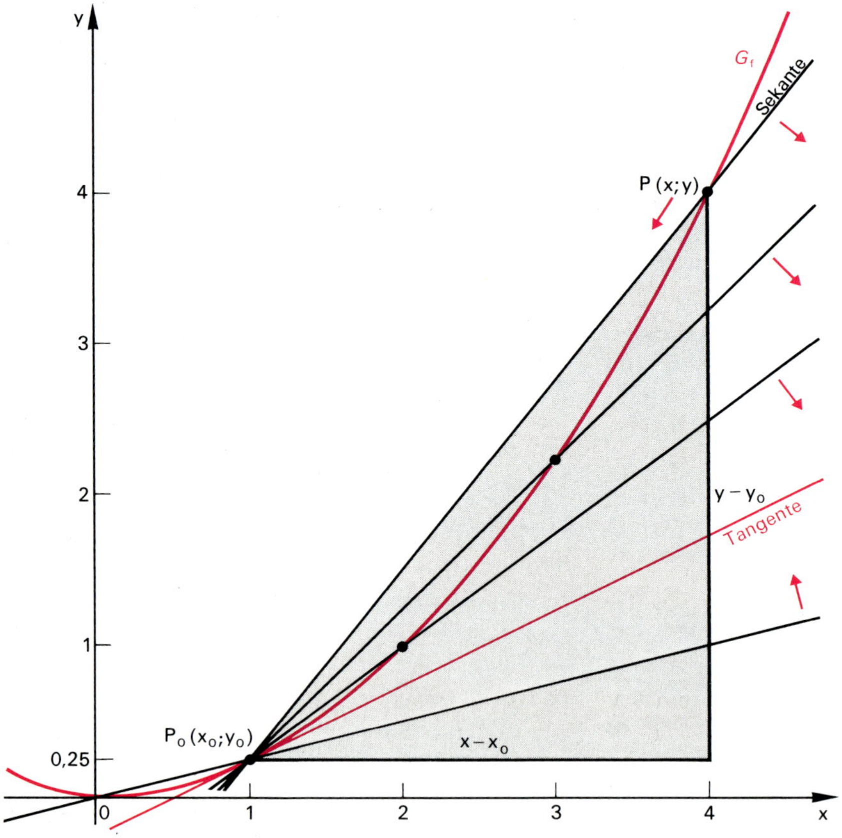

Fig. 3.3

Bemerkung:

Zur Festlegung der Steigung in einem beliebigen Parabelpunkt $P_0(x_0; y_0)$ könnte man zunächst daran denken, in diesem Punkt eine „Tangente" an die Parabel zu legen und deren Steigung zu ermitteln. Dies erweist sich jedoch als Irrweg, weil man zunächst keine Möglichkeit findet, in einem beliebigen Parabelpunkt die „Tangente" wirklich exakt festzulegen. Daher entwickeln wir am einfachen Beispiel eine allgemein anwendbare Methode:

Wir versuchen vorerst ganz formal, das Verfahren, das uns im Abschnitt A bei der Geraden den Wert der Steigung lieferte, auch auf den Parabelpunkt $P_0(x_0; y_0)$ anzuwenden.

Dies bedeutet, dass wir auf der Parabel einen weiteren, von P_0 verschiedenen Punkt $P(x; y)$ wählen und wieder den Quotienten aus den Differenzen der y-Werte und der x-Werte bilden:

$$\frac{y - y_0}{x - x_0} \quad \text{mit } x \neq x_0 .$$

Dieser Differenzenquotient gibt nach Abschnitt A offenbar die Steigung m_{PP_0} der Geraden PP_0 an, die wir als Parabelsekante bezeichnen können (vgl. die entsprechende Bezeichnung beim Kreis!).

Wählen wir wie in Fig. 3.3 beispielsweise $P_0(1; 0{,}25)$, also $x_0 = 1$ und $y_0 = 0{,}25$, so folgt

$$m_{PP_0} = \frac{y - 0{,}25}{x - 1}, \quad \text{wobei } x \neq 1 .$$

Und da $y = 0{,}25x^2$ gilt, erhalten wir weiter

$$m_{PP_0} = \frac{0{,}25x^2 - 0{,}25}{x - 1} = 0{,}25\,\frac{x^2 - 1}{x - 1} \quad \text{mit } x \neq 1 .$$

Dieser Term ist der *Differenzenquotient* bezüglich der Stelle $x_0 = 1$. Er stellt die *Steigung aller Sekanten* durch P_0 dar, auch dann, wenn P links von P_0 liegt. Wegen $x \neq 1$ dürfen wir den Term kürzen und erhalten

$$m_{PP_0} = 0{,}25 \cdot (x + 1) \quad \text{mit } x \neq 1 .$$

Beim entscheidenden Gedanken lassen wir uns nun von der Anschauung leiten. Ähnlich wie beim Kreis (Fig. 3.4) gehen wir auch hier davon aus, dass sich die Sekante immer mehr einer bestimmten Grenzlage (beim Kreis der Tangente) annähert, je näher wir den Punkt $P(x; y)$ an den Punkt $P_0(1; 0{,}25)$ „heranwandern" lassen.

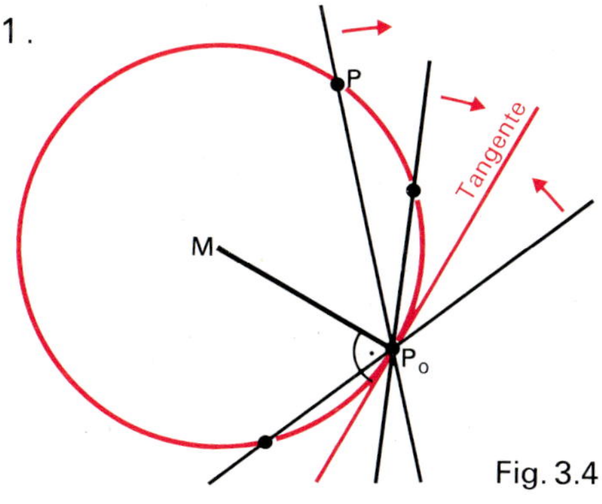

Fig. 3.4

Wie sich dabei der Differenzenquotient m_{PP_0} verhält, zeigt folgende Tabelle:

x	0	0,9	0,99	0,999	⋯ 1 ⋯	1,001	1,01	1,1	2	3	4
m_{PP_0}	0,25	0,475	0,4975	0,49975	· verboten ·	0,50025	0,5025	0,525	0,75	1	1,25

$\longrightarrow 0{,}5 \longleftarrow$

Wir erkennen, dass sich m_{PP_0} beliebig genau dem Wert 0,5 annähert, wenn nur x genügend nahe an den nicht zulässigen Wert 1 herankommt. Es ist daher vernünftig, diesen „Grenzwert" 0,5 als Steigung einer „Grenzsekante" aufzufassen, diese Grenzsekante als *Tangente der Parabel* im Punkt $P_0(1; 0{,}25)$ zu *definieren* und die Zahl 0,5 als Maß für die Änderungsrate der quadratischen Funktion $x \mapsto 0{,}25x^2$ an der Stelle 1 zu betrachten.[1]

Man spricht auch von der *Steigung der Parabel im Punkt* P_0 und meint dann die Steigung der Tangente in P_0.

Als *Gleichung der Parabeltangente* in $P_0(1; 0{,}25)$ ergibt sich mit $m = 0{,}5$ gemäß 1.2.1. zunächst der Ansatz $y = 0{,}5x + t$. Setzt man die Koordinaten von P_0 in diese Gleichung ein, so folgt $t = -0{,}25$ und schließlich $y = 0{,}5x - 0{,}25$.

Aufgaben

1. Für die Parabel mit der Gleichung $y = 0{,}25x^2$ soll, ähnlich wie oben, für den Differenzenquotienten m_{PP_0} bzgl. des Punktes $P_0(2; 1)$ eine Tabelle aufgestellt und die Steigung im Punkt P_0 definiert werden. Wie lautet die Gleichung der Parabeltangente in P_0?

2. Bestimme für die Parabel $y = \frac{1}{10}x^2$ die Steigung der Tangente, und konstruiere sie
   a) in $P_0(4; ?)$ b) in $P_0(-2; ?)$ c) allgemein in $P_0(x_0; ?)$!

3. Stelle für die Parabel $y = 0{,}25x^2 - 1$ die Gleichung der Tangente in folgenden Kurvenpunkten auf und konstruiere sie:
   a) $P_0(2; ?)$ b) $P_0(-1; ?)$ c) $P_0(1{,}5; ?)$ d) $P_0(-\frac{2}{3}; ?)$

4. Für die folgenden Funktionen $f: x \mapsto f(x)$; $D_f = \mathbb{R}$ soll jeweils im Punkt $P_0(2; ?)$ des Graphen die Tangentensteigung berechnet werden. (Keine Zeichnung)
   a) $f(x) = (x+2)^2$ b) $f(x) = 2x^2 - 3$ c) $f(x) = \frac{1}{2}x^2 - 3x + 1$ d) $f(x) = \frac{1}{2}x^2 - 2x + 4$
   Wir wäre das Ergebnis bei d) geometrisch zu deuten?

5. Bestimme allgemein nach dem oben verwendeten Verfahren die Steigung der Normalparabel $y = x^2$ im Punkt $P_0(x_0; y_0)$!

[1] Anschaulich bedeutet dies: Vergrößert oder verkleinert man an der Stelle 1 die Abszisse *geringfügig* um etwa 2 mm, so vergrößert oder verkleinert sich die Ordinate um etwa 1 mm.

6. Betrachtet wird die Funktion f: $x \mapsto 4 - x^2$. Zeige: Als Maß für die Änderungsrate dieser Funktion an der Stelle 1 ergibt sich nach obigen Überlegungen die Zahl -2. Was bedeutet das Minuszeichen?
   Um wie viel mm und in welchem Sinn ändert sich die Ordinate an dieser Stelle ungefähr, wenn die Abszisse um 1 mm vergrößert oder verkleinert wird? Skizziere den Graphen!

7. Skizziere den Graphen der Parabel $y = -0{,}5x^2 + 2x$ und zeige, dass im Schnittpunkt mit der positiven x-Achse der Neigungswinkel der Tangente $-63{,}43°$ beträgt.

3.1.2. Grenzwert einer Funktion für $x \to x_0$

A. Ein neuer Grenzvorgang

Wir arbeiten zunächst einen wichtigen Teilaspekt unserer Überlegungen im vorausgehenden Abschnitt deutlicher heraus. Für den Graphen der Funktion

$$f: x \mapsto 0{,}25x^2$$

hängt die Steigung der Sekante durch den Punkt P_0 von der Abszisse x des Punktes P ab, ist also ein Funktionsterm, den wir mit $\varphi(x)$ bezeichnen wollen:

$$\varphi(x) = 0{,}25\,\frac{x^2 - 1}{x - 1}, \quad \text{wobei } x \neq 1\,.$$

Der Term $\varphi(x)$ hat an der Stelle 1 eine Definitionslücke, stimmt im Übrigen aber voll mit dem Term $0{,}25(x+1)$ überein. Wir können daher auch schreiben:

$$\varphi(x) = 0{,}25(x+1); \quad x \in \mathbb{R}\setminus\{1\}$$

Unterscheidet sich x immer weniger vom „verbotenen" Wert 1, so unterscheidet sich $\varphi(x)$ immer weniger vom Wert 0,5; d.h.: Der Differenzbetrag $|\varphi(x) - 0{,}5|$ unterschreitet jede noch so kleine positive Zahl, falls man x nur genügend nahe bei 1 wählt (Fig. 3.5). Wir haben hier also ein ähnliches „Grenzwertverhalten" bei Annäherung von rechts und links an die Zahl 1, wie wir es früher bei Funktionen für $x \to \infty$ oder $x \to -\infty$ kennen gelernt haben. Es liegt daher nahe, ganz allgemein für eine Funktion f zu vereinbaren:

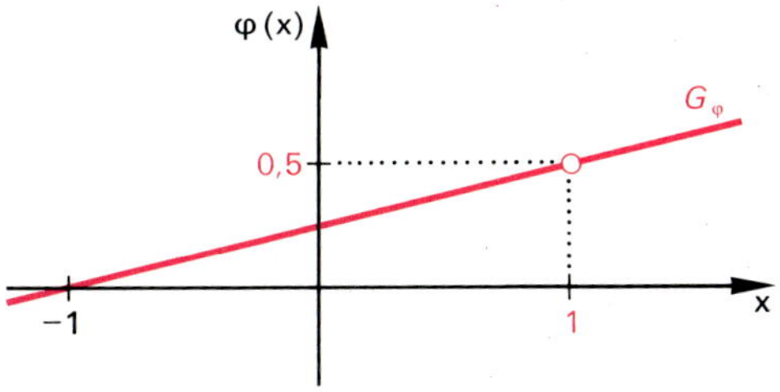

Fig. 3.5

Definition 3.1:

> Eine Funktion f, die beiderseits einer Stelle x_0 definiert ist, hat für $x \to x_0$ den Grenzwert a, wenn der Differenzbetrag $|f(x) - a|$ jede noch so kleine positive Zahl unterschreitet, falls man x nur genügend nahe bei x_0 wählt. Man schreibt:
>
> $$\lim_{x \to x_0} f(x) = a \quad \text{oder} \quad \lim_{x \to x_0} (f(x) - a) = 0$$
>
> und sagt, f konvergiert für $x \to x_0$ gegen a.

Bemerkungen:

1. In der Definition ist offen gelassen, ob die Funktion f an der Stelle x_0 definiert ist oder nicht. Bei der oben betrachteten, zum Term $\varphi(x)$ gehörigen Funktion φ war dies nicht der Fall. Unsere Definition soll aber für jede beliebige Funktion f gelten. Daher ist auch über einen eventuell vorhandenen Funktionswert $f(x_0)$ nichts ausgesagt. Die damit zusammenhängenden Fragen werden uns im Abschnitt 3.2. näher beschäftigen.
2. Auch hier spricht man oft vom Grenzwert eines Terms $f(x)$ für $x \to x_0$ anstatt vom Grenzwert der mit $f(x)$ gebildeten Funktion f.
   Die Schreibweise $x \to x_0$ meint dabei eine beliebige und nicht nur eine bestimmte Annäherung. Es spielt keine Rolle, ob die Annäherung von rechts ($x > x_0$) oder von links ($x < x_0$) erfolgt.

Hierzu vier Beispiele, ehe wir in 3.1.3. den Steigungsbegriff wieder aufnehmen:

1. Beispiel: f: $x \mapsto 2x^2$; $D_f = \mathbb{R}$.

Wir untersuchen die Stelle $x_0 = 1$, die diesmal zu D_f gehört. Auf Grund des von früher geläufigen Graphen von f (Fig. 3.6) kann man vermuten, dass sich $f(x)$ für $x \to 1$ immer mehr dem Wert $f(1) = 2$ nähert. Bei der Überprüfung dieser Annahme erweist es sich als zweckmäßig, die Abweichung der Zahl x von $x_0 = 1$ als Hilfsveränderliche h einzuführen, also $h = x - 1$ und daher

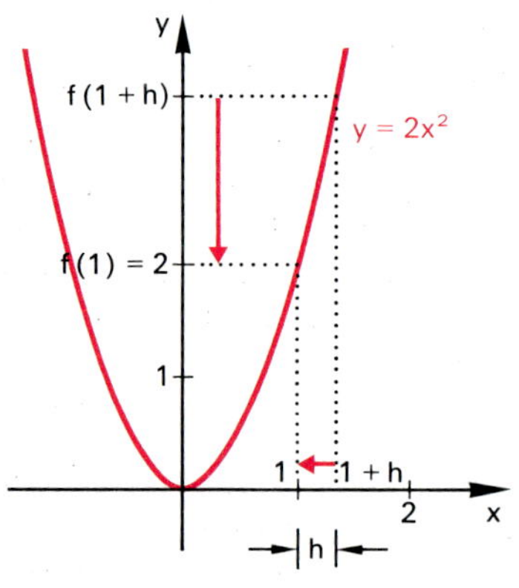

Fig. 3.6

$x = 1 + h$ zu setzen *(„h-Methode")*. Für $h > 0$ ist $x > 1$, für $h < 0$ ist $x < 1$. Die Annäherung $x \to 1$ ist gleichbedeutend mit $h \to 0$. Dann gilt für den Differenzbetrag

$$\begin{aligned}|f(x) - 2| &= |f(1 + h) - 2| = |2(1 + h)^2 - 2)| = |2 + 4h + 2h^2 - 2| \\ &= 2|h| \cdot |2 + h|.\end{aligned}$$

Wegen des Faktors $|h|$ unterschreitet dieser Differenzbetrag jede noch so kleine positive Zahl, wenn man nur $|h|$ genügend klein macht, d.h. die Zahl x genügend nahe bei $x_0 = 1$ wählt. Daran können auch die Faktoren 2 und $|2 + h|$ nichts ändern. Es ist also tatsächlich $\lim\limits_{x \to 1} f(x) = 2$.

2. Beispiel: f: $x \mapsto \frac{1}{x}$; $D_f = \mathbb{R} \setminus \{0\}$; $x_0 \in D_f$ beliebig.

Ähnlich wie im 1. Beispiel vermuten wir als Grenzwert für $x \to x_0$ den Funktionswert $f(x_0) = \frac{1}{x_0}$. Mit unserer „h-Methode" berechnen wir dazu den Differenzbetrag

$$|f(x_0 + h) - f(x_0)| = \left|\frac{1}{x_0 + h} - \frac{1}{x_0}\right| = \left|\frac{x_0 - (x_0 + h)}{(x_0 + h) \cdot x_0}\right| = \frac{|h|}{|(x_0 + h) \cdot x_0|}.$$

Wegen des Zählers $|h|$ wird dieser Differenzbetrag beliebig klein, wenn man nur $|h|$ genügend klein macht. Daran kann für $x_0 \neq 0$ bei genügend kleinem $|h|$ auch der Faktor $x_0 + h$ im Nenner nichts ändern.

Es gilt also tatsächlich $\lim\limits_{x \to x_0} \frac{1}{x} = \frac{1}{x_0}$ für jedes $x_0 \neq 0$.

3. Beispiel: Beweise: $\lim\limits_{x \to x_0} \sqrt{x} = \sqrt{x_0}$ für jedes $x_0 \in \mathbb{R}^+$

Lösung: $$|\sqrt{x_0 + h} - \sqrt{x_0}| = \left|\frac{(\sqrt{x_0 + h} - \sqrt{x_0})(\sqrt{x_0 + h} + \sqrt{x_0})}{\sqrt{x_0 + h} + \sqrt{x_0}}\right| = \frac{|h|}{|\sqrt{x_0 + h} + \sqrt{x_0}|}$$

Der Nenner dieses Bruches ist sicher von null verschieden. Daher wird der Wert des Bruches, also der Differenzbetrag $|\sqrt{x_0 + h} - \sqrt{x_0}|$, beliebig klein, sofern man den Zähler $|h|$ genügend klein macht, was zu beweisen war.

4. Beispiel: f: $x \mapsto f(x) = \frac{2x^2 + x}{x}$; $D_f = \mathbb{R} \setminus \{0\}$

Die Funktion hat diesmal an der Stelle $x_0 = 0$ wieder eine Definitionslücke. Da $f(x)$ in D_f mit dem Term $2x + 1$ äquivalent ist, vermuten wir den Grenzwert 1 für $x \to 0$. Für den Differenzbetrag erhalten wir $|f(x) - 1| = |2x|$, und dieser unterschreitet jede noch so kleine positive Zahl, wenn man nur x genügend nahe bei $x_0 = 0$ wählt. Es ist also tatsächlich $\lim\limits_{x \to 0} f(x) = 1$.

B. Weitere Rechenregeln für Grenzwerte

Es gelten analog zum Grenzübergang $x \to \infty$ einfache Rechenregeln, die wir wegen ihrer praktischen Bedeutung als eigenen Satz formulieren. Unter der Voraussetzung, dass die Grenzwerte $\lim\limits_{x \to x_0} f(x)$ und $\lim\limits_{x \to x_0} g(x)$ existieren, gilt:

Satz 3.1 (Grenzwertregeln, 2. Teil):

(1) $\lim\limits_{x \to x_0} [f(x) \pm g(x)] = \lim\limits_{x \to x_0} f(x) \pm \lim\limits_{x \to x_0} g(x)$

(2) $\lim\limits_{x \to x_0} [f(x) \cdot g(x)] = \lim\limits_{x \to x_0} f(x) \cdot \lim\limits_{x \to x_0} g(x)$

(3) $\lim\limits_{x \to x_0} \frac{f(x)}{g(x)} = \frac{\lim\limits_{x \to x_0} f(x)}{\lim\limits_{x \to x_0} g(x)}$, falls $\lim\limits_{x \to x_0} g(x) \neq 0$

Vgl. Satz 2.1 in 2.2.1.!

Aufgaben

1. Gegeben ist die Funktion $f: x \mapsto \frac{x - 1{,}5x^2}{x}$; $x \in \mathbb{R} \setminus \{0\}$.
Zeichne den Graphen von f und bestimme $\lim\limits_{x \to 0} f(x)$. Für welche x-Werte gilt $|f(x) - 1| < 0{,}01$?

2. Bestimme die folgenden Grenzwerte:
(Hinweis ab Aufgabe i: geeignete Faktorenzerlegung!)

a) $\lim\limits_{x \to 5} 4$ b) $\lim\limits_{x \to 5} x$ c) $\lim\limits_{x \to 5} (4x + 3)$ d) $\lim\limits_{x \to x_0} (mx + t)$

e) $\lim\limits_{x \to x_0} x^3$ f) $\lim\limits_{x \to 3} \frac{2}{x}$ g) $\lim\limits_{x \to -2} \frac{1}{x^2}$ h) $\lim\limits_{x \to 1} \frac{x}{x+1}$

i) $\lim\limits_{x \to a} \frac{x^2 - a^2}{x - a}$ k) $\lim\limits_{x \to -2} \frac{x^2 - 2x - 8}{x^2 + 3x + 2}$ l) $\lim\limits_{x \to 1} \frac{x^2 - 7x + 6}{x^2 + 5x - 6}$ m) $\lim\limits_{x \to -2} \frac{(x^3 + 8)(x^2 + 5x + 6)}{(x^2 - 3x - 10)(x + 2)}$

3. Beweise: $\lim\limits_{x \to x_0} \cos x = \cos x_0$ für jedes $x_0 \in \mathbb{R}$.
Erläutere zu diesem Zweck Schritt für Schritt folgende Abschätzung:

$$|\cos(x_0 + h) - \cos x_0| = \left| -2 \cdot \sin \frac{2x_0 + h}{2} \cdot \sin \frac{h}{2} \right| = 2 \cdot \left| \sin \frac{2x_0 + h}{2} \right| \cdot \left| \sin \frac{h}{2} \right|$$
$$\leqq 2 \cdot 1 \cdot \left| \sin \frac{h}{2} \right| \leqq 2 \cdot 1 \cdot \left| \frac{h}{2} \right| \leqq |h|.$$

Vgl. auch Aufgabe 2a, S. 89!

3.1.3. Die Ableitung einer Funktion an einer Stelle x_0

A. Vom Differenzenquotienten zum Differenzialquotienten

Wir greifen nun den Begriff der Steigung eines Funktionsgraphen G_f in einem Punkt $P_0(x_0; y_0)$ wieder auf und verallgemeinern ihn.

Wir betrachten dazu Fig. 3.7 und legen fest:

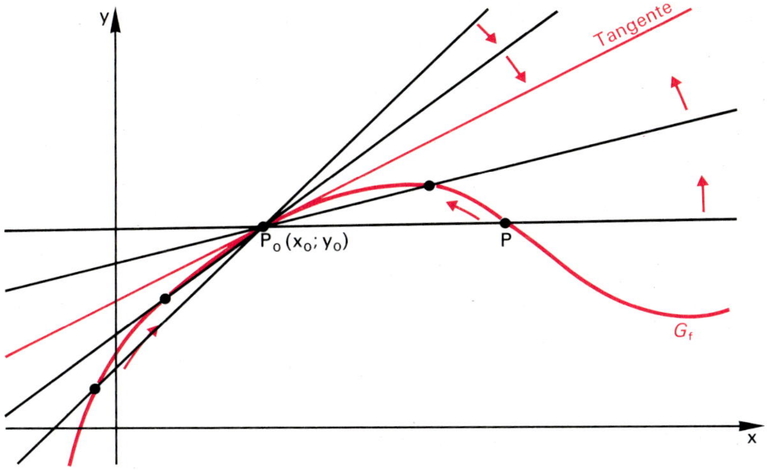

Fig. 3.7

Definition 3.2:

Haben die Steigungen der Sekanten durch einen festen Punkt P_0 auf dem Graphen G_f einer Funktion f den Grenzwert m, wenn der zweite Sekantenschnittpunkt P gegen P_0 wandert, so heißt dieser Grenzwert die *Steigung der Tangente* oder die *Steigung* von G_f im Punkt P_0.

Als *Tangente* im Punkt P_0 eines Funktionsgraphen bezeichnen wir demnach diejenige Gerade durch P_0, deren Steigung mit dem Grenzwert der Sekantensteigungen übereinstimmt.
Bei dieser Grenzwertbildung ist zu beachten, dass der zweite Sekantenschnittpunkt P sowohl rechts als auch links von P_0 liegen kann. Die Wanderung gegen P_0 muss also *von beiden Seiten* zur gleichen Grenzsekante und damit zum gleichen Grenzwert führen.

Wollen wir diese geometrischen Gedanken rechnerisch erfassen, so müssen wir von einer Funktion

$$f\colon x \mapsto f(x); \quad x \in D_f$$

ausgehen. Die Stelle x_0 soll im *Innern* von D_f liegen.[1]

Ist $P(x; f(x))$ neben $P_0(x_0; f(x_0))$ der zweite Sekantenpunkt, so ist die Steigung der Sekante gegeben durch den *Differenzenquotienten* bzgl. der Stelle x_0:

$$\frac{f(x) - f(x_0)}{x - x_0} \quad \text{mit } x \in D_f, \quad \text{aber } x \neq x_0$$

[1] d.h., es gibt ein offenes Intervall J mit $x_0 \in J$ und $J \subseteqq D_f$. (Nur so kann man sich der Stelle x_0 von beiden Seiten beliebig annähern.)

1. Beispiel: f: $x \mapsto f(x) = x^2 - x$; $D_f = \mathbb{R}$.

Der Differenzenquotient bzgl. $x_0 = 2$ ist

$$\frac{f(x) - f(2)}{x-2} = \frac{x^2 - x - 2}{x-2} = \frac{(x-2)(x+1)}{x-2} = x+1; \quad x \in \mathbb{R} \setminus \{2\}$$

Wählt man x genügend nahe bei 2, so unterschreitet der Differenzbetrag

$$|(x+1) - 3| = |x-2|$$

jede noch so kleine positive Zahl. Mit anderen Worten: Der Differenzenquotient bzgl. 2 (genauer: die mit diesem Term gebildete sogenannte Differenzenquotientenfunktion – vgl. Bemerkung 2 in 3.1.2.A) hat für $x \to 2$ einen Grenzwert, nämlich 3.

Die im 1. Beispiel erkannte Eigenschaft der Funktion f an der Stelle 2 hat grundlegende Bedeutung und veranlasst uns zur

Definition 3.3:

Eine Funktion f: $x \mapsto f(x)$; $x \in D_f$ heißt an der Stelle x_0 im Inneren von D_f *differenzierbar*, wenn der Differenzenquotient bezüglich x_0,

$$\frac{f(x) - f(x_0)}{x - x_0}$$

für $x \to x_0$ einen Grenzwert hat.

Der Grenzwert des Differenzenquotienten heißt *Differenzialquotient* oder *Ableitung* der Funktion f an der Stelle x_0 und wird mit $f'(x_0)$ bezeichnet. Es gilt also:

$$f'(x_0) = \lim_{x \to x_0} \frac{f(x) - f(x_0)}{x - x_0} \quad \text{mit } x \neq x_0 \qquad (1)$$

Auch hier ist es vorteilhaft, die Differenz $x - x_0$ als Hilfsvariable h einzuführen.

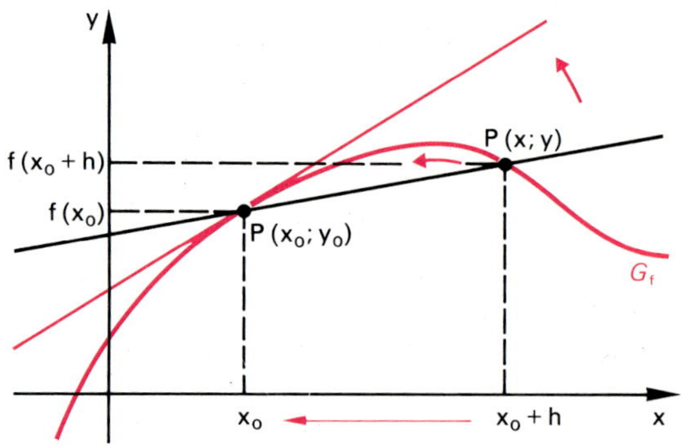

Fig. 3.8

Dann ist $x = x_0 + h$. Mit $x \to x_0$ gilt $h \to 0$. Wir erhalten dann die für praktische Berechnungen meist zweckmäßigere „h-Form" (vgl. Fig. 3.8):

$$f'(x_0) = \lim_{h \to 0} \frac{f(x_0 + h) - f(x_0)}{h} \quad \text{mit } h \neq 0 \qquad (2)$$

Dabei ist zu beachten, dass h *positive und negative Zahlenwerte* annehmen kann, da wir uns der Stelle x_0 von rechts *und* von links nähern. Der Grenzwert muss unabhängig davon der gleiche sein.

Meist brauchen die Fälle $h > 0$ und $h < 0$ nicht gesondert untersucht zu werden. Man beachte, dass wegen $h \neq 0$ durch h dividiert werden darf.

2. Beispiel: Für $f: x \mapsto x^2;\ x \in \mathbb{R}$ soll mit der „h-Methode" die Ableitung
a) an der Stelle 4, b) allgemein an der Stelle x_0 berechnet werden.

Lösung: a) Es ist $f(x) = x^2$ und folglich

(1) $f(4) = 4^2 = 16$

(2) $f(4 + h) = (4 + h)^2 = 16 + 8h + h^2$

(3) $\dfrac{f(4 + h) - f(4)}{h} = \dfrac{(16 + 8h + h^2) - 16}{h} = \dfrac{8h + h^2}{h} = 8 + h,$

also $f'(4) = \lim\limits_{h \to 0} (8 + h) = 8$, denn $|(8 + h) - 8| \to 0$ mit $h \to 0$

b) $\dfrac{f(x_0 + h) - f(x_0)}{h} = \dfrac{(x_0 + h)^2 - x_0^2}{h} = \dfrac{x_0^2 + 2x_0h + h^2 - x_0^2}{h} = 2x_0 + h,$

also $f'(x_0) = \lim\limits_{h \to 0} (2x_0 + h) = 2x_0$

3. Beispiel: Für die bereits im 1. Beispiel betrachtete Funktion $f: x \mapsto x^2 - x;\ x \in \mathbb{R}$ sollen $f'(2)$ berechnet und die Tangente im Punkt $P_0(2; ?)$ konstruiert werden.

Lösung: Es ist $f(x) = x^2 - x$ und somit

(1) $f(2) = 2^2 - 2 = 2$

(2) $f(2 + h) = (2 + h)^2 - (2 + h) = 4 + 4h + h^2 - 2 - h = 2 + 3h + h^2$

(3) $\dfrac{f(2 + h) - f(2)}{h} = \dfrac{(2 + 3h + h^2) - 2}{h} = 3 + h,$

also $f'(2) = \lim\limits_{h \to 0} (3 + h) = 3$

Fig. 3.9 zeigt, wie man mit Hilfe des Steigungsdreiecks die Tangente in P_0 in bekannter Weise zeichnet. Der Neigungswinkel α der Tangente ergibt sich aus $\tan \alpha = f'(2) = 3$ zu $\alpha = 71{,}57°$.

Im Sinne der Definition 3.2 sagen wir auch hier, $f'(2) = 3$ sei die *Steigung des Graphen* im Punkt P_0, womit wir die Steigung der Tangente in diesem Punkt meinen. Damit ist die in 0.1.1. gestellte Frage nach der Steigung in einem Punkt eines krummlinigen Wegstücks geklärt.

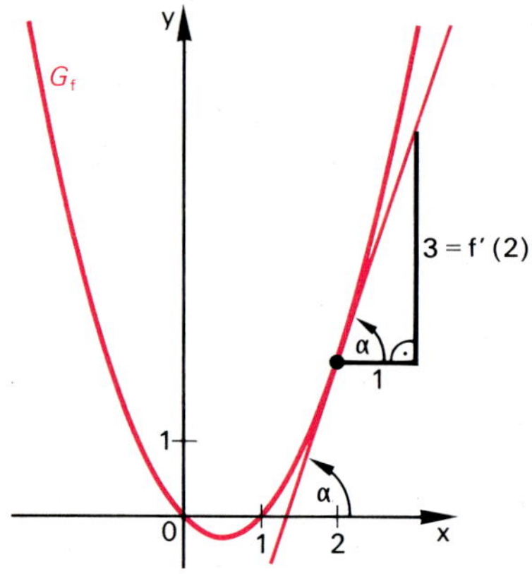

Fig. 3.9

Allgemein gilt die *Definition 3.4:*

> Hat eine Funktion f an der Stelle $x_0 \in D_f$ die Ableitung $f'(x_0)$, dann ist $f'(x_0)$ die *Steigung* des Graphen G_f im Punkt $P_0(x_0; f(x_0))$. Für den Neigungswinkel α der Tangente in diesem Punkt gilt:
>
> $$f'(x_0) = \tan\alpha$$

B. „Nichtdifferenzierbarkeit" an einer Stelle x_0

Wir haben bei der Definition der Differenzierbarkeit einer Funktion f an der Stelle x_0 vorausgesetzt, dass x_0 im Innern von D_f liegt, damit man sich der Stelle x_0 von rechts und von links annähern kann. Dabei muss man für den Differenzenquotienten bzgl. x_0 in beiden Fällen den gleichen Grenzwert erhalten. Andernfalls ist f an der Stelle x_0 nicht differenzierbar. Wir erläutern dies an der Funktion

$$f: x \mapsto f(x) = x^2 + |x|; \quad x \in \mathbb{R}.$$

Für den Funktionsterm können wir schreiben:

$$f(x) = \begin{cases} x^2 + x & \text{für } x \geqq 0 \\ x^2 - x & \text{für } x < 0 \end{cases}$$

Fig. 3.10 zeigt den Graphen. Man beachte die Achsensymmetrie, da

$$f(-x) = (-x)^2 + |-x| = x^2 + |x| = f(x).$$

Für den Differenzenquotienten bzgl. $x_0 = 0$ ergibt sich nach dem Kürzen mit $x \neq 0$:

$$\frac{f(x) - f(0)}{x - 0} = \begin{cases} x + 1 & \text{für } x > 0 \\ x - 1 & \text{für } x < 0 \end{cases}$$

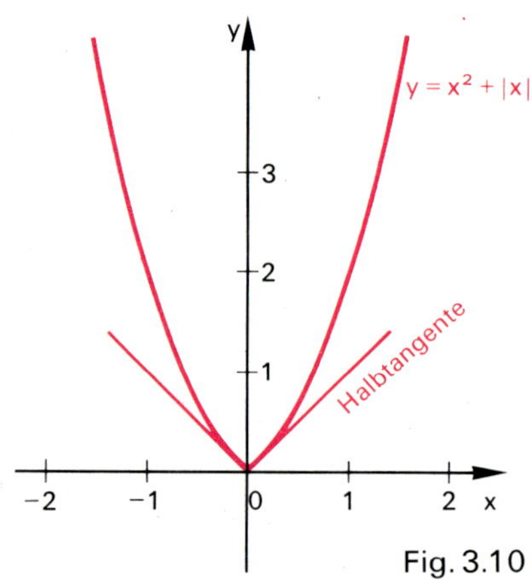

Fig. 3.10

Beschränken wir uns bei der Annäherung an die Stelle $x_0 = 0$ auf positives x, so nähert sich $x+1$ dem Wert $+1$. Beschränken wir uns auf negatives x, so nähert sich $x-1$ dem Wert -1. Der Differenzenquotient hat daher für $x \to 0$ *keinen* Grenzwert, f ist an der Stelle $x_0 = 0$ *nicht differenzierbar*, der Graph hat dort einen *Knick*.

Man sagt jedoch, der Differenzenquotient habe für $x \to 0$ den *rechtsseitigen Grenzwert* 1 und den *linksseitigen Grenzwert* -1, geschrieben

$$\lim_{x \to 0+0} \frac{f(x) - f(0)}{x - 0} = 1 \quad \text{und} \quad \lim_{x \to 0-0} \frac{f(x) - f(0)}{x - 0} = -1 .$$

Geometrisch entspricht diesem Sachverhalt eine rechtsseitige „Halbtangente" mit der Gleichung $y = x;\ x \in \mathbb{R}_0^+$ und eine linksseitige „Halbtangente" mit der Gleichung $y = -x;\ x \in \mathbb{R}_0^-$.

Ein Grenzwert im Sinne der Definition 3.1 liegt aber nur dann vor, wenn rechts- und linksseitiger Grenzwert bei Annäherung an die Stelle x_0 übereinstimmen. Verallgemeinernd können wir sagen:

Eine Funktion φ *hat für* $x \to x_0$ *genau dann den Grenzwert* $\lim\limits_{x \to x_0} \varphi(x) = a$, *wenn* $\lim\limits_{x \to x_0+0} \varphi(x) = a$ *und zugleich* $\lim\limits_{x \to x_0-0} \varphi(x) = a$ *ist.*

3.1.4. Mittlere und momentane Geschwindigkeit

Für die in 3.1.1. angekündigte Betrachtung des Zeit-Weg-Geschwindigkeit-Zusammenhangs wählen wir das Beispiel des freien Falls. Es gilt der folgende funktionale Zusammenhang zwischen der Fallstrecke y und der Fallzeit t:

$$f\colon t \mapsto y = \tfrac{1}{2} g t^2$$

(g: Fallbeschleunigung bzw. Ortsfaktor; Luftwiderstand vernachlässigt).
Die „Momentangeschwindigkeit" v zum Zeitpunkt t_1 nach Beginn der Fallbewegung ist durch Messungen nur schwer mit befriedigender Genauigkeit zu finden. Eine mathematische Herleitung wird uns nur wenig Mühe machen:

Was wir unter „Momentangeschwindigkeit" verstehen, liegt nahe: Sie soll den Wert haben, dem die mittlere Geschwindigkeit über ein gewisses Zeitintervall (das t_1 enthält) zustrebt, wenn das Zeitintervall beliebig kurz wird.
Dazu berechnen wir zunächst die mittlere Geschwindigkeit $\bar{v}$ zwischen den Zeitpunkten t_1 und t_2 (t_2 liegt „kurz" vor oder nach t_1). Sie ergibt sich als Quotient aus der in der Zwischenzeit zurückgelegten Fallstrecke $\Delta y = y_2 - y_1$ und der Fallzeit $\Delta t = t_2 - t_1$ zu

$$\bar{v} = \frac{\Delta y}{\Delta t} = \frac{y_2 - y_1}{t_2 - t_1} = \frac{f(t_2) - f(t_1)}{t_2 - t_1}$$

$$= \frac{0{,}5 g t_2^2 - 0{,}5 g t_1^2}{t_2 - t_1} = 0{,}5 g \,\frac{(t_2 - t_1)(t_2 + t_1)}{t_2 - t_1} = 0{,}5 g (t_1 + t_2) .$$

Machen wir die Fallzeit Δt genügend klein, so unterscheidet sich $t_2 = t_1 + \Delta t$ immer weniger von t_1 und damit $\bar{v}$ immer weniger von $0{,}5g\,(t_1 + t_1) = gt_1$.

Diesen Grenzwert der mittleren Geschwindigkeit $\bar{v}$ für immer kleiner werdendes Δt fassen wir als die Momentangeschwindigkeit v im Zeitpunkt t_1 auf. Wir können daher schreiben:

$$v = \lim_{\Delta t \to 0} \frac{\Delta y}{\Delta t} = \lim_{\Delta t \to 0} 0{,}5g\,(t_1 + t_1 + \Delta t) = gt_1\,.$$

Beschreibt die Funktion $f\colon t \mapsto y(t);\ t \in D_f$ *eine Bewegung und ist* f *an der Stelle* t_1 *differenzierbar, dann wird durch die Ableitung von* f *an der Stelle* t_1 *die (Momentan-)Geschwindigkeit zum Zeitpunkt* t_1 *berechnet.*

Beispiel: Ein Körper fällt aus der Höhe 125 m frei herab. Mit welcher Geschwindigkeit schlägt er auf dem Erdboden auf?

Lösung: Die Funktionsgleichung $y = \frac{1}{2}gt^2$ deuten wir jetzt als Größengleichung. Dann ist $g \approx 10\,\text{m}\,\text{s}^{-2}$ zu setzen, und die Fallzeit ergibt sich aus

$125\,\text{m} = 0{,}5 \cdot 10\,\text{m}\,\text{s}^{-2} \cdot t^2$ zu $t_1 = 5\,\text{s}$.

Somit ist die Aufschlaggeschwindigkeit $v = gt_1 = 10\,\text{m}\,\text{s}^{-2} \cdot 5\,\text{s} = 50\,\text{m}\,\text{s}^{-1}$.

In der Chemie definiert man analog Reaktionsgeschwindigkeiten durch Konzentrationsänderungen der Reaktionspartner. Auch hier gilt für die mittlere Reaktionsgeschwindigkeit $\bar{v}_r$ beziehungsweise für die momentane Reaktionsgeschwindigkeit v_r:

$$\bar{v}_r = \frac{\Delta c}{\Delta t} \quad \text{bzw.} \quad v_r = \lim_{\Delta t \to 0} \frac{\Delta c}{\Delta t} = c'(t)\,.$$

Darin ist c(t) die Konzentration eines Reaktionspartners als Funktion der Zeit. Die Reaktionsgeschwindigkeit zu einem Zeitpunkt t kann zeichnerisch aus der Steigung der Tangente in diesem Punkt des Funktionsgraphen oder durch Berechnen der Ableitung c′(t) ermittelt werden.

Beispiel: Bei der Zersetzung von Wasserstoffperoxid (H_2O_2) in Wasser (H_2O) und Sauerstoff (O_2) wurde folgende Messreihe registriert:

t (in min)	1	2	3	4	5	6	7	8
$c_{H_2O_2}$ (in mol/m³)	580	480	397	321	245	198	150	124

Schätze die momentane Reaktionsgeschwindigkeit bei t = 4 und vergleiche damit die mittlere Reaktionsgeschwindigkeit im Intervall $1 \leqq t \leqq 8$.

Lösung: $v_r(4) \approx \dfrac{c(5) - c(3)}{5 - 3} = \dfrac{245 - 397}{2} = -76$

Die Einheit der Reaktionsgeschwindigkeiten ist $\dfrac{\text{mol}}{\text{m}^3\,\text{min}}$.

$$\bar{v}_r(1 \leqq t \leqq 8) = \frac{c(8) - c(1)}{8 - 1} = \frac{124 - 580}{7} \approx -65{,}1\,.$$

Die momentane Reaktionsgeschwindigkeit kann noch genauer abgeschätzt werden, wenn die Messreihe durch einen Funktionsgraphen approximiert wird (siehe Aufgabe 10, S. 116).

Bemerkung:

Ähnlich wie in diesen Beispielen wird in Anwendungsaufgaben an Stelle von $f(x) - f(x_0)$ bzw. $f(x_0 + h) - f(x_0)$ für die Differenz zweier y-Werte oft abgekürzt Δy geschrieben (vgl. Fußnote auf S. 10). Entsprechend setzt man $\Delta x = x - x_0$ für die Differenz der x-Werte. Dann lautet die Definition der Ableitung an der Stelle x_0:

$$f'(x_0) = \lim_{\Delta x \to 0} \frac{\Delta y}{\Delta x}$$

Wir werden diese auf Leibniz (vgl. 5.3.) zurückgehende Schreibweise, deren Nachteil es ist, dass im Differenzenquotienten die Stelle x_0 nicht mehr erkennbar ist, später nochmals aufgreifen (vgl. 4.3.3.).

Aufgaben

1. Gegeben ist die Funktion $f\colon x \mapsto x^2 - x$; $D_f = \mathbb{R}$.
Berechne den Differenzenquotienten bzgl. der Stelle $x_0 = 1$ und den zugehörigen Differenzialquotienten!

2. Bilde für die folgenden Funktionen $f\colon x \mapsto f(x)$; $x \in \mathbb{R}$ mit der „h-Methode" den Differenzenquotienten bzgl. der Stelle x_0 und berechne sodann die Ableitung $f'(x_0)$ durch Grenzübergang!

a) $f(x) = 2x + 3$; $x_0 = 3$
b) $f(x) = x^2 + 3$; $x_0 = 2$
c) $f(x) = (x + 1)^2$; $x_0 = -2$
d) $f(x) = 3 - (x - 2)^2$; $x_0 = 0$

3. Gegeben ist die Funktion $f\colon x \mapsto \frac{x}{1 - x}$; $D_f = [-3; 1[$. Berechne $f'(0)$!

4. Berechne für die Funktion $g\colon x \mapsto \frac{2}{x}$; $x \in \mathbb{R}^+$ die Ableitung $g'(3)$!

5. Betrachtet wird die Funktion $f\colon x \mapsto \frac{1}{x + 1}$; $D_f = \mathbb{R}_0^+$.
Ihr Graph lässt sich in den II. Quadranten hinein ohne Knick durch eine Halbgerade fortsetzen. Wie lautet die Gleichung dieser Halbgeraden?

6. Gegeben ist die Funktion f mit $f(x) = \begin{cases} \frac{|x|}{x} & \text{für } x \neq 0 \\ 0 & \text{für } x = 0 \end{cases}$

Skizziere den Graphen, bilde den Differenzenquotienten an der Stelle $x_0 = 0$, und entscheide, ob f an dieser Stelle differenzierbar ist!

7. Bilde für die Funktion f: $x \mapsto f(x)$; $D_f = \mathbb{R}$ den Differenzenquotienten bzgl. der Stelle $x_0 = 0$, und entscheide durch Bildung des rechts- und linksseitigen Grenzwertes des Differenzenquotienten, ob f an der Stelle $x_0 = 0$ differenzierbar ist. Skizziere den Graphen G_f in einer geeigneten Umgebung von $x_0 = 0$! (Symmetrieverhalten?)

a) $f(x) = |x|$ b) $f(x) = x^2 - |x|$ c) $f(x) = x \cdot |x|$

d) $f(x) = \sqrt{|x|}$ e) $f(x) = x \cdot \sqrt{|x|}$ f) $f(x) = x^2 \cdot |x|$

8. Die Bewegung eines Fahrzeuges erfolgt im Zeitintervall $0 \leqq t \leqq 60$ nach der Weg-Zeit-Funktion f: $t \mapsto d = \frac{5}{18}t^2$.
Die Maßzahlen der Zeit t und des Weges d beziehen sich auf die Einheiten 1 s bzw. 1 m, womit sich für die Größe des Zahlenfaktors die Einheit $1\ \text{m} \cdot \text{s}^{-2}$ ergibt.

a) Welche Momentangeschwindigkeit ergibt sich 30 s nach Beginn der Bewegung?

b) Welche Momentangeschwindigkeit hat das Fahrzeug zum Zeitpunkt $t = 60$?

c) In wie viel Sekunden wird das Fahrzeug auf die Geschwindigkeit $20\ \text{m} \cdot \text{s}^{-1}$ gebracht?

9. Entscheide durch Bildung des rechts- und linksseitigen Grenzwerts des Differenzenquotienten, ob f an der Stelle $x_0 = 1$ differenzierbar ist:

a) $f: x \mapsto \begin{cases} x^2 & \text{für } x \leqq 1 \\ x & \text{für } x > 1 \end{cases}$ b) $f: x \mapsto \begin{cases} x^2 & \text{für } x \leqq 1 \\ 2x - 1 & \text{für } x > 1 \end{cases}$

c) $f: x \mapsto \begin{cases} x^2 & \text{für } x \leqq 1 \\ 2x & \text{für } x > 1 \end{cases}$

10. Der zeitliche Verlauf der Wasserstoffperoxid-Zersetzung (siehe Beispiel S. 114) wurde im Zeitintervall der Messreihe durch folgende Funktion angenähert:

$$c(t) = 6t^2 - 120t + 700, \quad 1 \leqq t \leqq 8 \quad (t \text{ in min})$$

a) Übertrage die Messwerte des Beispiels und den Graphen der Funktion c (t) in dasselbe Koordinatensystem. Bestimme zeichnerisch die Steigung der Tangente an den Funktionsgraphen bei $t = 4$ und vergleiche das Ergebnis mit den Zahlenwerten des Beispiels.

b) Berechne die Ableitung der Funktion c (t) und daraus die momentane Reaktionsgeschwindigkeit bei $t = 4$.

3.2. Stetiges und unstetiges Funktionsverhalten

3.2.1. Stetigkeit einer Funktion an einer Stelle x_0

Wir untersuchen die Funktion

$$f_1: x \mapsto x^2 + x; \quad x \in \mathbb{R} \qquad \text{(Fig. 3.11)},$$

stellen ihr die bereits betrachtete Funktion

$$f_2: x \mapsto x^2 + |x|; \quad x \in \mathbb{R} \qquad \text{(Fig. 3.12)}$$

gegenüber und interessieren uns insbesondere für die jeweiligen Differenzenquotienten bzgl. der Stelle $x_0 = 0$, die wir mit $\varphi_1(x)$ und $\varphi_2(x)$ bezeichnen wollen (Fig. 3.13 bzw. Fig. 3.14).

f_1 ist an der Stelle $x_0 = 0$ *differenzierbar*, da der Differenzenquotient

$$\varphi_1(x) = \frac{x^2 + x}{x} = x + 1 \quad \text{für } x \neq 0$$

sowohl bei Annäherung von rechts als auch bei Annäherung von links an die Stelle 0 den Grenzwert 1 hat. $f_1(x)$ selbst nähert sich bei Annäherung von rechts und von links an die Stelle 0 immer mehr dem Wert 0, der auch der Funktionswert an dieser Stelle ist.

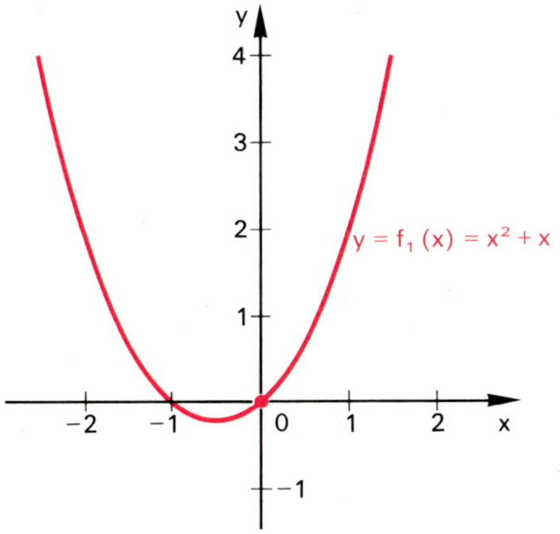

Fig. 3.11

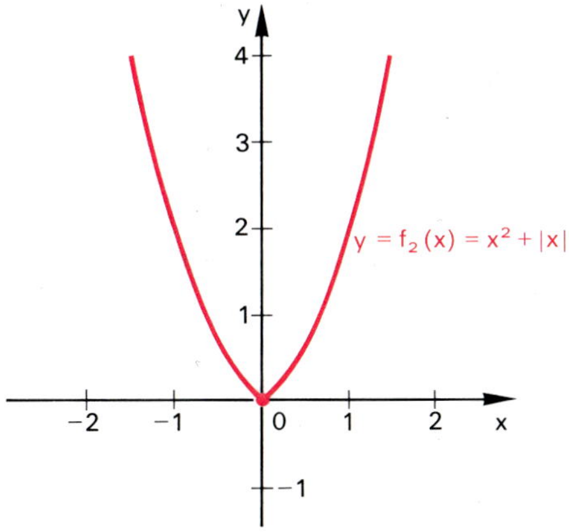

Fig. 3.12

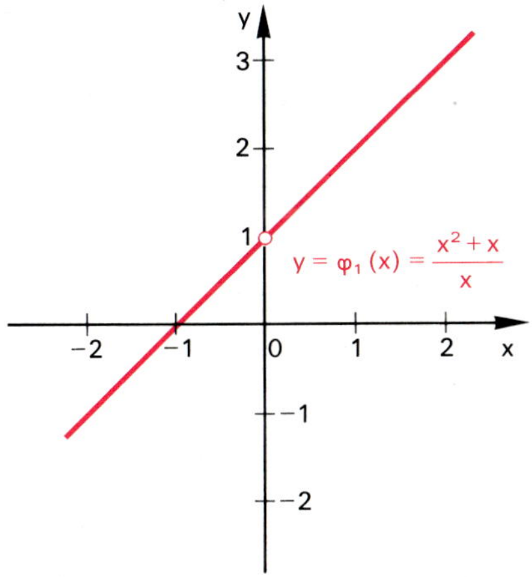

Fig. 3.13

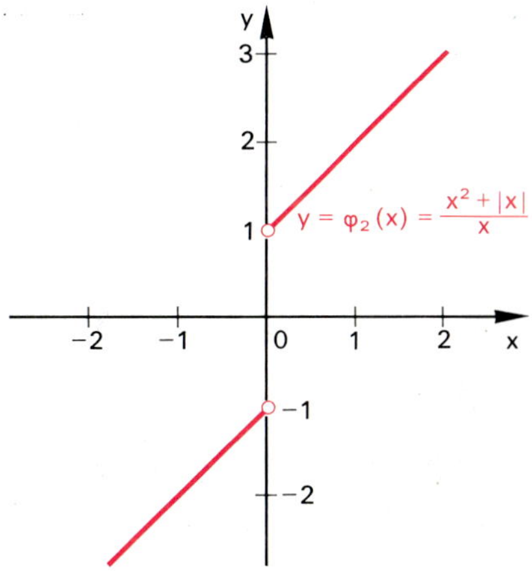

Fig. 3.14

Es gilt also:

$$\lim_{x \to 0+0} \varphi_1(x) = \lim_{x \to 0-0} \varphi_1(x) = f_1'(0) \quad \text{und}$$

$$\lim_{x \to 0+0} f_1(x) = \lim_{x \to 0-0} f_1(x) = f_1(0), \quad \text{also}$$

$$\lim_{x \to 0} f_1(x) = f_1(0).$$

Dagegen ist f_2 an der Stelle $x_0 = 0$ *nicht differenzierbar*, da der Differenzenquotient

$$\varphi_2(x) = \frac{x^2 + |x|}{x} = \begin{cases} x + 1 & \text{für } x > 0 \\ x - 1 & \text{für } x < 0 \end{cases}$$

bei Annäherung von rechts gegen den rechtsseitigen Grenzwert 1, bei Annäherung von links gegen den linksseitigen Grenzwert -1 konvergiert. Also ist

$$\lim_{x \to 0+0} \varphi_2(x) \neq \lim_{x \to 0-0} \varphi_2(x).$$

Die Funktion f_2 selbst hat aber trotzdem immer noch die Eigenschaft, dass bei Annäherung an $x_0 = 0$ (sowohl von rechts als auch von links) die Funktionswerte sich immer mehr dem Wert 0, dem Funktionswert an dieser Stelle, annähern. Es gilt also auch für die Funktion f_2:

$$\lim_{x \to 0+0} f_2(x) = \lim_{x \to 0-0} f_2(x) = f_2(0) \quad \text{und somit}$$

$$\lim_{x \to 0} f_2(x) = f_2(0).$$

Diese Eigenschaft der Funktionen f_1 und f_2, die sich anschaulich darin äußert, dass die zugehörigen Graphen an der Stelle x_0 „nicht abreißen", nennen wir *Stetigkeit* und vereinbaren dazu genauer folgende

Definition 3.5:

> Eine Funktion f heißt an einer Stelle x_0 im Inneren von D_f *stetig*, wenn
>
> $$\lim_{x \to x_0} f(x) = f(x_0).$$

In Verbindung mit der Grenzwertdefinition in 3.1.2. bedeutet dies, dass der Differenzbetrag $|f(x) - f(x_0)|$ jede noch so kleine positive Zahl unterschreiten muss, wenn man nur x genügend nahe bei x_0 wählt.

Beispiel: $f: x \mapsto x^2 + x; \quad x \in \mathbb{R}$

Hier gilt an der Stelle $x = 0$ für den Differenzbetrag

$|f(x) - f(0)| = |x(1 + x)| \to 0 \quad$ für $x \to 0$.

Also ist f an der Stelle 0 stetig.

Statt f(x) kann man natürlich wieder $f(x_0 + h)$ bilden und braucht dann für die Stetigkeit nur nachzuweisen, dass $\lim\limits_{h \to 0} (f(x_0 + h) - f(x_0)) = 0$ ist.

Damit können wir den Sachverhalt des 3. Beispiels, S. 107 und den von Aufgabe 3, S. 108 so formulieren:

(1) Die Wurzelfunktion $x \mapsto \sqrt{x}$ *ist stetig* für alle $x \in \mathbb{R}^+$
(2) Die Kosinusfunktion $x \mapsto \cos x$ *ist stetig* in ganz $\mathbb{R}$.

3.2.2. Unstetigkeit einer Funktion an einer Stelle x_0

Eine Funktion f heißt an der Stelle x_0 *unstetig*, wenn x_0 im Inneren von D_f liegt und f dort nicht stetig ist.

Bemerkung:
Die Funktionen $f_1\colon x \mapsto \frac{x}{x}$; $D_{f_1} = \mathbb{R} \setminus \{0\}$ und $f_2\colon x \mapsto \frac{1}{x}$; $D_{f_2} = \mathbb{R} \setminus \{0\}$ sind an der Stelle 0 nicht definiert, dort also weder stetig noch unstetig.

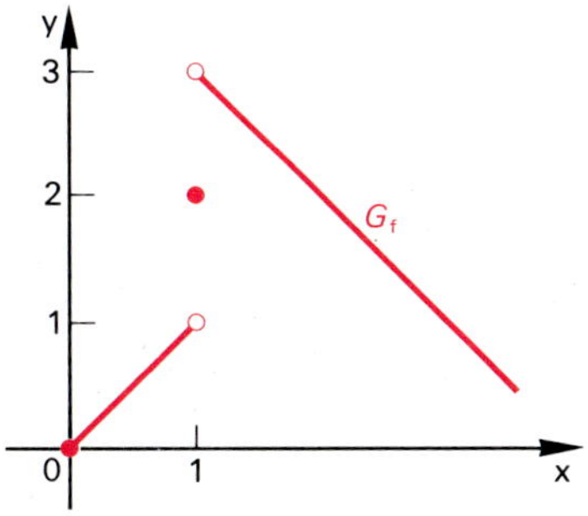

Fig. 3.15

1. Beispiel: f: $x \mapsto f(x)$ mit $x \in \mathbb{R}_0^+$ und

$$f(x) = \begin{cases} x & \text{für } 0 \leqq x < 1 \\ 2 & \text{für } x = 1 \\ 4 - x & \text{für } x > 1 \end{cases}$$

Die Funktion f ist an der Stelle 1 unstetig und hat dort eine *endliche Sprungstelle* (Fig. 3.15).

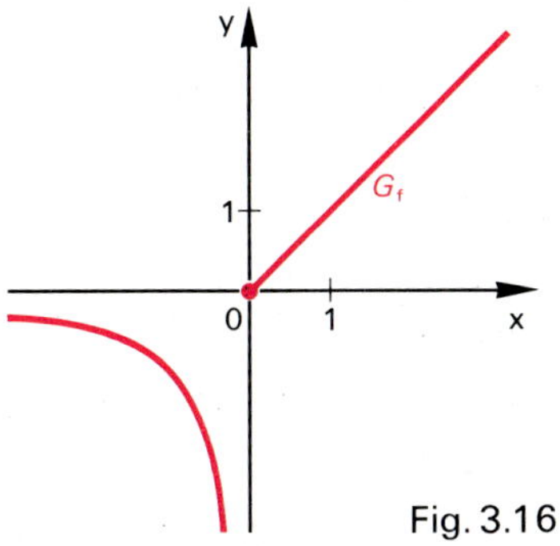

Fig. 3.16

2. Beispiel: f: $x \mapsto f(x)$ mit $x \in \mathbb{R}$ und

$$f(x) = \begin{cases} \frac{1}{x} & \text{für } x < 0 \\ x & \text{für } x \geqq 0 \end{cases}$$

f ist an der Stelle 0 unstetig und hat dort eine *unendliche Sprungstelle* (Fig. 3.16).

3. Beispiel: Die in 1.7.4. eingeführte Gauß'sche Klammerfunktion (INT) $x \mapsto [x]$ ist an jeder ganzzahligen Stelle unstetig, denn es gilt z. B. für $x_0 = 2$ und ein beliebiges h mit $0 < h < 1$: $[2 + h] = 2$, es ist also $\lim\limits_{h \to 0+0} [2 + h] = 2 = [2]$.

Für die Annäherung von links mit $-1 < h < 0$ gilt dagegen $[2 + h] = 1$, also $\lim\limits_{h \to 0-0} [2 + h] = 1 \neq [2]$ (vgl. Fig. 1.40).

Gelegentlich sagt man hier auch, die Funktion $x \mapsto [x]$ sei zwar an der Stelle 2 nicht stetig, aber immerhin *rechtsseitig* stetig.

Allgemein: Stimmt nur der rechtsseitige (linksseitige) Grenzwert mit dem Funktionswert an der betrachteten Stelle x_0 überein, so spricht man von *rechtsseitiger (linksseitiger) Stetigkeit* an dieser Stelle.

Beispiele aus Physik und Technik

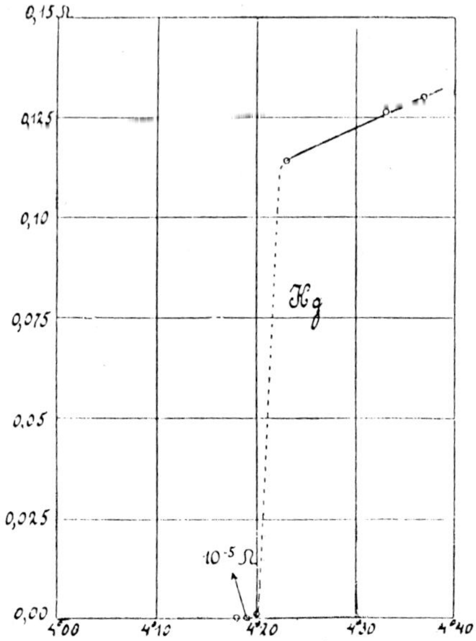

1911 wurde in den Niederlanden von Heike Kamerlingh Onnes (1853–1926) die elektrische Supraleitung entdeckt. Das nebenstehende Diagramm zeigt den elektrischen Widerstand einer Quecksilberprobe (in Ohm) als unstetige Funktion der absoluten Temperatur (in Kelvin), aus Kamerlingh Onnes' Originalveröffentlichung.

Im Text heißt es dazu:

Der Wert des verwendeten Quecksilberwiderstands betrug im flüssigen Zustand bei 0°C 172,7 Ohm; die Extrapolation vom Schmelzpunkt bis 0°C mit Hilfe des Temperaturkoeffizienten von festem Quecksilber liefert dort für den Festkörper einen entsprechenden Widerstand von 39,7 Ohm.
Bei 4,3K war dieser auf 0,084 Ohm gesunken, er betrug also das 0,0021fache des Widerstandes, den Quecksilber bei 0°C besitzen würde. Bei 3K war der Widerstand unter $3 \cdot 10^{-6}$ Ohm gefallen, d.h. bis zu einem Zehnmillionstel seines Wertes bei 0°C. Dieser Wert stellte die obere Grenze des Widerstandes dar, als die Temperatur weiter bis auf 1,5K sank.

Auch in der modernen Technik begegnen uns unstetige Funktionen. Beim Oszillographen und beim Fernseher soll der Elektronenstrahl gleichmäßig von links nach rechts laufen und dann plötzlich nach links zurückspringen. Man erreicht dies durch eine geeignete Kippspannung. Man kann die Zeitabhängigkeit der Spannung z. B. mit Hilfe der unstetigen Gauß'schen Klammerfunktion (vgl. 1.7.4.A und Aufgabe 6) darstellen.

Die Sprungstelle, also die Unstetigkeit, ist in den obigen Beispielen allerdings eine theoretische Idealisierung, die in diesen Experimenten nie ganz erreicht wird. Der Ausspruch „natura non facit saltus", d. h. „Die Natur macht keine Sprünge", konnte aber in der Quantenphysik tatsächlich widerlegt werden. Die Elektronenenergie und die Lichtenergie z. B. treten im atomaren Bereich in Quanten, also unstetig auf.

Aufgaben

1. Zeige die Stetigkeit der Funktion f an der angegebenen Stelle $x_0 \in \mathbb{R}$ durch den Nachweis, dass $\lim\limits_{h \to 0} [f(x_0 + h) - f(x_0)] = 0$ für

a) $f\colon x \mapsto \frac{x}{3} + 1, \quad x_0 = 3$ b) $f\colon x \mapsto 4x^2, \quad x_0 = 0$

c) $f\colon x \mapsto c, \quad x_0$ beliebig d) $f\colon x \mapsto |x|, \quad x_0 = 0$

2. Zeige die Stetigkeit der Funktion f an einer beliebigen Stelle $x_0 \in D_f$ für

a) $f\colon x \mapsto x^2; \quad D_f = \mathbb{R}$ b) $f\colon x \mapsto \frac{x+1}{x-1}; \quad D_f =]1; \infty[$

3. Untersuche die folgenden Funktionen auf Stetigkeit und Differenzierbarkeit an der jeweils angegebenen Stelle $x_0 \in D_f$:

a) $f\colon x \mapsto \begin{cases} x & \text{für } -1 \leqq x \leqq 1 \\ x^2 - x & \text{für } x > 1 \end{cases} \quad x_0 = 1$

b) $f\colon x \mapsto \begin{cases} x & \text{für } -\infty < x < 0 \\ 1 - x & \text{für } x \geqq 0 \end{cases} \quad x_0 = 0$

c) $f\colon x \mapsto \begin{cases} 1 + x^2 & \text{für } x \leqq -1 \\ 1 - x & \text{für } x > -1 \end{cases} \quad x_0 = -1$

d) $f\colon x \mapsto \begin{cases} x^3 - x^2 & \text{für } |x| < 2 \\ x^2 & \text{für } x \geqq 2 \end{cases} \quad x_0 = 2$

e) $f\colon x \mapsto \begin{cases} x^3 - x^2 & \text{für } x \leqq 0 \\ x^2 & \text{für } x > 0 \end{cases} \quad x_0 = 0$

4. Skizziere den Graphen der Funktion f und gib an, an welchen Stellen sie unstetig ist!

a) $f(x) = \begin{cases} |x| & \text{für } -2 \leqq x < 0 \\ x & \text{für } 0 \leqq x < 2 \\ x^2 & \text{für } 2 \leqq x \leqq 4 \end{cases}$ b) $f(x) = \begin{cases} \sqrt{1 + x^2} & \text{für } -2 \leqq x \leqq 0 \\ \sqrt{x + x^2} & \text{für } 0 < x < 1 \\ \sqrt{1 + x^2} & \text{für } 1 \leqq x \leqq 2 \end{cases}$

5. Ist die Funktion mit dem Funktionsterm

a) $\frac{x^2+1}{x-1}$ b) $\frac{x^2-1}{x-1}$ c) $\frac{x^2-1}{x+1}$

an der Stelle $x_0 = 1$ stetig oder unstetig oder keines von beiden? Gib die maximal mögliche Definitionsmenge an!

6. Skizziere folgende Graphen von Kippspannungen. Wo sind Unstetigkeitsstellen?

a) $x \mapsto \frac{x}{2} - \left[\frac{x}{2}\right]$ b) $x \mapsto \sin x \cdot \operatorname{sgn}(\cos x)$ (vgl. 1.7.4.B)

3.2.3. Stetig fortsetzbare Funktionen

In den Definitionen für die Stetigkeit und die Unstetigkeit ist ausdrücklich verlangt, dass die Stelle x_0 zur Definitionsmenge der Funktion gehört. Es gibt aber auch Funktionen, bei denen der Grenzwert für $x \to x_0$ existiert, ohne dass x_0

zur Definitionsmenge gehört. Besonders wichtige Beispiele hierfür sind durch Differenzenquotienten erzeugte Funktionen („Differenzenquotientenfunktionen"): Wir greifen die durch den Differenzenquotienten aus 3.2.1. definierte Funktion

$$\varphi_1 \colon x \mapsto \varphi_1(x) = \frac{x^2 + x}{x}; \quad x \in \mathbb{R} \setminus \{0\} \qquad \text{(Graph Fig. 3.13, S. 117)}$$

auf. Sie ist an der Stelle $x_0 = 0$ nicht definiert. Es hat daher keinen Sinn, bei ihr nach Stetigkeit oder Unstetigkeit an dieser Stelle zu fragen. Nun ist aber

$$\lim_{x \to 0} \varphi_1(x) = \lim_{x \to 0} (x + 1) = 1 .$$

Daher ist die Funktion

$$\bar{\varphi}_1 \colon x \mapsto \begin{cases} \varphi_1(x) & \text{für } x \neq 0 \\ 1 & \text{für } x = 0 \end{cases}$$

oder dazu gleichwertig

$$\bar{\varphi}_1 \colon x \mapsto x + 1, \quad x \in \mathbb{R}$$

stetig. Ihr Graph ist eine echte Obermenge des Graphen von φ_1. Fig. 3.13 kann man daher zu Fig. 3.17 ergänzen. Man nennt $\bar{\varphi}_1$ eine *stetige Fortsetzung von* φ_1 *an der Stelle* $x_0 = 0$. Allgemein gilt die

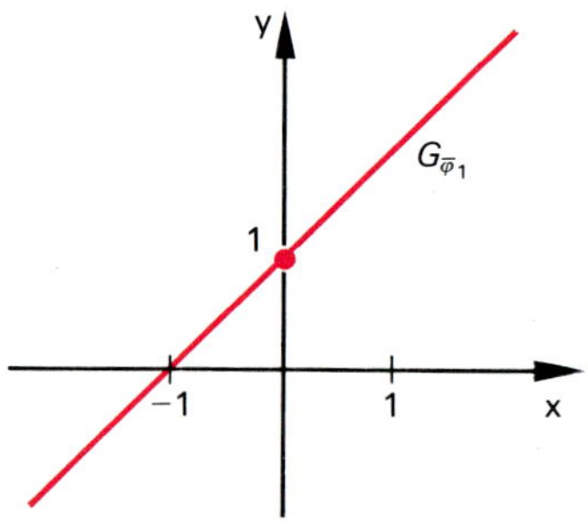

Fig. 3.17

Definition 3.6:

Ist die Funktion f beiderseits der Stelle x_0, nicht jedoch an der Stelle x_0 selbst definiert, so heißt f *an der Stelle* x_0 *stetig fortsetzbar*, wenn es eine Funktion $\bar{f}$ gibt, die in D_f mit f übereinstimmt und an der Stelle x_0 stetig ist.

Man kann dann $\bar{f}$ als abschnittsweise definierte Funktion schreiben mit

$$\bar{f}(x) = \begin{cases} f(x) & \text{für } x \in D_f \\ \lim\limits_{x \to x_0} f(x) & \text{für } x = x_0 \end{cases}$$

Beispiel: Die Funktion $g \colon x \mapsto \dfrac{x^3 - 7x + 6}{x^2 - 9}$ mit $D_g = \{x \mid |x| \neq 3\}$ ist an den nichtdefinierten Stellen auf stetige Fortsetzbarkeit zu untersuchen.

a) $x = 3$: Da der Zähler von $g(x)$ an der Stelle 3 von null verschieden ist, hat $g(x)$ keinen Grenzwert.

b) $x = -3$: Hier liegt eine Nullstelle des Zählers *und* Nenners von $g(x)$ vor. Das Grenzverhalten von $g(x)$ kann daher mit der h-Methode bestimmt werden.

$$g(-3+h) = \frac{(-3+h)^3 - 7(-3+h) + 6}{(-3+h)^2 - 9} = \frac{20h - 9h^2 + h^3}{-6h + h^2} = \frac{20 - 9h + h^2}{-6 + h}.$$

Daraus folgt: $\lim\limits_{x \to -3} g(x) = -\frac{10}{3}$.

Ergebnis: Die Funktion g ist für $x = -3$ stetig fortsetzbar und damit die Funktion $\bar{g}$ mit

$$\bar{g}: x \mapsto \begin{cases} \dfrac{x^3 - 7x + 6}{x^2 - 9} & x \in D_g \\ -\frac{10}{3} & x = -3 \end{cases}$$

für $x \neq 3$ stetig.

Bemerkungen:

1. Allgemein nennt man eine Funktion $\bar{f}$, deren Graph $G_{\bar{f}}$ eine Obermenge des Graphen G_f einer zweiten Funktion f ist, eine *Fortsetzung* von f.
   So ist z. B. die Funktion $\bar{f}: x \mapsto x^2$; $x \in \mathbb{R}$ eine Fortsetzung von $f: x \mapsto x^2$; $x \in \mathbb{R}^+$.
2. Das obige Beispiel zeigt: Die Bildung des Differenzialquotienten bedeutet die stetige Fortsetzung der durch den Differenzenquotienten bzgl. x_0 gegebenen Funktion an der Stelle x_0. Man kann also sagen:
   Eine Funktion f ist an der Stelle x_0 im Inneren von D_f genau dann differenzierbar, wenn die zugehörige „Differenzenquotientenfunktion":

   $$x \mapsto \frac{f(x) - f(x_0)}{x - x_0}; \quad x \in \mathbb{R} \setminus \{x_0\}$$

   an der Stelle x_0 stetig fortsetzbar ist.

Aufgaben

1. Die folgenden Funktionen haben die Definitionsmenge $D_f = \mathbb{R}_0^+ \setminus \{2\}$.
   Bilde eine stetige Fortsetzung g mit der Definitionsmenge $D_g = \mathbb{R}_0^+$.

   a) $f: x \mapsto \dfrac{2 - x}{8 - x^3}$ b) $f: x \mapsto \dfrac{x^2 - 5x + 6}{x^2 - 4}$ c) $f: x \mapsto \dfrac{x^3 - 2x^2 - 5x + 10}{x^2 + x - 6}$

2. Untersuche die folgenden Funktionen an den nichtdefinierten Stellen auf stetige Fortsetzbarkeit:

   a) $f: x \mapsto \dfrac{x^4 - 5x - 6}{x - 2}; \quad x \neq 2$ b) $g: x \mapsto \dfrac{3x - 7}{6x^2 - 11x - 7}; \quad D_g = D_{g(x)}$

3. Von der Funktion $f: x \mapsto f(x)$; $x \in \mathbb{R}$ ist zu entscheiden, ob sie an der Stelle $x_0 = 0$ differenzierbar ist. Skizziere den Graphen von f und der „Differenzenquotientenfunktion"

   $$\varphi: x \mapsto \frac{f(x) - f(x_0)}{x - x_0}; \quad x \in \mathbb{R} \setminus \{0\} \quad \text{bezüglich} \quad x_0 = 0.$$

   Was lässt sich über die stetige Fortsetzbarkeit von φ aussagen?

   a) $f(x) = x^2 - x$ b) $f(x) = x^2 - |x|$

4. Von der Funktion f weiß man, dass sie an der Stelle $x_0 = 1$ den Wert -1 hat. Bezüglich dieser Stelle ist der Differenzenquotient

$$\varphi(x) = \begin{cases} x & \text{für } x < 1 \\ 2 - x & \text{für } x > 1 \end{cases}$$

a) Entscheide, ob f an der Stelle $x_0 = 1$ differenzierbar ist und welchen Wert gegebenenfalls die Ableitung $f'(1)$ hat!

b) Wie lautet die Funktion f?

c) Zeichne den Graphen von f!

5. Gegeben ist die Funktion $f: x \mapsto f(x) = \dfrac{x^2 + 2x - 8}{(1 + x^2)(2 - x)}$; $D_f = D_{f(x)}$.

a) Bestimme die Definitionsmenge $D_{f(x)}$!

b) Prüfe, ob die Funktion:

$$\bar{f}: x \mapsto \begin{cases} f(x) & \text{für } x \neq 2 \\ -1 & \text{für } x = 2 \end{cases}$$

eine stetige Fortsetzung von f ist!

6. Die Funktion $g: x \mapsto \dfrac{x^2 + 2x - 35}{x - 5}$ ist für $x \neq 5$ definiert. Untersuche die Funktion $\bar{g}$ mit

$$\bar{g}: x \mapsto \begin{cases} \dfrac{x^2 + 2x - 35}{x - 5} & \text{für } x \neq 5 \\ 12 & \text{für } x = 5 \end{cases}$$

auf Stetigkeit und Differenzierbarkeit an der Stelle $x = 5$. Berechne gegebenenfalls $\bar{g}'(5)$!

7. Zeige, dass die Funktion

$$f: x \mapsto \begin{cases} x^2 + 2 & \text{für } 0 \leqq x \leqq 2 \\ 2x^2 - 4x + 6 & \text{für } x > 2 \end{cases}$$

an der Stelle $x = 2$ differenzierbar ist! Was ergibt $f'(2)$?

3.2.4. Zusammenhang zwischen Stetigkeit und Differenzierbarkeit

A. Die Funktion $f_2: x \mapsto x^2 + |x|; x \in \mathbb{R}$ (vgl. 3.2.1.) zeigt uns, dass es Funktionen gibt, die an einer Stelle x_0 stetig, aber dort nicht differenzierbar sind. Dagegen gilt

Satz 3.2:

Eine an einer Stelle x_0 differenzierbare Funktion ist dort stetig.

Beweis:

Soll der Differenzenquotient

$$\frac{f(x) - f(x_0)}{x - x_0}$$

für $x \to x_0$ gegen einen Grenzwert, nämlich $f'(x_0)$ konvergieren, so muss er genügend nahe bei x_0 zumindest beschränkt sein, also

$$\left|\frac{f(x) - f(x_0)}{x - x_0}\right| < M$$

für alle diese von x_0 verschiedenen x-Werte gelten. Daraus folgt aber

$$|f(x) - f(x_0)| < M \cdot |x - x_0|.$$

Für $x \to x_0$ geht die rechte Seite gegen null, also auch die (nichtnegative) linke Seite. Wir erhalten

$$\lim_{x \to x_0} f(x) = f(x_0),$$

das heißt: f ist stetig an der Stelle x_0.

Aus obigem Satz folgt sofort:

Ist eine Funktion an der Stelle x_0 unstetig, so ist sie dort auch nicht differenzierbar.

Beispiel: Gegeben ist die Signumfunktion

$$\text{sgn}: x \mapsto \text{sgn}\, x = \begin{cases} \dfrac{x}{|x|} & \text{für } x \neq 0 \\ 0 & \text{für } x = 0. \end{cases}$$

Der Term sgn x lässt sich in der Form schreiben:

$$\text{sgn}\, x = \begin{cases} 1 & \text{für } x > 0 \\ 0 & \text{für } x = 0 \\ -1 & \text{für } x < 0 \end{cases}$$

Es ist somit

$$\lim_{x \to 0+0} \text{sgn}\, x = 1 \text{ und}$$

$$\lim_{x \to 0-0} \text{sgn}\, x = -1.$$

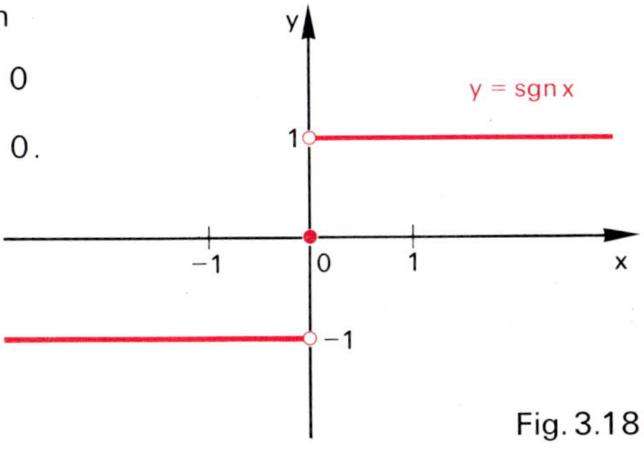

Fig. 3.18

Damit ist sgn nicht stetig an der Stelle $x_0 = 0$ und folglich dort auch nicht differenzierbar (Fig. 3.18).

Aufgaben

1. Sind folgende Funktionen $f: x \mapsto f(x)$ an der Stelle $x_0 = 0$ stetig bzw. differenzierbar?
   a) $f(x) = |x| + 1$ b) $f(x) = |x + 1|$ c) $f(x) = |x \cdot (x - 2)|$
   Skizziere jeweils den Graphen der Funktion!

2. Warum ist die Funktion $f: x \mapsto f(x)$ mit

$$f(x) = \begin{cases} 2x^2 \sin \dfrac{1}{x} & \text{für } x \neq 0 \\ 0 & \text{für } x = 0 \end{cases}$$

an der Stelle $x_0 = 0$ differenzierbar? Berechne $f'(0)$!

3. Der Term f(x) einer für alle $x \in \mathbb{R}$ definierten Funktion $f: x \mapsto f(x)$ genüge der Ungleichung

$$x - x^2 \leqq f(x) \leqq x + x^2.$$

a) Zeichne die Graphen der beiden Funktionen $f_1: x \mapsto x - x^2$ und $f_2: x \mapsto x + x^2$ im Intervall $[-2; 2]$! 1 LE ≙ 1,5 cm.

b) Was lässt sich über den Graphen der Funktion f aus der Ungleichung mit Hilfe von a) aussagen?

c) Welcher Wert ergibt sich für f(0)?

d) Zeige, dass f an der Stelle $x_0 = 0$ stetig ist!

e) Warum muss die Funktion f an der Stelle $x_0 = 0$ sogar differenzierbar sein? Welcher Wert ergibt sich für f'(0)?

4. Warum ist die Funktion $f: x \mapsto (x-1)^2$, $D_f = \mathbb{R}$ an *jeder* Stelle $x_0 \in \mathbb{R}$ differenzierbar? Was ergibt $f'(x_0)$? Für welches x_0 ist $f'(x_0) = -4$?

B. In der folgenden Tabelle sind (für x_0 im Innern von D_f) die wichtigsten Zusammenhänge zwischen den links- und rechtsseitigen Grenzwerten einer Funktion

$$f: x \mapsto f(x),$$

bzw. ihres Differenzenquotienten

$$\varphi(x) = \frac{f(x) - f(x_0)}{x - x_0}, \quad x \neq x_0,$$

bezüglich der Stetigkeit und der Differenzierbarkeit von f verdeutlicht. a, b und c vertreten dabei voneinander verschiedene Zahlen (Grenzwerte).

$\lim\limits_{x \to x_0 - 0} f(x)$	$f(x_0)$	$\lim\limits_{x \to x_0 + 0} f(x)$	Aussage zur Stetigkeit
a	a	a	f *stetig* an der Stelle x_0
a	nicht definiert	a	f *stetig fortsetzbar* an der Stelle x_0
a	a	b	f *unstetig* an der Stelle x_0, aber dort noch linksseitig stetig
a	b	b	f *unstetig* an der Stelle x_0, aber dort noch rechtsseitig stetig
a	b	c	f *unstetig* an der Stelle x_0
a	nicht definiert	b	keine Aussage möglich

$\lim\limits_{x \to x_0 - 0} \varphi(x)$	$\varphi(x_0)$	$\lim\limits_{x \to x_0 + 0} \varphi(x)$	Aussage zur Differenzierbarkeit
a	nicht definiert	a	f *differenzierbar* an der Stelle x_0; $f'(x_0) = a$
a	nicht definiert	b	f *nicht differenzierbar* an der Stelle x_0 „Halbtangente" existiert links mit der Steigung a „Halbtangente" existiert rechts mit der Steigung b Der Graph von f hat an der Stelle x_0 einen *Knick*
a	nicht definiert	existiert nicht	f *nicht differenzierbar* an der Stelle x_0 „Halbtangente" existiert links mit der Steigung a
existiert nicht	nicht definiert	b	f *nicht differenzierbar* an der Stelle x_0 „Halbtangente" existiert rechts mit der Steigung b

3.3. Folgerungen und Anwendungen

3.3.1. Lehrsätze

A. Wir wenden die Grenzwertregeln von Satz 3.1 auf zwei an der Stelle x_0 stetige Funktionen f und g an. Dann ist definitionsgemäß

$$\lim_{x \to x_0} f(x) = f(x_0) \quad \text{sowie} \quad \lim_{x \to x_0} g(x) = g(x_0)$$

und es ergibt sich der

Satz 3.3 (1. Verknüpfungssatz):

> Sind zwei Funktionen f und g an der Stelle x_0 stetig, so gilt dies auch für ihre Summe, ihre Differenz und ihr Produkt. Ebenso ist der Quotient $\frac{f}{g}$ an der Stelle x_0 stetig, falls $g(x_0) \neq 0$.

Aus diesem Verknüpfungssatz können wir für viele Funktionen leicht die Stetigkeit beweisen. Wir zeigen dies an einigen Beispielen. Dabei gehen wir aus von den in $\mathbb{R}$ definierten Funktionen

$f\colon x \mapsto a$ (konstante Funktion) mit festem $a \in \mathbb{R}$ und
$g\colon x \mapsto x$ (identische Funktion).

Für sie gilt unmittelbar nach Definition für beliebiges $x_0 \in \mathbb{R}$:

$$\lim_{x \to x_0} f(x) = f(x_0) \quad \text{und} \quad \lim_{x \to x_0} g(x) = g(x_0).$$

f und g sind also an jeder Stelle $x_0 \in \mathbb{R}$ stetig.

Mit f und g sind somit nach dem Verknüpfungssatz 3.3 beispielsweise die in $\mathbb{R}$ definierten Funktionen mit folgenden Zuordnungen für beliebiges $x_0 \in \mathbb{R}$ stetig:

$x \mapsto x + a$	$x \mapsto ax$	$x \mapsto ax + b$	$x \mapsto x^2$	
$x \mapsto ax^2$	$x \mapsto ax^2 + bx$	$x \mapsto ax^2 + bx + c$	$x \mapsto x^3$	usw.

Ebenso sind die in $\mathbb{R} \setminus \{0\}$ definierten Funktionen mit folgenden Zuordnungen an jeder Stelle $x_0 \neq 0$ stetig:

$x \mapsto \frac{1}{x}$	$x \mapsto \frac{a}{x}$	$x \mapsto \frac{1}{x^2}$	$x \mapsto \frac{a}{x^2}$	usw.

Letztendlich sind damit alle ganzrationalen Funktionen an jeder Stelle $x_0 \in \mathbb{R}$ und alle gebrochenrationalen Funktionen an jeder Stelle $x_0 \in \mathbb{R}$, für die der Nennerterm nicht null wird, stetig.

Für verkettete Funktionen gilt ganz entsprechend

Satz 3.4 (2. Verknüpfungssatz):

Ist g an der Stelle x_0 stetig und h an der Stelle $u_0 = g(x_0)$, so ist die Verkettungsfunktion $f(x) = h(g(x))$ an der Stelle x_0 ebenfalls stetig.

Begründung: Wegen der Stetigkeit von g wird nach 3.2.1. der Differenzbetrag $|g(x) - g(x_0)|$ beliebig klein, wenn man x nur genügend nahe bei x_0 wählt. Ist aber dieser Differenzbetrag zwischen $u = g(x)$ und $u_0 = g(x_0)$ seinerseits genügend klein, so kann wegen der Stetigkeit von h an der Stelle u_0 auch der Differenzbetrag $|h(u) - h(u_0)| = |h(g(x)) - h(g(x_0))|$ beliebig klein gemacht werden. Das bedeutet aber, dass f an der Stelle x_0 stetig ist.

Mit den Verknüpfungssätzen vereinfacht sich die Grenzwertberechnung erheblich: Ist die Funktion f nach den obigen Überlegungen als stetig erkannt, so berechnet man anstelle des Grenzwertes für $x \to x_0$ einfach den Funktionswert $f(x_0)$. Dazu folgende

Beispiele: a) $\lim_{x \to 2} (x^2 + 3x - 7) = ?$

Die in $\mathbb{R}$ definierte Funktion f: $x \mapsto x^2 + 3x - 7$ ist an der Stelle $x_0 = 2$ stetig. Es gilt:

$$\lim_{x \to 2} (x^2 + 3x - 7) = 2^2 + 3 \cdot 2 - 7 = 3$$

b) $\lim\limits_{x \to -1} \frac{x^2 - 7x + 4}{x^2 + 2x + 3} = \frac{1 + 7 + 4}{1 - 2 + 3} = 6$

c) Der Term $f(x) = \frac{x^3 - 1}{x - 1}$ ist in $\mathbb{R} \setminus \{1\}$ äquivalent mit $f(x) = x^2 + x + 1$. Daher gilt:

$$\lim_{x \to 1} \frac{x^3 - 1}{x - 1} = \lim_{x \to 1} (x^2 + x + 1) = 1^2 + 1 + 1 = 3$$

d) $\lim\limits_{x \to 2} (x^3 + 2)^2 = (2^3 + 2)^2 = 100$

Natürlich hätte sich durch Ausquadrieren des Funktionsterms der gleiche Wert ergeben.

e) $\lim\limits_{x \to 1} \sqrt{x^2 + x + 2} = \sqrt{1 + 1 + 2} = 2$

B. Wir können mit unseren Rechenregeln für Grenzwerte auch Aussagen über die Ableitung von Funktionen gewinnen. Wir betrachten zwei an der Stelle x_0 differenzierbare Funktionen f und g. Die Differenzenquotienten bzgl. der Stelle x_0 wollen wir $\varphi(x)$ und $\psi(x)$ nennen. Dann gilt nach der Definition der Ableitung:

$$\lim_{x \to x_0} \varphi(x) = f'(x_0) \quad \text{und} \quad \lim_{x \to x_0} \psi(x) = g'(x_0)$$

Wir betrachten nun die Summen- bzw. Differenzfunktion $h = f \pm g$. Für ihren Differenzenquotienten gilt:

$$\begin{aligned} \frac{h(x) - h(x_0)}{x - x_0} &= \frac{[f(x) \pm g(x)] - [f(x_0) \pm g(x_0)]}{x - x_0} \\ &= \frac{f(x) - f(x_0)}{x - x_0} \pm \frac{g(x) - g(x_0)}{x - x_0} \\ &= \varphi(x) \pm \psi(x). \end{aligned}$$

Wenden wir die Rechenregeln für Grenzwerte auf $\varphi(x)$ und $\psi(x)$ an, so erhalten wir sofort:

$$\lim_{x \to x_0} \frac{h(x) - h(x_0)}{x - x_0} = \lim_{x \to x_0} \varphi(x) \pm \lim_{x \to x_0} \psi(x) = f'(x_0) \pm g'(x_0)$$

Dies ergibt den folgenden

Satz 3.5:[1]

Sind die Funktionen f und g an der Stelle x_0 differenzierbar, so trifft dies auch für ihre Summen- und ihre Differenzfunktion zu, und es gilt:

$$h(x) = f(x) \pm g(x) \Rightarrow h'(x_0) = f'(x_0) \pm g'(x_0)$$

[1] Für die Produkt- und Quotientenfunktion sind die Zusammenhänge nicht so einfach, da beispielsweise zu $f(x) \cdot g(x)$, wie man leicht überprüft, der Differenzenquotient *nicht* $\varphi(x) \cdot \psi(x)$ ist.

Beispiel: Die Funktion f: $x \mapsto x^2$; $x \in \mathbb{R}$ hat an der Stelle $x_0 = 1$ die Ableitung $f'(1) = 2$.
Die Funktion g: $x \mapsto -2x$; $x \in \mathbb{R}$ hat an der gleichen Stelle die Ableitung $g'(1) = -2$.
Dann muss die Funktion h: $x \mapsto x^2 - 2x$; $x \in \mathbb{R}$ an der Stelle $x_0 = 1$ die Ableitung $h'(1) = f'(1) + g'(1) = 2 + (-2) = 0$ haben. Zeichne den Graphen von h und deute das Ergebnis geometrisch!

Aufgaben

1. Beweise möglichst einfach die Stetigkeit der in $\mathbb{R}$ definierten Funktionen f an einer beliebigen Stelle $x_0 \in \mathbb{R}$:
a) f: $x \mapsto x^3 - 2x + 10$ b) f: $x \mapsto \frac{2x}{x^2+1}$ c) f: $x \mapsto \frac{x^2 - x - 12}{x^2 - 6x + 10}$

2. Berechne folgende Grenzwerte:
a) $\lim\limits_{x \to 2} (x^3 + 2x - 7x)$ b) $\lim\limits_{x \to 1} \frac{x^2 - 6x + 5}{x^2 + 2x - 3}$ c) $\lim\limits_{x \to a} \frac{(x-a)^3}{x^3 - a^3}$
d) $\lim\limits_{x \to a} \frac{x^4 - a^4}{x - a}$ e) $\lim\limits_{x \to 3} \frac{2x^2 - 6x}{x^2 + x - 12}$ f) $\lim\limits_{x \to 2{,}5} \frac{5 - 2x}{2x^2 - 3x - 5}$
g) $\lim\limits_{x \to 1} (x^3 + x^2 - x + 1)^2$ h) $\lim\limits_{x \to 2} \sqrt{x^3 + 1}$ i) $\lim\limits_{x \to -1} \sqrt{\frac{x^2 + 6x + 5}{x + 1}}$

3. Zeige, dass die Funktion f: $x \mapsto x^3$; $x \in \mathbb{R}$ an der Stelle $x_0 = 1$ die Ableitung 3 hat! Was lässt sich dann über die Ableitung der Funktion h: $x \mapsto x^3 - 3x$; $x \in \mathbb{R}$ an der Stelle $x_0 = 1$ aussagen? Skizziere den Graphen von h (Nullstellen!) und deute das Ergebnis geometrisch!

3.3.2. Die Ableitung der Sinusfunktion im Ursprung

Nachdem wir bisher nur bei einigen rationalen Funktionen die Ableitung an einer Stelle x_0 ermittelt haben, versuchen wir nun, ob uns das auch bei einer trigonometrischen Funktion gelingt.

Als ein für später wichtiges Beispiel untersuchen wir die Ableitung der Funktion

$$f: x \mapsto \sin x; \quad x \in \mathbb{R}$$

an der Stelle $x_0 = 0$. Dabei geben wir hier, wie schon aus 1.7.2. bekannt, das Argument von trigonometrischen Funktionen stets im Bogenmaß an. Der von früher geläufige Graph der Sinusfunktion (Fig. 3.19) lässt vermuten, dass man sehr wohl von einer Steigung

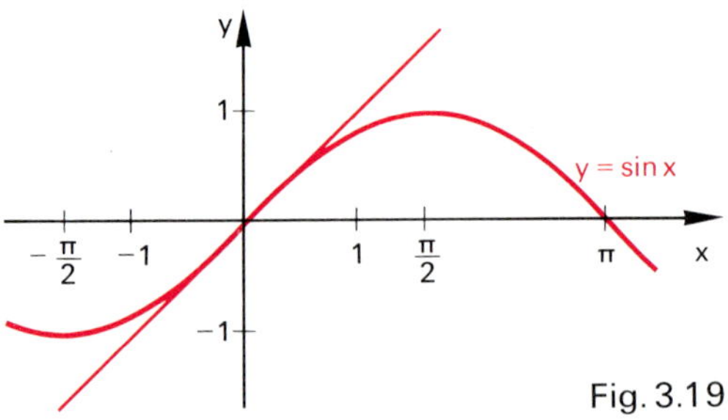

Fig. 3.19

im Ursprung sprechen kann, dass also die Funktion dort differenzierbar sein müsste. Wir bilden den Differenzenquotienten bezüglich der Stelle 0 und erhalten:

$$\varphi(x) = \frac{\sin x - \sin 0}{x - 0} = \frac{\sin x}{x} \quad \text{mit } x \in \mathbb{R} \setminus \{0\}.$$

Unsere Aufgabe besteht nun darin, den Grenzwert $\lim\limits_{x \to 0} \frac{\sin x}{x}$ zu finden.

Mit einem Taschenrechner können wir folgende Wertetabelle erstellen:

x	± 1	$\pm 0{,}1$	$\pm 0{,}01$	$\pm 0{,}001$
$\frac{\sin x}{x}$	0,841	0,998	0,99998	0,9999998

Wir vermuten daher, dass der gesuchte Grenzwert 1 ist.

Zum Beweis schätzen wir $\frac{\sin x}{x}$ durch Schrankenfunktionen ab, die sich auf Grund eines einfachen Flächenvergleichs am Einheitskreis (Fig. 3.20 mit $\overline{MT} = 1$) ergeben. Wie man unmittelbar sieht, gilt für die Flächenmaßzahlen A des Dreiecks MTR, des Sektors MTR und des Dreiecks MTS für $0 < x < \frac{1}{2}\pi$:

$$A_{\Delta MTR} < A_{\text{Sektor } MTR} < A_{\Delta MTS}$$

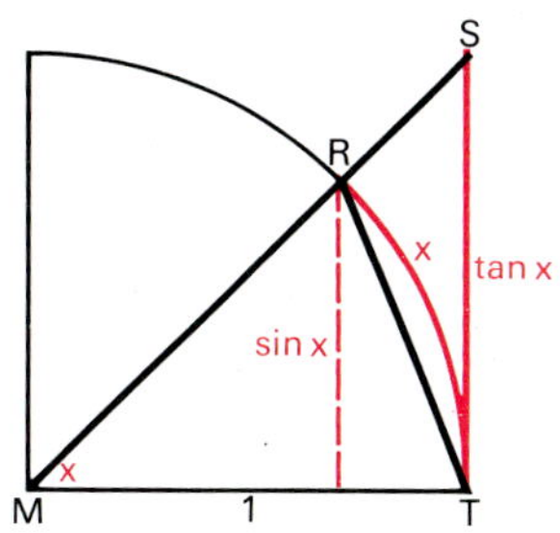

Fig. 3.20

x ist das Bogenmaß von $\sphericalangle TMR$, $x \cdot \overline{MT} = x \cdot 1 = x$, also auch die Länge des Bogens $\widehat{TR}$.

Mit Benutzung der entsprechenden Flächenformeln ist

$$A_{\Delta MTR} = \tfrac{1}{2} \cdot \overline{MT} \cdot \sin x = \tfrac{1}{2} \cdot 1 \cdot \sin x = \tfrac{1}{2} \sin x,$$

$$A_{\text{Sektor } MTR} = \overline{MT}^2 \cdot \pi \cdot \frac{x}{2\pi} = 1^2 \cdot \pi \cdot \frac{x}{2\pi} = \tfrac{1}{2} x,$$

$$A_{\Delta MTS} = \tfrac{1}{2} \cdot \overline{MT} \cdot \overline{TS} = \tfrac{1}{2} \cdot 1 \cdot \tan x = \tfrac{1}{2} \tan x.$$

Damit geht die obige Doppelungleichung über in $\frac{1}{2}\sin x < \frac{1}{2}x < \frac{1}{2}\tan x$. Daraus ergibt sich nach Division durch die für $0 < x < \frac{1}{2}\pi$ positive Zahl $\frac{1}{2}\sin x$:

$$1 < \frac{x}{\sin x} < \frac{1}{\cos x}.$$

Weiter folgt durch Kehrwertbildung:

$$1 > \frac{\sin x}{x} > \cos x \qquad (\text{vgl. } 0.2.3.\text{A.}(4))$$

Für $x \to 0 + 0$ (Annäherung von rechts) geht $\cos x$ gegen 1. Damit ist (Abschätzung durch eine Schrankenfunktion!) $\lim\limits_{x \to 0+0} \frac{\sin x}{x} = 1$.

Wegen $\frac{\sin(-x)}{-x} = \frac{-\sin x}{-x} = \frac{\sin x}{x}$ ist auch $\lim\limits_{x \to 0-0} \frac{\sin x}{x} = 1$.

Damit folgt die wichtige Grenzwertregel:

$$\boxed{\lim_{x \to 0} \frac{\sin x}{x} = 1} \qquad \left(\text{und: } \lim_{x \to 0} \frac{x}{\sin x} = 1\right)$$

Die Ableitung der Funktion f: $x \mapsto \sin x$ an der Stelle 0 hat also den Wert 1. Die Tangente an die Sinuskurve im Ursprung ist folglich unter 45° gegen die x-Achse geneigt, weil $\tan 45° = 1$ ist.

Zusatz: Da mit $x \to 0$ auch $kx \to 0$ geht, gilt allgemein

$$\boxed{\lim_{x \to 0} \frac{\sin kx}{kx} = 1}$$

Beispiel: $\lim\limits_{x \to 0} \frac{\sin 3x}{2x} = ?$

Lösung: Eine leichte Umformung des Terms ergibt $\frac{\sin 3x}{2x} = \frac{3}{2} \cdot \frac{\sin 3x}{3x}$,

und somit ist $\lim\limits_{x \to 0} \frac{\sin 3x}{2x} = \lim\limits_{x \to 0} \frac{3}{2} \cdot \lim\limits_{x \to 0} \frac{\sin 3x}{3x} = 1{,}5 \cdot 1 = 1{,}5$

Frage: Welchen Wert hat $\lim\limits_{x \to 0} \frac{2x}{\sin 3x}$?

Aufgaben

1. Berechne für die Funktion φ: $x \mapsto \varphi(x)$ die Funktionswerte an den Stellen $x = 1;\ -1;\ 0{,}8;\ -0{,}8;\ 0{,}4;\ -0{,}4;\ 0{,}2;\ -0{,}2;\ 0{,}1;\ -0{,}1;\ 0{,}05;\ -0{,}05$, und zeichne den Graphen G_φ im Bereich $0 < |x| \leqq 1$:

   a) $\varphi(x) = \frac{\sin x}{x}$ b) $\varphi(x) = \frac{\tan x}{x}$

2. Berechne folgende Grenzwerte:

   a) $\lim\limits_{x \to 0} \frac{\sin 2x}{4x}$ b) $\lim\limits_{x \to 0} \frac{\sin 2x}{\frac{1}{2}x}$ c) $\lim\limits_{x \to 0} \frac{bx}{\sin ax}$, $(a, b \neq 0)$

   d) $\lim\limits_{x \to 0} \frac{\tan x}{\sin x}$ e) $\lim\limits_{x \to 0} \frac{\sin x}{x - 2\sin x}$ f) $\lim\limits_{x \to 0} \frac{1 - \cos 2x}{x^2}$

3. Skizziere die Graphen der folgenden trigonometrischen Funktionen für $-\frac{1}{2}\pi < x < \frac{1}{2}\pi$, und berechne jeweils den Neigungswinkel der Tangente im Ursprung auf 0,01° genau:

   a) f: $x \mapsto \sin 2x$ b) f: $x \mapsto \sin \frac{1}{2}x$ c) f: $x \mapsto \tan x$

4. Globale Aussagen über Funktionen

4.1. Stetigkeit in einem Intervall

4.1.1. Definition

Wir haben bisher nur danach gefragt, ob eine Funktion f an einer bestimmten Stelle $x_0 \in D_f$ stetig bzw. differenzierbar ist. Wir untersuchen nun *globale*[1] Eigenschaften von Funktionen. Dazu erweitern wir unsere Untersuchungen zunächst für die Stetigkeit durch folgende naheliegende

Definition 4.1:

> Die Funktion $f\colon x \mapsto f(x)$ heißt *im offenen Intervall* $]a; b[\subseteqq D_f$ *stetig*, wenn sie an allen Stellen $x \in]a; b[$ stetig ist.
> Sie heißt *im abgeschlossenen Intervall* $[a; b] \subseteqq D_f$ *stetig*, wenn sie in $]a; b[$ stetig ist und an der Stelle a bzw. b der rechts- bzw. linksseitige Grenzwert mit dem Funktionswert übereinstimmt.
> Sie heißt *stetig in* D_f, wenn sie in jedem offenen und in jedem abgeschlossenen Teilintervall von D_f stetig ist.

Der Graph einer in einem Intervall J definierten und dort stetigen Funktion kann keine Sprungstellen haben. Man wird daher erwarten, dass er in einem Zug, ohne den Bleistift abzusetzen, gezeichnet werden kann. Dies trifft für die normalerweise vorkommenden stetigen Funktionen auch zu. Man kann jedoch Funktionen definieren, die noch stetig sind, deren Graph sich aber nicht mehr zeichnen lässt.

Aufgaben

1. In welchen Bereichen ist die Funktion $f\colon x \mapsto f(x)$ stetig? (Begründungen!)

   a) $f(x) = |x|$ b) $f(x) = \frac{1}{x}$ c) $f(x) = \frac{1}{|x|}$ d) $f(x) = \frac{1}{x^2 - 3x + 2}$ e) $f(x) = \frac{1}{x^3 + x}$

2. Beweise möglichst einfach die Stetigkeit von f in $J = [-2; 2]$!

   a) $f\colon x \mapsto x^3 - 2x + 10$ b) $f\colon x \mapsto \frac{2x}{x^2 + 1}$ c) $f\colon x \mapsto \frac{3x - 2}{x^2 - x - 12}$

   Hinweis: Definition 4.1 und 1. Verknüpfungssatz 3.3.

3. Untersuche die folgenden abschnittsweise definierten Funktionen auf (globale) Stetigkeit:

   a) $f\colon x \mapsto \begin{cases} 1 - 2x & \text{für }]-\infty; 2] \\ x^2 - 4x + 1 & \text{für }]2; \infty[\end{cases}$ b) $f\colon x \mapsto \begin{cases} (x-1)^2 & \text{für }]-\infty; 3[\\ 11 - x^2 & \text{für } [3; \infty[\end{cases}$

[1] *global*, weltumspannend. Im mathematischen Sinn einen ganzen Bereich umfassend. Gegensatz: *lokal*, auf eine bestimmte Stelle bezogen.

4.1.2. Eigenschaften intervallweise stetiger Funktionen

Funktionen, die in einem Intervall stetig sind, haben dort weitere „angenehme" Eigenschaften. Wir formulieren diese als Sätze, von denen später häufig Gebrauch gemacht wird. Sie sind anschaulich einleuchtend, ihre Beweise relativ schwierig.
Neben der Definition der Stetigkeit muss dabei auch die Vollständigkeit der Menge $\mathbb{R}$ der reellen Zahlen (vgl. 0.2.4.) benutzt werden.

Satz 4.1 (Extremwertsatz):

Eine in einem abgeschlossenen Intervall $J = [a; b]$ stetige Funktion f ist in J beschränkt und nimmt darin einen größten und einen kleinsten Funktionswert an (*Maximum* bzw. *Minimum*).

Auf den Beweis verzichten wir, machen uns jedoch klar, dass es bei diesem Satz neben der Stetigkeit von f auch auf die Abgeschlossenheit des Intervalls ankommt:

Beispiel: Die Funktion f: $x \mapsto \frac{1}{x}$ ist in $J =]0; 2[$ stetig, aber nicht beschränkt (Fig. 4.1). Das Infimum (größte untere Schranke, siehe 1.4.3.) der Funktion ist der linksseitige Grenzwert $\lim\limits_{x \to 2-0} f(x) = \frac{1}{2}$. Dieser Wert wird aber von der Funktion in J nicht mehr angenommen, da auch das rechte Intervallende 2 nicht zu J gehört. Die Funktion f nimmt also in J kein Minimum an.

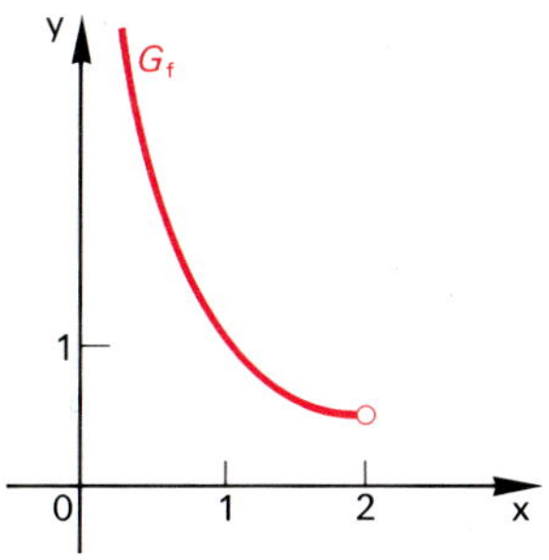

Fig. 4.1

Zusatz zu 4.1: Wird das Maximum bzw. Minimum am Rand von J angenommen, so spricht man von einem *Randmaximum* bzw. *Randminimum*.

Ein weiterer Satz über intervallweise stetige Funktionen ist der

Satz 4.2 (Zwischenwertsatz):

Ist f eine im abgeschlossenen Intervall $J = [a; b]$ stetige Funktion, so gibt es zu jedem Wert y_0 zwischen f(a) und f(b) mindestens eine Stelle $x_0 \in J$ mit $f(x_0) = y_0$.

Geometrisch bedeutet der Zwischenwertsatz: Gilt $f(a) < y_0 < f(b)$, so schneidet die Gerade mit der Gleichung $y = y_0$ den Graphen G_f in mindestens einem Punkt (Fig. 4.2).

Für Funktionen mit einer Unstetigkeitsstelle braucht es einen derartigen x-Wert nicht zu geben. Wählt man z. B. für die in $J = D_f = [1; 3]$ definierte Funktion

$$f: x \mapsto \begin{cases} 1 & \text{für } 1 \leqq x < 2 \\ 2 & \text{für } 2 \leqq x \leqq 3 \end{cases}$$

als Zwischenwert $y_0 = 1{,}5$, so gibt es keine Stelle $x_0 \in J$ mit $f(x_0) = 1{,}5$. (Fig. 4.3)

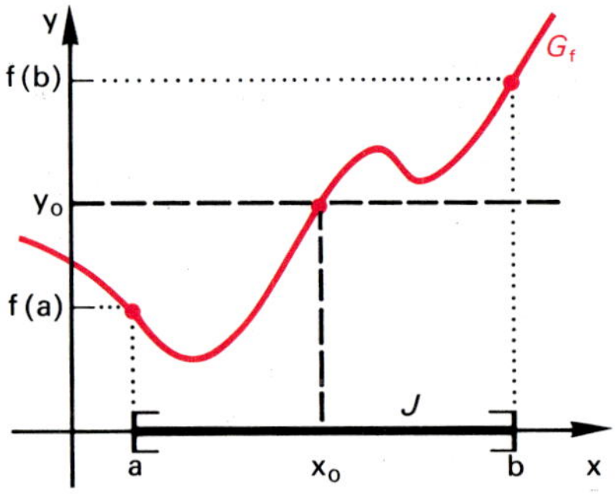

Fig. 4.2

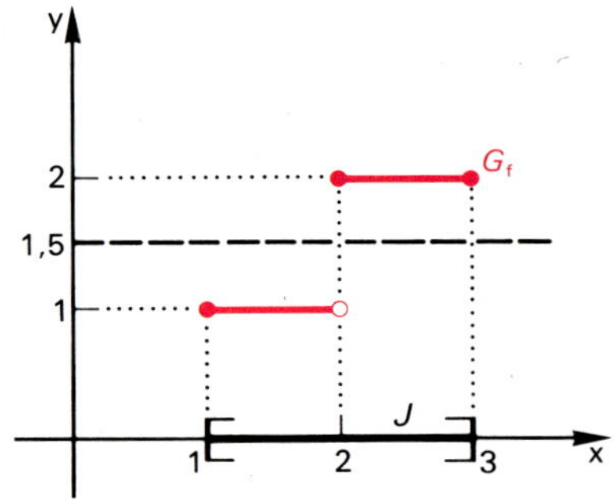

Fig. 4.3

Für $f(a) < 0$, $f(b) > 0$ oder umgekehrt und $y_0 = 0$ erhält man als wichtigen Sonderfall des Zwischenwertsatzes den

Satz 4.3 (Nullstellensatz):

> Ist f eine in $J = [a; b]$ stetige Funktion, deren Funktionswerte an den Rändern a und b verschiedene Vorzeichen haben, so gibt es in J mindestens eine Nullstelle von f.

Geometrisch bedeutet dies: Haben f (a) und f (b) verschiedene Vorzeichen, so schneidet G_f die x-Achse in mindestens einem Punkt mit der Abszisse $x_0 \in]a; b[$. (Fig. 4.4)

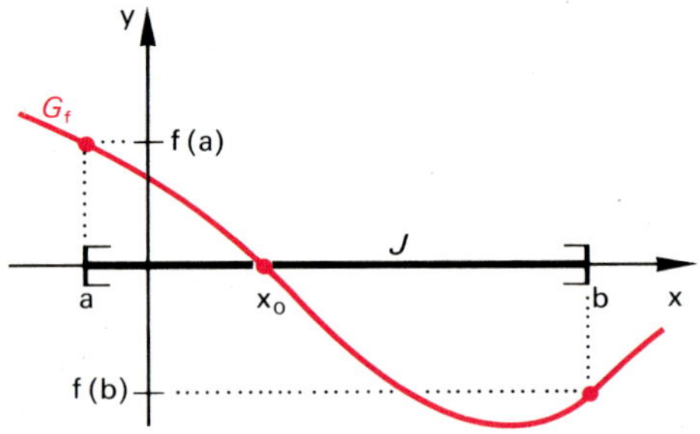

Fig. 4.4

Beispiel: Bei $f: x \mapsto x^3 - 4x + 1;\ x \in \mathbb{R}$ findet man durch Einsetzen $f(0) = 1$ und $f(1) = -2$. Da f in [0; 1] stetig ist, muss nach

dem Nullstellensatz zwischen 0 und 1 mindestens eine Nullstelle der Funktion liegen.[1]
Zu ihrer genaueren Bestimmung kann man den Funktionswert in der Intervallmitte, also $f(0{,}5) = -0{,}875$, berechnen und aus seinem Vorzeichen schließen, dass im Intervall $[0; 0{,}5]$ eine Nullstelle liegen muss.
In den „Ergänzungen und Ausblicken" im Anschluss an diesen Abschnitt wird ein Computerprogramm vorgestellt, das durch Wiederholung dieser Intervallhalbierungsmethode eine Nullstelle mit vorgegebener Genauigkeit berechnet.

Aufgaben

1. Für die Funktion $f\colon x \mapsto x^2 + 2$ trifft bezüglich des Intervalls $[-1; 2]$ die Aussage des Extremwertsatzes zu. Warum? Gib das Maximum und das Minimum an!

2. Für die Funktion $f\colon x \mapsto \frac{1}{x-1}$ trifft bezüglich des Intervalls $]-4; 1[$ die Aussage des Extremwertsatzes nicht zu. Warum?

3. Vorgelegt ist die abschnittsweise definierte Funktion $f\colon x \mapsto f(x)$ mit
$$f(x) = \begin{cases} -x^2 - 2x & \text{für } x \in [-2; -1[\\ 1 & \text{für } x \in [-1; 1] \\ x^2 - 2x + 2 & \text{für } x \in]1; 2]. \end{cases}$$
Ist auf f für das Intervall $[-2; 2]$ der Zwischenwertsatz anwendbar? Erläuterung am Graphen!

4. a) Keine Funktion der Schar $f_c\colon x \mapsto x^n + c$; $x \in \mathbb{R}$ mit $c > 0$ hat eine Nullstelle, wenn n geradzahlig ist. Warum?
   b) Gib die Menge jener natürlichen Zahlen n an, für die $f_a\colon x \mapsto x^n - a$; $x \in \mathbb{R} \wedge a > 0$ genau zwei Nullstellen hat!

5. Hat f in $[-1; 2]$ eine Nullstelle? (Benütze den Nullstellensatz!)
   a) $f\colon x \mapsto -x^3 + 4x + 1$; $D_f = \mathbb{R}$
   b) $f\colon x \mapsto x^2 - 2$; $D_f = \mathbb{R}$
   c) $f\colon x \mapsto 1 - 2x^2 + 5x$; $D_f = \mathbb{R}$
   d) $f\colon x \mapsto x^3 + \frac{1}{8}$; $D_f = \mathbb{R}$
   e) $f\colon x \mapsto \frac{|x|}{x}$; $D_f = \mathbb{R} \setminus \{0\}$
   f) $f\colon x \mapsto |x - 1|$; $D_f = \mathbb{R}$

6. Gegeben ist die Funktion $f\colon x \mapsto x^3 + 2x^2 - x - 1$; $D_f = [-3; 3]$.
Zwischen welchen benachbarten ganzzahligen Werten von x liegen Nullstellen?

7. Ein Bergsteiger beginnt morgens um 9 Uhr den Aufstieg auf einen Berg. Er übernachtet in einer Hütte und beginnt am nächsten Tag, wieder um 9 Uhr, den Abstieg über die gleiche Route. Gibt es einen Punkt an dieser Route, an dem er beim Aufstieg zur gleichen Tageszeit vorbeikommt wie beim Abstieg?

---
[1] Mit Hilfe der Ableitung werden wir später zeigen können, dass in $[0; 1]$ *genau eine* Nullstelle von f liegt.

Ergänzungen und Ausblicke

Ermittlung einer Nullstelle mit dem Computer

Für das Beispiel zum Nullstellensatz (S. 136) soll nun das Programm erstellt werden, das die Nullstellen der Funktion

$f: x \mapsto x^3 - 4x + 1; \quad x \in \mathbb{R}$

mit vorgegebener Genauigkeit zu ermitteln erlaubt. Wir verwenden dabei, dass die beiden Funktionswerte $f(a)$ und $f(b)$ verschiedene Vorzeichen haben, wenn $f(a) \cdot f(b) < 0$ gilt.

Wie bereits erwähnt, berechnen wir in der Mitte $m = \frac{a+b}{2}$ des Intervalls $[a; b]$ den Funktionswert $f(m)$.

Ist dann $f(a) \cdot f(m) \leq 0$, so wird m die neue rechte, sonst die neue linke Intervallgrenze.

Dies wird so lange fortgesetzt, bis $|f(m)|$ kleiner als eine vorgegebene Genauigkeit ε ist. Dann wird m als Näherungswert für die Nullstelle ausgegeben.

Struktogramm:

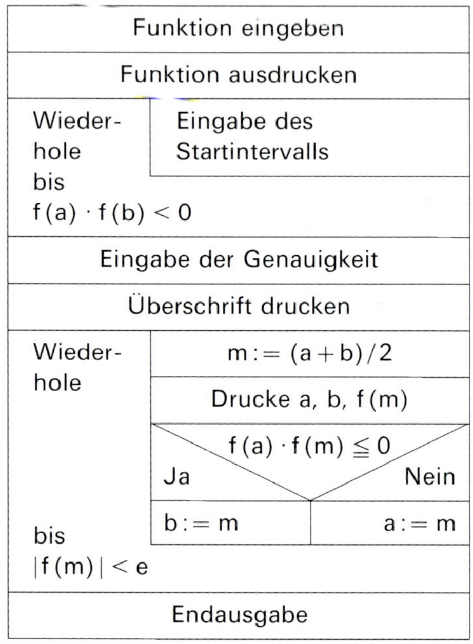


```
PROGRAM Nullstellenbestimmung;
VAR a,b,m,e: Real;
FUNCTION f(x: Real): Real;
  BEGIN f:=x*(x*x-4)+1; END;
BEGIN
  Writeln('Funktion f(x) = x^3 - 4x^2 + 1');
  REPEAT
    Write('Startintervall: '); Readln(a, b);
  UNTIL f(a)*f(b)<0;
  Write('Genauigkeit epsilon: '); Readln(e);
  Writeln('     Intervallgrenzen      Mitte m');
  Writeln('     links        rechts      f(m)');
  REPEAT
    m:=(a+b)/2;
    Writeln(a:12:7,b:12:7,f(m):12:7);
    IF f(a)*f(m)<=0 THEN b:=m
                    ELSE a:=m;
  UNTIL Abs(f(m))<e;
  Writeln('Näherung der Nullstelle m = ',m:10:7);
END.
```

Der von der Wahl einer speziellen Programmiersprache unabhängige Aufbau des Programms kann durch ein „Struktogramm" veranschaulicht werden (siehe links oben).
Das Programmlisting (links unten) zeigt eine konkrete Umsetzung des Struktogramms in die Programmiersprache PASCAL.
Nebenstehend ist der Ergebnisausdruck beim Programmlauf abgebildet.
Die Funktion f hat zwei weitere Nullstellen. Versuche sie durch andere Startwerte in einem entsprechenden Programm zu finden!

Ergebnisausdruck:

```
Funktion f(x) = x^3 - 4x^2 + 1
Startintervall: 0 1
Genauigkeit epsilon: 0.0001
         Intervallgrenzen          Mitte m
         links         rechts        f(m)
     0.0000000     1.0000000    -0.8750000
     0.0000000     0.5000000     0.0156250
     0.2500000     0.5000000    -0.4472656
     0.2500000     0.3750000     0.2194824
     0.2500000     0.3125000    -0.1027527
     0.2500000     0.2812500    -0.0437584
     0.2500000     0.2656250    -0.0141139
     0.2500000     0.2578125     0.0007439
     0.2539063     0.2578125    -0.0066879
     0.2539063     0.2558594     0.0029727
     0.2539063     0.2548828    -0.0011146
     0.2539063     0.2543945     0.0001854
     0.2539063     0.2541504    -0.0002793
     0.2540283     0.2541504    -0.0000469
Näherung der Nullstelle m = 0.2540894
```

4.2. Differenzierbarkeit in einem Intervall

4.2.1. Definitionen

Im 2. Beispiel von Abschnitt 3.1.3.A. ergab sich als Ableitung der Funktion f: $x \mapsto x^2$; $x \in \mathbb{R}$ an der Stelle x_0 der Term $f'(x_0) = 2x_0$.
Dies gilt für jedes $x_0 \in \mathbb{R}$, da keine zusätzlichen Bedingungen an x_0 geknüpft wurden. Die Funktion f: $x \mapsto x^2$ ist demnach für jedes x_0 der Definitionsmenge $D_f = \mathbb{R}$ differenzierbar. Man sagt dafür auch, f sei in D_f differenzierbar. Allgemein gilt die

Definition 4.2:

Eine Funktion f: $x \mapsto f(x)$ heißt *im offenen Intervall* $]a; b[\subseteq D_f$ *differenzierbar,* wenn sie an jeder Stelle $x_0 \in]a; b[$ differenzierbar ist.
Sie heißt *im abgeschlossenen Intervall* $[a; b] \subseteq D_f$ *differenzierbar,* wenn sie in $]a; b[$ differenzierbar ist und die Differenzenquotienten bzgl. a einen rechtsseitigen und bzgl. b einen linksseitigen Grenzwert haben.

An den Intervallgrenzen a bzw. b gibt es dann eine rechts- bzw. linksseitige Ableitung. An die Stelle der Tangente tritt dort eine „Halbtangente".[1]

Beispiel: f: $x \mapsto x^2 - 1$; $D_f = [1; \infty[$; (Fig. 4.5)
Wie lautet die Gleichung der Halbtangente im Punkt $P_0(1; 0)$ des Graphen G_f?

Lösung: Für jedes $x \in]1; \infty[$ lautet der Differenzenquotient bzgl. der Stelle 1:

$$\frac{f(x) - f(1)}{x - 1} = \frac{x^2 - 1 - 0}{x - 1} = x + 1 .$$

Für $x \to 1 + 0$ ergibt sich für den Graphen die Steigung

$$\lim_{x \to 1+0} (x + 1) = 2 .$$

Die Gleichung der Halbtangente in P_0 ist also $y = 2x - 2$ mit der Einschränkung $x \geqq 1$.

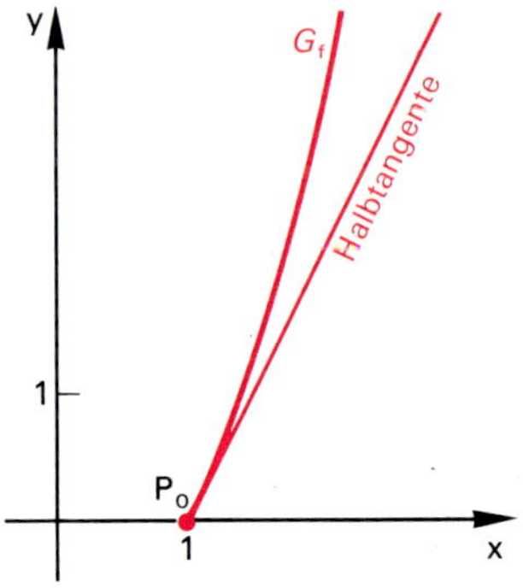

Fig. 4.5

Zum Nachweis der Differenzierbarkeit einer Funktion f im offenen Intervall J genügt es, die Differenzierbarkeit für beliebiges $x_0 \in J$ aufzuzeigen.

Die Menge aller x-Werte aus der Definitionsmenge einer Funktion f, für die f differenzierbar ist, heißt *Differenzierbarkeitsmenge* oder *Differenzierbarkeitsbereich* $D_{f'}$ der Funktion f.

Definition 4.3:

Die zu einer Funktion f im Differenzierbarkeitsbereich definierte Funktion f': $x \mapsto f'(x)$; $x \in D_{f'}$ heißt *Ableitungsfunktion* von f.

Ist f' Ableitungsfunktion von f, dann heißt f *Stammfunktion* von f'.

Soweit Missverständnisse ausgeschlossen sind, werden wir zur Vereinfachung der Sprechweise statt Ableitungsfunktion auch kurz Ableitung sagen, obwohl zwischen der Ableitung an der Stelle x_0 als einer reellen Zahl und der Ableitung als einer neuen Funktion begrifflich zu unterscheiden ist.

4.2.2. Physikalische Interpretation

Gemäß dem ersten besprochenen Beispiel in 3.1.4. kennen wir bereits eine praktische Bedeutung der Ableitungsfunktion:
Beschreibt eine Funktion f einen Bewegungsablauf, so beschreibt die Ableitungsfunktion f' die Geschwindigkeit zu jedem Zeitpunkt. Im Auto zeigt der Ki-

[1] Siehe auch Tabelle S. 104.

lometerzähler somit den jeweiligen Wert der Funktion f und der Tachometer den jeweiligen Wert der Funktion f' an.

4.2.3. Die Ableitung einiger Grundfunktionen

Bisher haben wir die Ableitung mit Hilfe eines Grenzprozesses ermittelt. Bei komplizierteren Funktionen sind hierbei zum Teil umfangreiche Rechnungen erforderlich. Um diese zu vermeiden, wollen wir jetzt allgemeine Regeln zur Bestimmung der Ableitungsfunktionen gewisser differenzierbarer Grundfunktionen aufstellen. Das Verfahren wird als *Differenziation* oder auch als *Differenzieren* bezeichnet.

Wir gehen dabei nach der „h-Methode" vor. Wir ersetzen x_0 durch x und erhalten:

$$f'(x) = \lim_{h \to 0} \frac{f(x+h) - f(x)}{h}$$

A. Differenziation der konstanten Funktion f: $x \mapsto c$; $x \in \mathbb{R}$

(1) $f(x) = c$

(2) $f(x+h) = c$

(3) $\dfrac{f(x+h) - f(x)}{h} = \dfrac{c - c}{h} = 0$,

also $f'(x) = \lim\limits_{h \to 0} 0 = 0$

Regel: $f(x) = c \Rightarrow f'(x) = 0$

Geometrische Deutung: G_f ist eine Parallele zur x-Achse. Ihre Steigung ist null.

B. Differenziation der identischen Funktion f: $x \mapsto x$; $x \in \mathbb{R}$

(1) $f(x) = x$

(2) $f(x+h) = x + h$

(3) $\dfrac{f(x+h) - f(x)}{h} = \dfrac{(x+h) - x}{h} = 1$,

also $f'(x) = \lim\limits_{h \to 0} 1 = 1$

Regel: $f(x) = x \Rightarrow f'(x) = 1$

Geometrische Deutung: G_f ist die Winkelhalbierende des I. und III. Quadranten. Ihre Steigung ist 1, der Neigungswinkel 45°.

C. Differenziation der quadratischen Normalfunktion f: $x \mapsto x^2$; $x \in \mathbb{R}$

(1) $f(x) = x^2$

(2) $f(x+h) = (x+h)^2$

(3) $\frac{f(x+h) - f(x)}{h} = \frac{(x+h)^2 - x^2}{h} = \frac{x^2 + 2xh + h^2 - x^2}{h} = 2x + h,$

also $f'(x) = \lim_{h \to 0} (2x + h) = 2x$

Regel: $f(x) = x^2 \Rightarrow f'(x) = 2x$

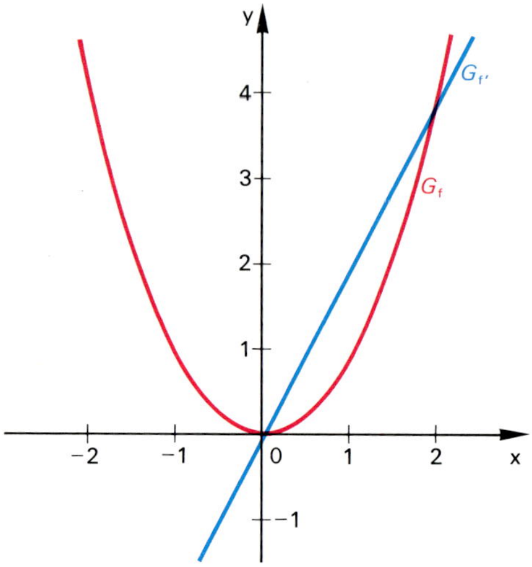

Fig. 4.6

Geometrische Deutung: G_f ist die (nach oben geöffnete) Normalparabel. Sie hat für $x > 0$ positive, für $x < 0$ negative Steigung und im Ursprung die Steigung 0, also die x-Achse als Tangente.

In Fig. 4.6 sind die Graphen von f und f′ in ein und dasselbe Koordinatensystem eingezeichnet.
Wie erhält man grafisch die Steigung in irgendeinem Punkt der Parabel?

D. Differenziation der kubischen Normalfunktion f: $x \mapsto x^3$; $x \in \mathbb{R}$

(1) $f(x) = x^3$

(2) $f(x+h) = (x+h)^3$

(3) $\frac{f(x+h) - f(x)}{h} = \frac{(x+h)^3 - x^3}{h} =$

$= \frac{x^3 + 3x^2h + 3xh^2 + h^3 - x^3}{h} =$

$= 3x^2 + 3xh + h^2,$

also $f'(x) = \lim_{h \to 0} (3x^2 + 3xh + h^2) = 3x^2$

Regel: $f(x) = x^3 \Rightarrow f'(x) = 3x^2$

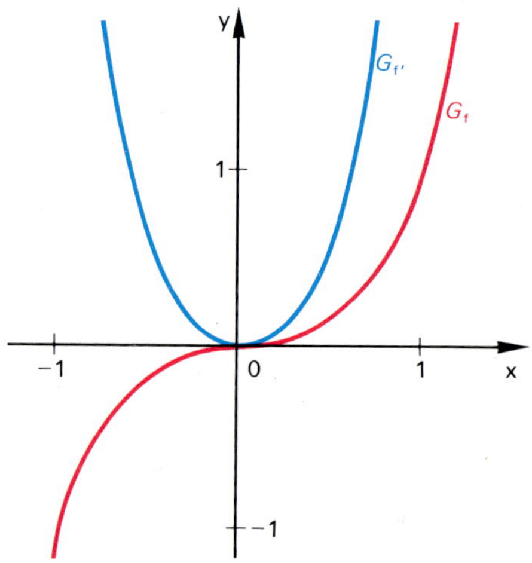

Fig. 4.7

Geometrische Deutung: Die kubische Parabel mit der Gleichung $y = x^3$ hat im Ursprung die x-Achse als Tangente und für alle $x \neq 0$ wegen $3x^2 > 0$ positive Steigung. (Fig. 4.7)

E. Differenziation der Wurzelfunktion f: $x \mapsto \sqrt{x}$; $x \in \mathbb{R}_0^+$

(1) $f(x) = \sqrt{x}$

(2) $f(x+h) = \sqrt{x+h}$

(3) $\frac{f(x+h) - f(x)}{h} = \frac{\sqrt{x+h} - \sqrt{x}}{h} =$

$= \frac{(\sqrt{x+h} - \sqrt{x})(\sqrt{x+h} + \sqrt{x})}{h(\sqrt{x+h} + \sqrt{x})} =$

$= \frac{x+h-x}{h(\sqrt{x+h} + \sqrt{x})} = \frac{1}{\sqrt{x+h} + \sqrt{x}}$,

also $f'(x) = \lim_{h \to 0} \frac{1}{\sqrt{x+h} + \sqrt{x}} = \frac{1}{2\sqrt{x}}$

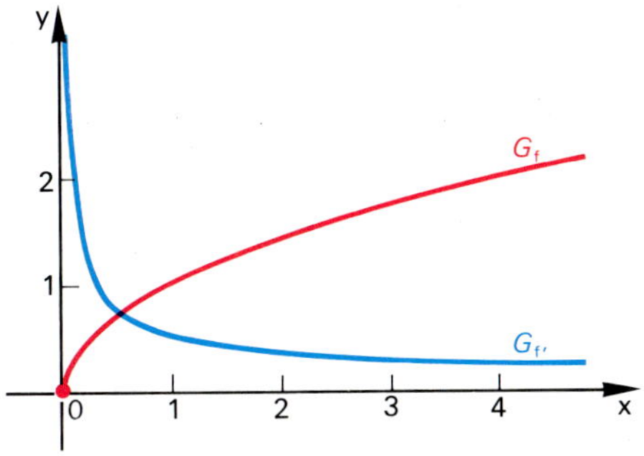

Fig. 4.8

Regel: $f(x) = \sqrt{x} \Rightarrow f'(x) = \frac{1}{2\sqrt{x}}$ mit $x > 0$

Beachte: Der Definitionsbereich von f' ist $\mathbb{R}^+$, also ein Teilbereich von D_f. (Fig. 4.8)

F. Differenziation der reziproken Funktion f: $x \mapsto \frac{1}{x}$; $x \in \mathbb{R} \setminus \{0\}$

(1) $f(x) = \frac{1}{x}$

(2) $f(x+h) = \frac{1}{x+h}$

(3) $\frac{f(x+h) - f(x)}{h} = \frac{\frac{1}{x+h} - \frac{1}{x}}{h} =$

$= \frac{x-x-h}{hx(x+h)} = -\frac{1}{x(x+h)}$,

also $f'(x) = \lim_{h \to 0} \left(-\frac{1}{x(x+h)}\right) = -\frac{1}{x^2}$

Regel: $f(x) = \frac{1}{x} \Rightarrow f'(x) = -\frac{1}{x^2}$
mit $x \neq 0$

Beachte und erläutere Fig. 4.9!

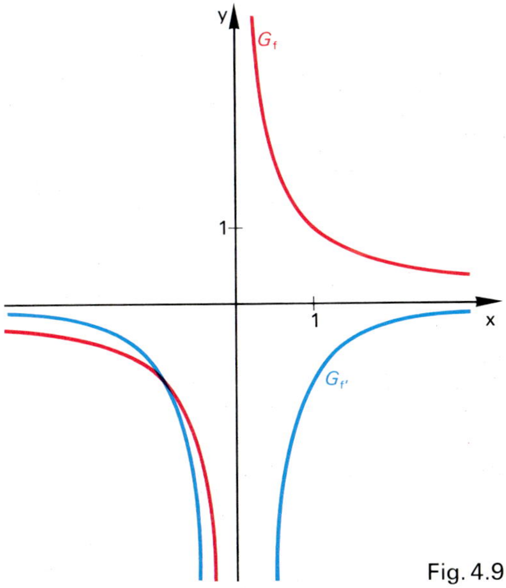

Fig. 4.9

G. Differenziation der Funktionen $f\colon x \mapsto \sin x$; $x \in \mathbb{R}$ und $g\colon x \mapsto \cos x$; $x \in \mathbb{R}$

(1) $f(x) = \sin x$

(2) $f(x+h) = \sin(x+h)$

(3) $\dfrac{f(x+h) - f(x)}{h} =$

$$= \frac{\sin(x+h) - \sin x}{h} \underset{1}{=} \frac{2 \cdot \cos \frac{2x+h}{2} \cdot \sin \frac{h}{2}}{h} \underset{2}{=} \cos \frac{2x+h}{2} \cdot \frac{\sin \frac{h}{2}}{\frac{h}{2}}.$$

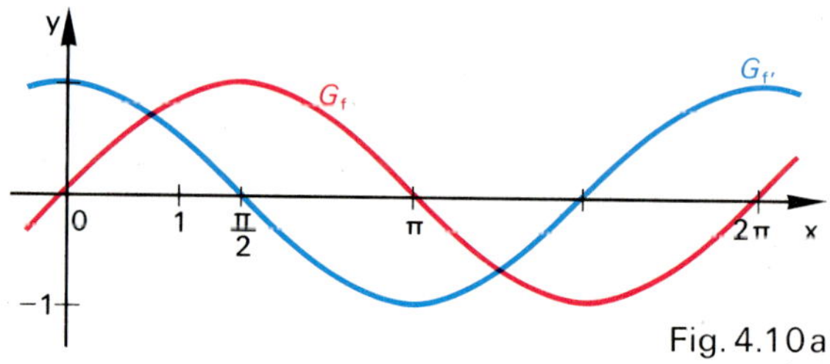

Fig. 4.10a

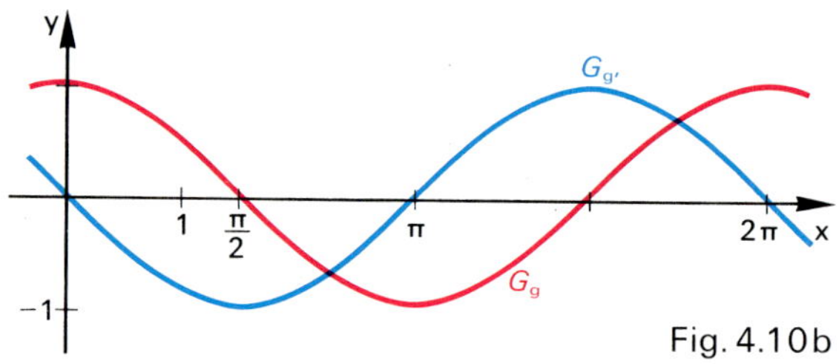

Fig. 4.10b

Dann ist nach den Grenzwertregeln:

$$f'(x) = \lim_{h \to 0} \cos \frac{2x+h}{2} \cdot \lim_{h \to 0} \frac{\sin \frac{h}{2}}{\frac{h}{2}}$$

Der erste Limes hat den Wert $\cos x$, der zweite nach 3.3.2. (Zusatz) den Wert 1. $f'(x)$ hat also den Wert $\cos x$.

Regel: $f(x) = \sin x \Rightarrow f'(x) = \cos x$

Mit der Differenzierbarkeit ist, wegen Satz 3.2, S. 124, auch die Stetigkeit der Sinusfunktion in $\mathbb{R}$ nachgewiesen.

Eine analoge Rechnung wie oben ergibt die

Regel: $g(x) = \cos x \Rightarrow g'(x) = -\sin x$

Erläutere Fig. 4.10a und 4.10b und beachte Aufgabe 14!

[1] In der Formel $\sin\alpha - \sin\beta = 2\cos\frac{1}{2}(\alpha+\beta)\sin\frac{1}{2}(\alpha-\beta)$ wurde $\alpha = x + h$ und $\beta = x$ gesetzt.

[2] Im zweiten Faktor wurde die Zahl 2 des Zählers als $\frac{1}{2}$ in den Nenner genommen.

Aufgaben

Bei den folgenden Aufgaben sind ohne Grenzbetrachtungen die gewonnenen Differenziationsregeln formal anzuwenden.

1. Für die Parabel: $y = x^2$ soll jeweils der Neigungswinkel der Tangente in den folgenden Kurvenpunkten auf $0{,}01°$ genau berechnet werden:

   a) $P(1; ?)$ b) $Q(3; ?)$ c) $R(-1; ?)$ d) $S(-2{,}5; ?)$

2. Es wird die Parabel mit der Gleichung $y = x^2$ betrachtet. Berechne die Abszissen jener Kurvenpunkte auf 1 Dez. genau, für welche der Neigungswinkel der Tangente

   a) $45°$ b) $21{,}8°$ c) $-67°24'$ beträgt!

3. Wie lautet die Gleichung der Tangente an die Parabel $y = x^2$, die

   a) parallel ist zur Geraden g: $y - 4x = 0$,

   b) auf der Geraden h: $x - 2y + 4 = 0$ senkrecht steht?

4. Vom Punkt $A(0; -2\frac{1}{4})$ sind die Tangenten an die Parabel $y = x^2$ zu legen. Wie lauten ihre Gleichungen?

   Anleitung: Führe die Abszisse u des Berührpunktes B als Unbekannte ein und stelle die Gleichung der Tangente in B auf. Beachte, dass die Koordinaten von A diese Gleichung erfüllen müssen.

5. Auf dem Graphen G_f der Funktion f: $x \mapsto x^2$; $x \in [-3; 3]$ soll derjenige Kurvenpunkt bestimmt werden, dessen Tangente parallel ist zur Sekante PQ mit $P(0; 0)$ und $Q(3; 9)$. Man beweise alsdann für beliebige $a, b \in \mathbb{R}$:

   Die Sekante durch die Punkte $P(a; ?)$ und $Q(b; ?)$ von G_f ist parallel zur Tangente durch $T(\frac{1}{2}(a + b); ?)$.

   Wie kann man mit Hilfe dieses Ergebnisses in einem beliebigen Punkt von G_f die Tangente konstruieren?

6. Wie lautet die Gleichung der „Halbtangente" an den Graphen der Funktion f: $x \mapsto x^3$; $x \in [-1; \infty[$ im Punkt $P(-1; -1)$? Welche Flächenmaßzahl hat das Dreieck, das die Halbtangente mit den Koordinatenachsen bildet? (Skizze)

7. Wo schneidet die Tangente t im Punkt $P(1; ?)$ des Graphen der Funktion f: $x \mapsto x^3$ diesen zum zweiten Mal?

   Anleitung: Es ergibt sich eine Gleichung dritten Grades, von der eine doppelte Lösung, nämlich $x = 1$, bekannt ist, die sich also auf die Form $(x - 1)^2 (x - x_s) = 0$ bringen lässt. x_s erhält man durch Gleichsetzen der Terme in beiden Formen und Einsetzen eines beliebigen x-Wertes, z. B. $x = 0$.

8. Für den Graphen der Funktion f: $x \mapsto \sqrt{x}$; $x \in \mathbb{R}_0^+$ ist zu bestimmen:

   a) der Neigungswinkel der Tangente im Punkt $P(\frac{3}{4}; ?)$;

   b) die Abszisse jenes Kurvenpunktes Q, für den die Tangente unter $60°$ gegen die x-Achse geneigt ist.

9. Der Graph der Funktion f: $x \mapsto \sqrt{x}$; $x \in \mathbb{R}^+$ schneidet die Winkelhalbierende des 1. Quadranten im Punkt A. In diesem Punkt wird die Tangente t an den Graphen G_f gezeichnet. Sie schneidet die negative x-Achse im Punkt B. Zeige: Die Fläche des Dreiecks BOA wird von der y-Achse halbiert.

10. In welchen Punkten der Kurve mit der Gleichung $y = \frac{1}{x}$ sind die Tangenten parallel zur Geraden g: $4x + y = 0$?

11. Im Schnittpunkt der beiden Kurven mit den Gleichungen $y = \frac{1}{x}$ und $y = \sqrt{x}$ sind die Tangenten t_1 und t_2 zu konstruieren. Welchen Flächeninhalt hat das Dreieck, das t_1 und t_2 mit der x-Achse bilden?

12. Berechne den Neigungswinkel der Tangente der „Sinuslinie" mit der Gleichung $y = \sin x$ in folgenden Punkten auf 0,01° genau:
a) P (0,5; ?) b) Q (1; ?) c) R (1,5; ?) d) S (5,5; ?)

13. Für den Graphen der Funktion f: $x \mapsto \sin x$; $x \in [0; 2\pi]$ sollen die Abszissen jener Kurvenpunkte auf 1 Dezimale genau berechnet werden, für die
a) die Steigung 0,5 ist,
b) die Steigung $-0{,}2$ ist,
c) die Tangente parallel ist zur Geraden g: $2x - 3y - 6 = 0$,
d) die Normale[1] parallel ist zur Geraden h: $4x - 3y + 6 = 0$.

14. Zeige: $g(x) = \cos x \Rightarrow g'(x) = -\sin x$.

15. Gegeben sind die Funktionen f: $x \mapsto \sin x$; $x \in [-0{,}5; 2]$ und g: $x \mapsto \cos x$; $x \in [-0{,}5; 2]$.
a) Zeichne G_f und G_g mit 1 LE ≙ 2 cm!
b) Wie groß ist jeweils der Neigungswinkel der Tangenten im Schnittpunkt von G_f und G_g?
c) G_f wird einer durch den Vektor $\vec{v} = \begin{pmatrix} 0 \\ 1 \end{pmatrix}$ angezeigten Verschiebung unterworfen. Es ergibt sich eine Kurve, die als Graph G_φ einer Funktion φ aufgefasst werden kann. Wie lautet φ?
d) Im Schnittpunkt A von G_g mit der x-Achse und im Schnittpunkt B von G_φ mit der y-Achse werden die Tangenten gezeichnet. Sie schneiden sich im Punkt C.
Zeige: Der Flächeninhalt des Vierecks OACB beträgt $\frac{1}{16}(\pi^2 + 4\pi - 4)$ Flächeneinheiten!

[1] Die Senkrechte zur Tangente im Kurvenpunkt P heißt *Normale* der Kurve in diesem Punkt.

4.2.4. Allgemeine Ableitungsregeln

Wir können bisher nur einige wenige Funktionen differenzieren. Daher wollen wir untersuchen, wie man solche Funktionen ableitet, die sich aus diesen Grundfunktionen in einfacher Weise zusammensetzen lassen.

A. Die Ableitung von Summe und Differenz zweier Funktionen

In 3.3.1.B haben wir bereits festgestellt, dass für zwei Funktionen f und g, die beide an der Stelle x_0 differenzierbar sind, die Summen- bzw. Differenzfunktion an dieser Stelle die Ableitung $f'(x_0) + g'(x_0)$ bzw. $f'(x_0) - g'(x_0)$ hat. Haben f und g einen gemeinsamen Differenzierbarkeitsbereich *D'*, so ergibt sich daraus sofort für alle $x \in D'$ die

Regel: $h(x) = f(x) \pm g(x) \Rightarrow h'(x) = f'(x) \pm g'(x)$

Sonderfall: Ist g die konstante Funktion, also $g(x) = c$, so folgt hieraus:

$$h(x) = f(x) + c \Rightarrow h'(x) = f'(x).$$

Funktionen, deren Terme sich nur durch eine additive Konstante unterscheiden, haben demnach die gleiche Ableitung. Dies ist auch geometrisch einsichtig: Kurven, die durch Verschiebung parallel zur y-Achse auseinander hervorgehen, haben in Punkten mit der gleichen Abszisse parallele Tangenten.

Beispiele: a) $h(x) = x^3 + x^2 + \frac{1}{x} \Rightarrow h'(x) = 3x^2 + 2x - \frac{1}{x^2}$

b) $h(x) = \sin x + \cos x + 2 \Rightarrow h'(x) = \cos x - \sin x$

B. Die Ableitung einer Funktion mit konstantem Faktor

Ist die Funktion $u: x \mapsto u(x)$ an der Stelle x_0 differenzierbar, so gilt für ihre Ableitung an dieser Stelle:

$$u'(x_0) = \lim_{x \to x_0} \frac{u(x) - u(x_0)}{x - x_0}$$

Dann hat die Funktion f mit $f(x) = c \cdot u(x)$ bezüglich x_0 den Differenzenquotienten

$$\frac{f(x) - f(x_0)}{x - x_0} = \frac{c \cdot u(x) - c \cdot u(x_0)}{x - x_0} =$$

$$= c \cdot \frac{u(x) - u(x_0)}{x - x_0}.$$

Für $x \to x_0$ ergibt sich daher $f'(x_0) = c \cdot u'(x_0)$ und somit die

Regel: $f(x) = c \cdot u(x) \Rightarrow f'(x) = c \cdot u'(x)$

Beispiele: a) $f(x) = ax^2 \Rightarrow f'(x) = a \cdot 2x = 2ax$

b) $f(x) = -\frac{1}{x} \Rightarrow f'(x) = (-1) \cdot \left(-\frac{1}{x^2}\right) = \frac{1}{x^2}$

c) $f(x) = \frac{1}{3}x^3 + \frac{1}{2}x^2 - 5x + 2\sin x + \pi^2 \Rightarrow f'(x) = x^2 + x - 5 + 2\cos x$

d) $f(x) = (2\sqrt{x} - 3)^2 = 4x - 12\sqrt{x} + 9 \Rightarrow f'(x) = 4 - \frac{6}{\sqrt{x}}$

e) $f(x) = \sqrt{2x} \Rightarrow f'(x) - \sqrt{2} \cdot \frac{1}{2\sqrt{x}} = \frac{1}{\sqrt{2x}}$.

Aufgaben

1.–5.: Bestimme $f'(x)$ durch Grenzwertrechnung nach der „h-Methode" und bestätige das Ergebnis durch unmittelbare Anwendung der Ableitungsregeln:

1. a) $f(x) = 2x$ b) $f(x) = -3x$ c) $f(x) = ax$ d) $f(x) = mx + t$

2. a) $f(x) = 5x^2$ b) $f(x) = -\frac{1}{2}x^2$ c) $f(x) = x^2 + 1$ d) $f(x) = ax^2 + b$

3. a) $f(x) = x^2 + x$ b) $f(x) = 4x^2 - 2x$ c) $f(x) = -2x^2 - 8x + 1$ d) $f(x) = ax^2 + bx + c$

4. a) $f(x) = 2x^3$ b) $f(x) = -x^3$ c) $f(x) = x^3 + 5$ d) $f(x) = x^3 + x - 2$

5. a) $f(x) = 2\sqrt{x}$ b) $f(x) = -\frac{1}{2x}$ c) $f(x) = \frac{a}{x}$ d) $f(x) = 2\sin x + 1$

6. Berechne $f'(0)$:
   a) $f(x) = -3x + 8$ b) $f(x) = \frac{1}{2}x^2 - 10x - 25$ c) $f(x) = -2\sin x + 3\cos x$

7. Berechne $f'(1)$:
   a) $f(x) = x^3 - 3\sqrt{x} - \frac{4}{x}$ b) $f(x) = \left(\sqrt{x} - \frac{1}{\sqrt{x}}\right)^2$ c) $f(x) = \frac{x^3 + x^2 + 1}{x}$

8. Gegeben ist die Funktion $x \mapsto f(x)$; $x \in \mathbb{R}$. An welchen Stellen x_0 hat die Ableitung $f'(x)$ den Wert 0? Wo ist $f'(x)$ positiv, wo negativ? Was lässt sich daraus für den Verlauf des Graphen und daraus wiederum für die Funktionswerte an den Nullstellen der Ableitung schließen?
   a) $f(x) = 3x^2 - 5x + 7$ b) $f(x) = x^3 - 9x^2 + 15x - 3$ c) $f(x) = 2x^3 + 6x^2 + 30x - 38$

9. Zeige, dass der Graph der Funktion $f: x \mapsto x + 2\sin x$; $D_f = [0; 2\pi]$ an genau zwei Stellen waagrechte Tangenten hat!

10. Gegeben sind die beiden in $\mathbb{R}$ definierten Terme $f_1(x) = 3 + 2x$ und $f_2(x) = x^2 - 2x$. Bilde die Ableitung des Terms $f(x) = f_1(x) \cdot f_2(x)$ und zeige, dass die Annahme, es wäre $f'(x) = f_1'(x) \cdot f_2'(x)$, *falsch* ist!

4.2.5. Geometrische Anwendungen

A. Zusammenhänge zwischen dem Graphen einer Funktion und deren Ableitung

Unsere vorbereitenden Überlegungen zur Differenziation gingen von der grafischen Darstellung einer Funktion in Abschnitt 3.1.1. aus. Auf der Suche nach dem anschaulichen Begriff der Tangente an den Graphen einer Funktion f im Punkt P_0 (x_0; f (x_0)) sind wir in Abschnitt 3.1.3. zur Definition der Ableitung einer Funktion an der Stelle $x_0 \in D_f$ gelangt und von dort aus zum Begriff der Ableitungsfunktion f'.
Wir dürfen daher annehmen, dass gewisse Tangenteneigenschaften von G_f am Graphen $G_{f'}$ der Ableitungsfunktion f' ablesbar sind. Wir erkennen diese Zusammenhänge, wenn wir G_f und $G_{f'}$ in ein gemeinsames Koordinatensystem einzeichnen (Fig. 4.11, vgl. auch Fig. 4.6 bis 4.10).

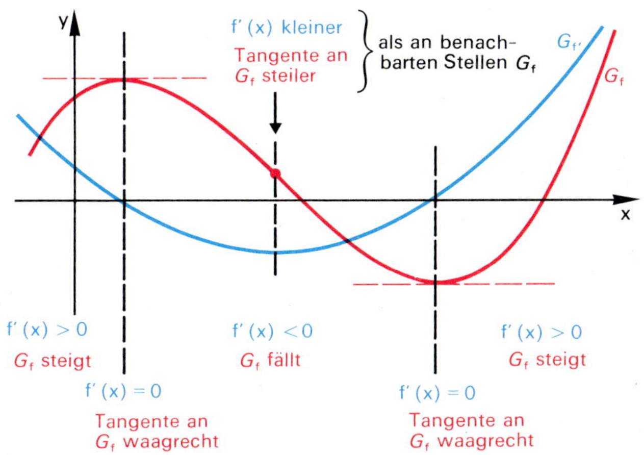

Fig. 4.11

Wir stellen fest:

a) Den Schnittstellen von $G_{f'}$ mit der x-Achse entsprechen jeweils Punkte von G_f mit einer waagrechten Tangente.

b) Den Punkten von $G_{f'}$ mit relativ zur Umgebung maximalem Abstand von der x-Achse entsprechen jeweils Punkte von G_f mit Tangenten, die gegenüber denen benachbarter Punkte besonders steil sind.

c) Den Punkten von $G_{f'}$ oberhalb (unterhalb) der x-Achse entsprechen Punkte von G_f mit einem positiven (negativen) Tangentenneigungswinkel gegen die x-Achse.

Die Begründung dieser Feststellungen ergibt sich aus der geometrischen Deutung der Ableitung als Tangentensteigung,

B. Die Gleichung der Tangente in einem Punkt des Graphen. Die Normale

Wir haben schon einige Male die Gleichung der Tangente in einem Punkt des Graphen einer differenzierbaren Funktion aufgestellt. Dieses Problem wollen wir nun allgemein behandeln.

Es sei $P(x_0; f(x_0))$ ein Punkt des Graphen G_f einer an der Stelle x_0 differenzierbaren Funktion $f\colon x \mapsto f(x)$. Nach 3.1.3. versteht man unter der Tangente in P diejenige Gerade durch P, deren Steigung den Wert $f'(x_0)$ hat. Gemäß Abschnitt 1.2.1. lässt sich die Gleichung der Tangente in folgender Form schreiben:

$$y = m \cdot x + t \quad \text{mit} \quad m = f'(x_0)\,. \tag{1}$$

Da das Wertepaar $(x_0; f(x_0))$ diese Gleichung erfüllen muss, erhalten wir

$$f(x_0) = f'(x_0) \cdot x_0 + t, \quad \text{also} \quad t = f(x_0) - x_0 \cdot f'(x_0).$$

Setzen wir diesen Term für t in (1) ein, so ergibt sich nach kurzer Rechnung die Gleichung der Tangente im Punkt $P(x_0; f(x_0)) \in G_f$:

$$\boxed{y = f'(x_0)\,(x - x_0) + f(x_0)}$$

Die Senkrechte zur Tangente in P heißt *Normale*. Nach 1.2.2. ist ihre Steigung $-1/f'(x_0)$ (wobei $f'(x_0) \neq 0$ vorausgesetzt ist), ihre Gleichung daher

$$y = -\frac{1}{f'(x_0)} \cdot (x - x_0) + f(x_0)\,.$$

Beispiel: $f\colon x \mapsto f(x) = x^3;\quad x \in \mathbb{R}$. (Fig. 4.12)
Wie lautet die Gleichung der Tangente im Punkt $P(1; ?)$?

Lösung: Es ist $f(x) = x^3$, $x_0 = 1$, $f(1) = 1$,
$f'(x) = 3x^2$, $f'(1) = 3$.
Also lautet die Gleichung der Tangente in $P(1; 1)$:
$y = 3 \cdot (x - 1) + 1$ oder $3x - y - 2 = 0$

Beachte: Die Tangente berührt den Graphen in P, schneidet ihn aber in einem weiteren Punkt $Q(-2; -8)$. Zu dessen Berechnung vgl. Aufgabe 7 im Anschluss an 4.2.3. In Fig. 4.12 sind aus Gründen der übersichtlicheren Darstellung auf beiden Achsen verschiedene Einheiten gewählt. Daher entspricht der Winkel zwischen Tangente und x-Achse nicht dem wirklichen Neigungswinkel.

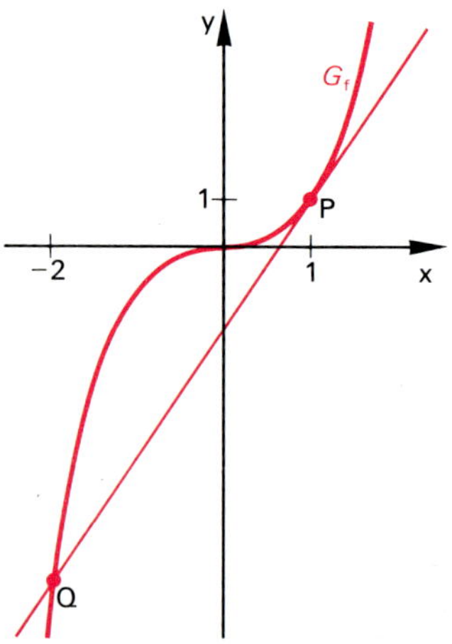

Fig. 4.12

C. Schnittwinkel zweier Graphen

Schneiden sich die Graphen G_f und G_g zweier Funktionen f und g an einer Stelle x_0, an der beide Funktionen differenzierbar sind, so versteht man unter dem Schnittwinkel der beiden Graphen denjenigen nichtstumpfen Winkel γ, den die Kurventangenten an dieser Stelle x_0 miteinander einschließen. Er ergibt sich aus dem Term $|\alpha - \beta|$ oder aus $180° - |\alpha - \beta|$, je nachdem, welcher von beiden einen Wert aus $[0; 90°]$ hat.

Beispiel: $\left.\begin{array}{ll} f\colon x \mapsto \sin x; & x \in [0; \pi] \\ g\colon x \mapsto \cos x; & x \in [0; \pi] \end{array}\right\}$ Fig. 4.13

Wie viel Grad misst der Schnittwinkel der beiden Graphen? (2 Dez.)

Lösung: Für die Abszisse x_0 des Schnittpunktes von G_f und G_g gilt:

$\sin x_0 = \cos x_0$, also $\tan x_0 = 1$ und $x_0 = \frac{1}{4}\pi$

$f'(\frac{1}{4}\pi) = \cos(\frac{1}{4}\pi) = \frac{1}{2}\sqrt{2} = \tan\alpha$ und $\alpha = 35{,}264°$

$g'(\frac{1}{4}\pi) = -\sin(\frac{1}{4}\pi) = -\frac{1}{2}\sqrt{2} = \tan\beta$ und $\beta = -\alpha = -35{,}264°$

Schnittwinkel: $\gamma = |\alpha - \beta| = 70{,}53°$

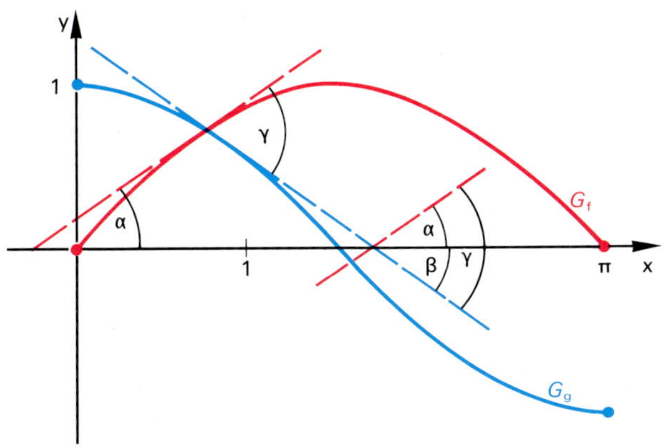

Fig. 4.13

Aus 1.2.2. folgt als notwendige Bedingung für das rechtwinklige (orthogonale) Schneiden zweier Graphen G_f und G_g an der Stelle x_0:

$$f'(x_0) \cdot g'(x_0) = -1 \qquad \text{(Orthogonalitätsbedingung)}$$

Diese Bedingung ist nicht hinreichend, weil zusätzlich noch $f(x_0) = g(x_0)$ erfüllt sein muss. Gegenbeispiel:

$$f(x) = x^2; \quad g(x) = -\tfrac{1}{4}x + 6; \quad x_0 = 2.$$

D. Scheitelbestimmung bei der Parabel

Der Anschauung entnimmt man, dass im Scheitelpunkt $S(x_0; y_0)$ die Tangente waagrecht, die Steigung also 0 sein muss. Dies ergibt für x_0 die Bedingung $f'(x_0) = 0$, womit der Scheitel schneller ermittelt werden kann als mit Hilfe der quadratischen Ergänzung in 1.3.1.

Beispiel: Für die bereits in 1.3.1. untersuchte Parabel mit der Gleichung

$y = f(x) = 0{,}5x^2 - 3x + 6$ ist $f'(x) = x - 3$.

Die Bedingung $f'(x) = 0$ liefert $x_0 - 3 = 0$, also $x_0 = 3$.
Weiter ist $y_0 = f(3) = 1{,}5$, der Scheitel also $S(3; 1{,}5)$.
Verschafft man sich noch einen weiteren Punkt, etwa den Schnittpunkt (0; 6) mit der y-Achse, so kann die Parabel unter Beachtung der Symmetrie mit ausreichender Genauigkeit skizziert werden. Vgl. Fig. 1.12.

Aufgaben

1. Wie lautet die Gleichung der Tangente im Punkt P des Graphen von
   a) $f: x \mapsto 1 + \frac{1}{2}(x-1)^2; \quad x \in \mathbb{R}, \quad P(0; ?)$
   b) $f: x \mapsto -\frac{1}{2}x^{-1}; \quad x \in \mathbb{R} \setminus \{0\}, \quad P(-1; ?)$
   c) $f: x \mapsto \sqrt{2x}; \quad x \in \mathbb{R}^+, \quad P(2; ?)$

2. a) Wie lautet die Gleichung der Normalen im Punkt $P(2; ?)$ des Graphen der Funktion $f: x \mapsto 0{,}1x^3; \; x \in \mathbb{R}$?
   b) Gegeben ist die Funktion $f: x \mapsto x^2; \; x \in \mathbb{R}$. Welchen Flächeninhalt hat das Dreieck, das die Normale im Punkt $P(1; ?)$ des Graphen mit beiden Koordinatenachsen einschließt? 1 LE $\hat{=}$ 1 cm

3. Welche Eigenschaften der Funktion f und ihres Graphen kann man aus der Kenntnis ihrer Ableitung f' angeben, welche z. B. nicht?
   Zeichne $G_{f'}$! Skizziere mögliche Graphen G_f!
   a) $f'(x) = 1$ b) $f'(x) = x + 1$ c) $f'(x) = (x-1) \cdot (x-7)$ d) $f'(x) = |x|$

4. Zeichne den Graphen der Funktion $f: x \mapsto \frac{1}{2}x + \cos x$ in $[0; 2\pi]$! In welchen Kurvenpunkten ergeben sich waagrechte Tangenten? In welchen Punkten ist der Graph relativ zur Umgebung am steilsten? Die Anworten sind mit Hilfe der Ableitungsfunktion f', deren Graph ebenfalls gezeichnet werden soll, zu begründen.

5. In welchen Punkten des Graphen von $f: x \mapsto y = \frac{1}{3}x^3 - x^2 + x + \frac{2}{3}; \; D_f = \mathbb{R}$ schließt die Tangente mit der x-Achse einen Winkel von 45° ein? Wie kann man ohne Zeichnung erkennen, dass es keine Tangenten gibt, die mit der x-Achse einen negativen Winkel einschließen?

6. Man bestimme die Gleichung der Tangente durch den Kurvenpunkt $P(1; ?)$ an den Graphen der Funktion $f: x \mapsto y = x^3 - 2x + 1; \; x \in \mathbb{R}$. Hat die Tangente mit G_f noch einen

Schnittpunkt gemeinsam? Entscheide die Frage durch probierendes Einsetzen! Zeichne sodann Graph und Tangente in einem geeigneten Intervall, das den Ursprung enthält!

7. a) Wo und unter welchem Winkel schneiden sich die Kurven mit den Gleichungen $y = 2x - 3$ und $y = x^2 + 2x - 7$? Wie lauten die Tangentengleichungen in den Schnittpunkten?

   b) Welchen Punkt haben die Graphen von $f\colon x \mapsto \cos x + \sin x$ und $g\colon x \mapsto \sin x - 2\cos x$ in $[0; \pi]$ gemeinsam? Man berechne den Schnittwinkel in diesem Punkt!

8. Berechne die Scheitelkoordinaten und skizziere die Parabel mit der Gleichung $y = f(x)$!

   a) $f(x) = x^2 - 6x + 5$
   b) $f(x) = -x^2 + 3x$
   c) $f(x) = 0{,}5x^2 + x + 2$
   d) $f(x) = -0{,}5x^2 + 3x - 7$

9. Zeige: Die Parabel mit der Gleichung $y = ax^2 + bx + c$ hat die Scheitelkoordinaten

$$x_s = -\frac{b}{2a}, \qquad y_s = c - \frac{b^2}{4a}, \qquad (a \neq 0).$$

Vermischte Aufgaben

10. Welcher Bedingung müssen die Koeffizienten des Terms $f(x) = ax^3 + bx^2 + cx + d$ genügen, damit der Graph der Funktion $f\colon x \mapsto f(x)$, $D_f = \mathbb{R}$ keine waagrechten Tangenten hat?

11. Zeige, dass sich die Graphen der Funktionen

$$f\colon x \mapsto x^2 + 2x + 1;\ x \in \mathbb{R} \quad \text{und} \quad g\colon x \mapsto ax^2 - 0{,}5x + 1;\ x \in \mathbb{R}$$

im Punkt $S(0; ?)$ für jeden Wert a orthogonal schneiden.
Deute insbesondere den Fall $a = 0$!

12. Gegeben ist die Schar von Funktionen $f_a\colon x \mapsto y = ax^2 - 2x + 1$, wobei der Scharparameter a eine beliebige reelle Zahl vertritt.

   a) Für welche Belegung von a geht die Tangente in $P(1; ?) \in G_{f_a}$ durch den Ursprung des Koordinatensystems?

   b) Wie lautet die Gleichung der Normalen durch P für beliebige Werte von a?

   c) Für welche a-Werte bilden Tangente und Normale durch P mit der y-Achse ein rechtwinkliges Dreieck mit der Hypotenusenlänge 2,5 LE? (4 Lösungen!)

13. Betrachtet wird die Schar von Funktionen $f_k\colon x \mapsto f_k(x) = x^2 - kx$ mit $x \in \mathbb{R}$ und den zugehörigen Graphen G_k, $k \in \mathbb{R}$.

   a) Zeichne G_0 und G_2 mit 1 LE $\mathrel{\widehat{=}}$ 2 cm!

   b) Zeige rechnerisch, dass sich alle Graphen G_k in genau einem Punkt schneiden!

   c) Berechne allgemein die Abszissen der Schnittpunkte der Graphen G_k mit dem Graphen G_p der Funktion $p\colon x \mapsto \frac{1}{2} - x^2$; $x \in \mathbb{R}$, und trage G_p in das bereits vorliegende Koordinatensystem ein!

   d) Zeige, dass alle Graphen G_k den Graphen G_p rechtwinklig schneiden!

14. Zu untersuchen ist die Schar von Funktionen f_k: $x \mapsto f_k(x) = x^2 - k|x|$; $x \in \mathbb{R}$ mit $k \in \mathbb{R}$ und den zugehörigen Graphen G_k.

a) Bestimme die Nullstellen von f_k (Fallunterscheidung!) und zeichne die zu $k = 1$ und $k = -1$ gehörigen Graphen G_1 und G_{-1} in verschiedenen Farben! 1 LE ≙ 2 cm

b) Wie muss k gewählt werden, damit der Graph G_k an der Stelle $x_0 = 0$ einen Knick um 90° erfährt?

c) Bestimme rechnerisch in Abhängigkeit von k die Anzahl der Punkte, die der Graph G_k mit der Winkelhalbierenden des I. und III. Quadranten gemeinsam hat!

15. a) Begründe anschaulich: Ist eine differenzierbare Funktion eine gerade Funktion (Graph symmetrisch zur y-Achse), dann ist ihre Ableitung ungerade (Graph punktsymmetrisch zum Ursprung).
Analog: Ist f ungerade, dann ist f′ gerade.

b) Begründe diese Feststellungen durch Termvergleich entsprechender ganzrationaler Funktionen!

c) Welcher Satz von a) ist umkehrbar, welcher nicht?

4.2.6. Extremwerte und Monotonie

Bereits in 4.1.2. haben wir gesehen, dass eine Funktion unter gewissen Bedingungen in einem abgeschlossenen Intervall einen maximalen bzw. minimalen Funktionswert hat. Man spricht von Maxima und Minima und fasst sie unter dem Namen *Extrema* zusammen. Die Berechnung jener Stellen, an denen Extrema auftreten können, ist ein wichtiger Fragenkomplex der Differenzialrechnung, mit dem wir uns nun befassen werden.

Definition 4.4:

> Eine Funktion $f: x \mapsto f(x)$ hat an der Stelle x_0 im Innern der Definitionsmenge ein *lokales Maximum (Minimum)*, wenn die Funktionswerte in einer gewissen Umgebung[1] von x_0 kleiner (größer) als an dieser Stelle sind. Der größte (kleinste) Funktionswert in der Definitionsmenge heißt das *globale Maximum (Minimum)* der Funktion.[2]

Wenn eine differenzierbare Funktion *im Innern* ihrer Definitionsmenge an einer Stelle x_0 ein lokales Maximum oder Minimum hat (Fig. 4.14), so erscheint es einleuchtend, dass dort die Tangente des Graphen waagrecht ist und die Ablei-

---

[1] Der Begriff „Umgebung von x_0" kann hier mathematisch mit Hilfe eines offenen Intervalls $J \subset D_f$ mit x_0 als Mittelpunkt beschrieben werden: Die Umgebung ist dieses Intervall ohne seinen Mittelpunkt, also $J \setminus \{x_0\}$.

[2] Ist die Definitionsmenge D_f abgeschlossen, so kann das globale Maximum oder Minimum auch am Rand von D_f angenommen werden *(Randextremum)*. Wird ein globales Maximum oder Minimum im Innern von D_f angenommen, kann es sich beim Randextremum auch um ein lokales Randmaximum oder Randminimum handeln (siehe 2. Beispiel S. 156). Statt „lokal" bzw. „global" sind in der Fachliteratur auch die Termini „relativ" bzw. „absolut" gebräuchlich.

tung daher den Wert 0 hat: Der Graph geht vom Steigen ins Fallen über oder umgekehrt. Wir wollen hierfür eine notwendige Bedingung formulieren und beweisen.

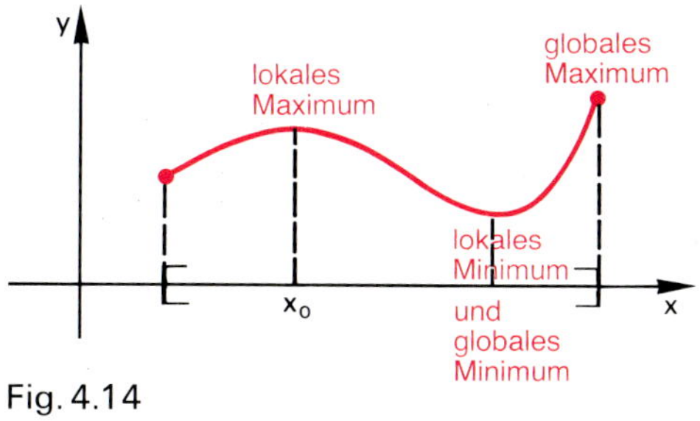

Fig. 4.14

Satz 4.4 (Notwendige Bedingung für Extrema):

Wenn eine im Intervall J differenzierbare Funktion f an der Stelle x_0 *im Innern* von J einen Extremwert hat, so gilt $f'(x_0) = 0$.

Beweis:

Es ist $$f'(x_0) = \lim_{x \to x_0} \frac{f(x) - f(x_0)}{x - x_0}.$$

Ist $f(x_0)$ ein Maximum, so gilt in einer Umgebung $U(x_0)$ von x_0:

$$f(x_0) \geqq f(x), \quad \text{d.h.} \quad f(x) - f(x_0) \leqq 0.$$

Der Zähler des Differenzenquotienten ist also in $U(x_0)$ negativ oder null. Der Nenner ist links von x_0 negativ, rechts positiv, der Differenzenquotient also in $U(x_0)$ für $x < x_0$ positiv oder null, für $x > x_0$ negativ oder null. Der (beidseitige) Grenzwert kann also nur null sein. Analog schließt man für ein Minimum.

Bemerkung:

Eine differenzierbare Funktion f kann an einer Stelle x_0 im Innern des Definitionsbereiches also nur dann einen Extremwert haben, wenn $f'(x_0) = 0$ ist.
Umgekehrt darf man aber aus $f'(x_0) = 0$ noch nicht auf einen Extremwert schließen, wie *das Beispiel der Funktion* $f\colon x \mapsto x^3$ *an der Stelle* $x_0 = 0$ zeigt (vgl. 4.2.3.D.). Obwohl $f'(0) = 0$ ist, liegt kein Extremwert vor. Erläutere dies am Graphen von f!

Ist eine Funktion f an einer Stelle $x_0 \in D_f$ *nicht differenzierbar*, so ist natürlich Satz 4.4 für die Prüfung, ob $f(x_0)$ ein Extremwert von f ist, nicht anwendbar. In diesem Falle wird sich der Nachweis meist auf Definition 4.4 stützen. Trifft keine der dort angegebenen Bedingungen zu, liegt an der Stelle x_0 kein Extremum vor. Für eine Randstelle x_0 ist das Verfahren entsprechend zu modifizieren.

Wir betrachten dazu zwei Beispiele:

1. Beispiel: f: $x \mapsto f(x) = 1 - |x|$; $x \in \mathbb{R}$

Die Funktion hat ihr Maximum an der Stelle $x_0 = 0$. Da f jedoch an dieser Stelle nicht differenzierbar ist, ist die Bedingung $f'(0) = 0$ nicht aufstellbar und daher nicht erfüllbar. (Fig. 4.15a)

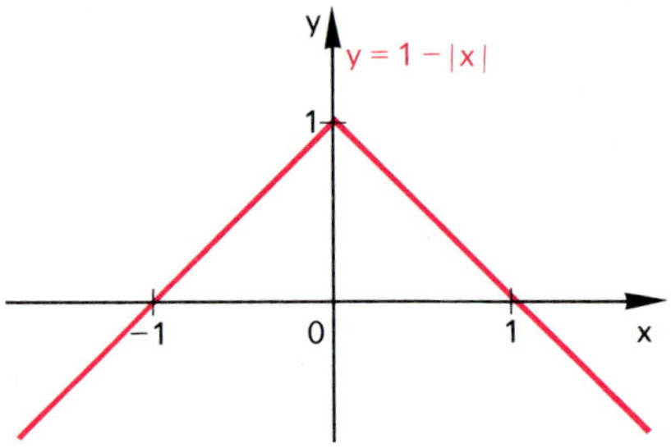

Fig. 4.15a

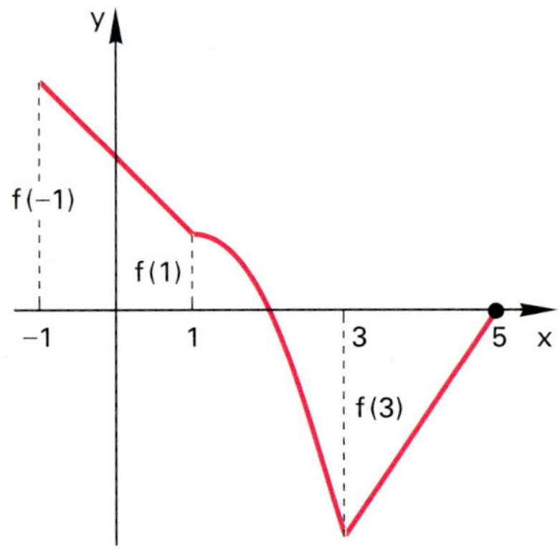

Fig. 4.15b

2. Beispiel: Die in $[-1; 5]$ definierte Funktion

$$f: x \mapsto \begin{cases} 2 - x & \text{für } -1 \leqq x \leqq 1 \\ 2x - x^2 & \text{für } \quad 1 < x \leqq 3 \\ 1{,}5x - 7{,}5 & \text{für } \quad 3 < x \leqq 5 \end{cases}$$

ist zwar überall stetig, aber an den Stellen $x = 1$ und $x = 3$ nicht differenzierbar. Der Verlauf der Teilgraphen in Fig. 4.15b zeigt, dass f(1) kein Extremum und f(3) ein globales Minimum ist. Für $x = -1$ liegt ein globales, für $x = 5$ ein lokales Randmaximum der Funktion f vor.

Satz 4.5:

Hat eine im Intervall $[a; b]$ stetige und wenigstens im Innern des Intervalls differenzierbare Funktion f für alle $x \in]a; b[$ die Ableitung $f'(x) > 0$ (bzw. $f'(x) < 0$), so ist f in $[a; b]$ streng monoton zunehmend (bzw. streng monoton abnehmend).

Dieser Satz ist ein wichtiges Monotoniekriterium für differenzierbare Funktionen. Er erscheint auch ohne Begründung einleuchtend. Denn hat eine Funktion im ganzen Intervall einen Graphen, dessen Steigung in allen Punkten positiv ist, so muss der Graph auch durchgehend ansteigen. Entsprechendes gilt für negative Steigung. Dennoch wollen wir hier auch einen Beweis angeben.

Beweis:[1]

Wir beschränken uns auf den Fall: $f'(x) > 0$ für alle $x \in]a; b[$. Wäre nun f in $]a; b[$ nicht streng monoton wachsend, so ließen sich zwei Stellen x_1 und x_2 aus $]a; b[$ angeben mit

$$x_1 < x_2 \quad \text{und} \quad f(x_1) \geqq f(x_2) \tag{1}$$

Beachte, dass der letzte Nebensatz die Aussage für streng monotones Zunehmen, d.h. die Aussage $x_1 < x_2 \Rightarrow f(x_1) < f(x_2)$, verneint!

Da f stetig ist, hat f im Intervall $[x_1; x_2]$ eine Stelle x_0 mit maximalem Funktionswert $f(x_0)$. Man beachte den Extremwertsatz 4.1 für stetige Funktionen! Wegen (1) kann man von folgender Ungleichung für x_0 ausgehen:

$$x_1 \leqq x_0 < x_2 \tag{2}$$

Wäre nämlich $x_0 = x_2$, so würde wegen $f(x_1) \geqq f(x_0)$ (vgl. (1)) auch in x_1 das Funktionsmaximum $f(x_0)$ des Intervalls $[x_1; x_2]$ angenommen werden. Man könnte dann auch $x_0 = x_1$ setzen.

Mit (2) und (1) folgt sofort: $f(x_0) \geqq f(x)$ für alle $x \in [x_0; x_2]$. Dies aber würde bedeuten:

$$\frac{f(x) - f(x_0)}{x - x_0} \leqq 0$$

für $x \in]x_0; x_2]$, und damit wegen der vorausgesetzten Differenzierbarkeit von f:

$$\lim_{x \to x_0} \frac{f(x) - f(x_0)}{x - x_0} = f'(x_0) \leqq 0 \tag{3}$$

(3) steht aber im Widerspruch zu der Voraussetzung: $f'(x) > 0$ für *alle* x aus $]a; b[$. Es kann also der Fall (1) nicht vorkommen.

Diese Betrachtungen lassen sich wegen der Stetigkeit von f in $[a; b]$ auf das ganze Intervall übertragen, sodass auch $f(a) < f(x) < f(b)$ für alle $x \in]a; b[$ gilt. Auf den genauen Nachweis verzichten wir.

In 6.1.2. ist anhand von Fig. 6.2 ein Anwendungsbeispiel zu Satz 4.5 ausführlich behandelt.

Aufgaben

1. a) Was ändert sich am Beweis von Satz 4.4 im Falle eines Minimums?
   b) Zeige an einem Beispiel, dass die Aussage von Satz 4.4 für eine Stelle x_0 am Rande des Intervalls J nicht zutrifft!

2. Der Graph einer quadratischen Funktion f schneidet die x-Achse an den Stellen $x_1 = -1$ und $x_2 = 5$. Für welchen Wert x_0 ist $f'(x_0) = 0$?

---

[1] Siehe auch Aufgabe 12 am Ende dieses Abschnitts.

3. Die differenzierbare Funktion f hat im Intervall $]x_0 - \delta; x_0[$ negative, in $]x_0; x_0 + \delta[$ positive Ableitungswerte, außerdem ist $f'(x_0) = 0$, $(\delta > 0)$. Um welche besondere Stelle handelt es sich bei x_0? Skizze!

4. Zeige, dass die folgenden Funktionen $f: x \mapsto f(x)$ in D_f streng monoton sind, und bestimme mit Hilfe dieser Feststellung jeweils ihre Wertemenge:

a) $f(x) = 1 - \frac{1}{x}$, $D_f = [-10; -0{,}5]$

b) $f(x) = x + \frac{1}{x}$, $D_f = [-1; 0[$

c) $f(x) = \sin x + \frac{1}{\sqrt{3}} \cos x$, $D_f = [-\frac{1}{3}\pi; \frac{1}{3}\pi]$

d) $f(x) = x \cdot |x|$, $D_f = [-2; 1]$

5. Zeige, dass die Funktion $f: x^4 - 4x^3$ an der einen Nullstelle der Ableitung einen Extremwert hat, an der anderen aber nicht.

6. Bestimme eine Funktion mit den nachstehend genannten Eigenschaften!
Überprüfe jeweils, ob die Eigenschaften wirklich zutreffen!

a) Die quadratische Funktion mit $f(x) = ax^2 + bx + c$ soll im Punkt $P(2; -1)$ ein lokales Extremum und bei $x = 3$ eine Nullstelle haben.

b) Eine ganzrationale Funktion 3. Grades ist punktsymmetrisch zum Ursprung und hat ein lokales Extremum im Punkt $P(1; 1)$.

c) Der Graph einer quadratischen Funktion geht durch den Punkt $P(0; 6)$ und hat im Punkt $Q(2; -2)$ ein lokales Maximum.

d) Der Graph einer ganzrationalen Funktion 3. Grades hat im Kurvenpunkt $O(0; 0)$ die Steigung 3. $P(1; 1)$ ist ein lokales Extremum.

7. Untersuche die Funktion f allein mit Hilfe der Ableitung auf Maxima und Minima!

a) $f(x) = x^2 - 4x + 3$

b) $f(x) = 7x - x^2$

c) $f(x) = \frac{1}{3}x^3 - 2x^2 + 3x + 1$

d) $f(x) = 3 \sin x + \sqrt{3} \cos x$ (skizziere den Graphen in $[0; \pi]$!)

8. In welchen Intervallen ist die Funktion

$$f: x \mapsto \begin{cases} \frac{1}{2}x^2 + x - 1 & \text{für} \quad x < 2 \\ -x + \frac{1}{x} + \frac{9}{2} & \text{für} \quad x \geqq 2 \end{cases}$$

monoton steigend bzw. monoton fallend? Für welche x-Werte hat f ein Extremum? Von welcher Art ist es? Skizziere den Graphen in $[-3; 3]$!

9.–11. Weitere Sätze über in Intervallen differenzierbare Funktionen.

9. Der Satz von Rolle[1]

Eine im Intervall $[a; b]$ *stetige, in* $]a; b[$ *differenzierbare Funktion* f *mit der Eigenschaft* $f(a) = f(b) = 0$ *hat in* $]a; b[$ *mindestens eine Stelle* x_0, *für die* $f'(x_0) = 0$ *ist.*

a) Interpretiere diesen Satz geometrisch (Skizze)!

b) Begründe den Satz mit Benutzung des Extremwertsatzes 4.1 sowie des Satzes 4.4! Unterscheide dabei vorweg den Fall der konstanten vom Fall der nichtkonstanten Funktion!

[1] Michel Rolle (1652–1719), französischer Mathematiker.

10. Der Mittelwertsatz der Differenzialrechnung (Fig. 4.16)

Eine im Intervall [a; b] *stetige, in*] a; b [*differenzierbare Funktion* f *hat in*] a; b [*mindestens eine Stelle* x_0, *für die gilt:*

$$f'(x_0) = \frac{f(b) - f(a)}{b - a},$$

oder geometrisch formuliert:

Sind A (a; f (a)) *und* B (b; f (b)) *Punkte des Graphen einer differenzierbaren Funktion* f, *so gibt es eine zur Sehne* [AB] *parallele Tangente in einem Punkt* P (x_0; f (x_0)) *mit* $x_0 \in$] a; b [.

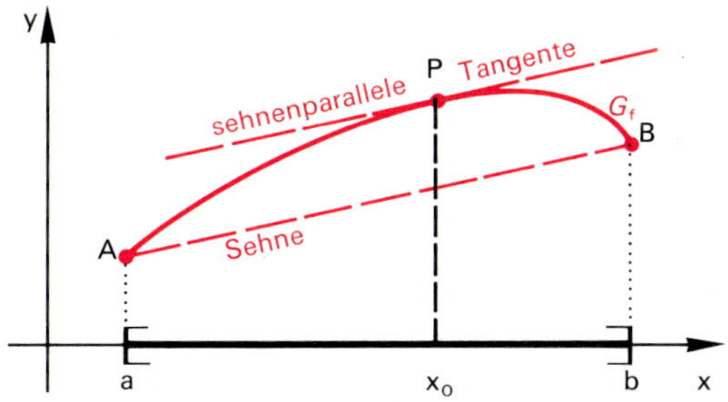

Fig. 4.16

Wende zum Beweis den Satz von Rolle auf die Differenzfunktion f − s an, wobei s die lineare Funktion ist, deren Graph die Gerade AB darstellt. Berechne sodann die Steigung von AB sowie die Steigung der Tangente des Graphen G_f an einer mit dem Satz von Rolle ermittelten Stelle x_0!

11. Zeige mit dem Mittelwertsatz der Differenzialrechnung:

Eine im Intervall [a; b] *stetige Funktion* f *mit* f′ (x) = 0 *für alle* x ∈] a; b [*ist in* [a; b] *konstant.*

Was folgt daraus für Funktionen, deren Ableitungen in einem Intervall übereinstimmen?

12. Beweise Satz 4.5 mit Hilfe des Mittelwertsatzes der Differenzialrechnung! (Hinweis: Nimm an, dass zwar $f'(x) > 0$ in] a; b [, aber f in [a; b] nicht streng monoton zunehmend sei.)

13. Mit Hilfe eines Computers kann man Extremwerte auf Grund des Wechsels der Monotonie berechnen. Dieses Programm bestimmt im Intervall] a; b [die Extremwerte.
Für $z > y$ nimmt die Funktion zu. Es gilt: V = SGN (Z − Y) = + 1 (vgl. 1.7.4.B)
Für $z < y$: V = SGN (Z − Y) = − 1.

a) Welche x-Werte werden für $f(x) = 4 - x^2$ (Zeile 130); $a = -0{,}5$; $b = +0{,}5$; $\varepsilon = 0{,}02$ durchlaufen?

b) Warum werden Extremwerte, die sehr nahe am Rand oder sehr nahe beieinander liegen, nicht erfasst?

c) Gib eine obere Schranke für die Zahl der berechneten Funktionswerte an, wenn $f(x) = x^3 - 6x$, $a = -10$, $b = 10$, $\varepsilon = 10^{-6}$!
Wie viele Werte müssten berechnet werden, wenn man das ganze Intervall mit der Schrittweite 10^{-6} durchlaufen würde?

```
100 REM Maximum - Minimum
130 DEF FNF(X) = X^3 - 6*X
200 REM Eingaben, Anfangswerte
210 INPUT "Intervallgrenzen: ";A,B
220 INPUT "Genauigkeit Epsilon: ";E
230 LET S1= .1:  REM Anfangsschrittweite
240 LET X=A:  Y=FNF(X)
300 REM Berechnung und Ausgabe
310 LET S=S1: X=X+S: Z=FNF(X): V=SGN(Z-Y): Y=Z
320 WHILE X<B
330   WHILE ABS(S)>E/4 AND X<B
340     LET X=X+S: Z=FNF(X)
350     IF SGN(Z-Y)=-V THEN LET S=-S/4
360     LET Y=Z
370   WEND
380   IF X<B THEN
         IF V=1 THEN PRINT"Max: x=";X;"y=";FNF(X)
                ELSE PRINT"Min: x=";X;"y=";FNF(X)
390   LET V=-V: S=S1
400 WEND
500 END
```

4.3. Höhere Ableitungen einer Funktion

4.3.1. Ableitung der Zeit-Geschwindigkeits-Funktion

In 4.2.2. haben wir die Zeit-Geschwindigkeits-Funktion als Ableitung der Zeit-Weg-Funktion erkannt. Beim freien Fall ergeben sich die Funktionen

$$s\colon\ t \mapsto s(t) = 0{,}5\,gt^2 \quad \text{und} \quad s' = v\colon\ t \mapsto s'(t) = v(t) = gt.$$

Auch $s' = v$ können wir rein formal differenzieren und erhalten

$$v'\colon t \mapsto v'(t) = g.$$

Das heißt, dass die Ableitung der Zeit-Geschwindigkeits-Funktion des freien Falls den konstanten Zahlenwert der Fallbeschleunigung („Ortsfaktor") darstellt.

Wir wollen diese Untersuchung auf eine beliebige, im betrachteten Zeitabschnitt als differenzierbar vorausgesetzte Zeit-Geschwindigkeits-Funktion $v\colon t \mapsto v(t)$ übertragen.

Wir bilden den Differenzenquotienten zum Zeitpunkt t und erhalten

$$\frac{v(t+h) - v(t)}{h}$$

oder, wenn wir $v(t+h) - v(t)$ als Geschwindigkeitsunterschied Δv und h als Länge Δt des Zeitintervalls $[t;\ t+h]$ verstehen: $\frac{\Delta v}{\Delta t}$.

Wie wir aus der Physik wissen, ist der Quotient aus der Geschwindigkeitsänderung Δv und der Zeitspanne Δt, in der die Änderung erfolgt, die mittlere Beschleunigung des bewegten Körpers im Zeitintervall $[t;\ t+\Delta t]$. Infolgedessen misst der Grenzwert des Differenzenquotienten für $\Delta t \to 0$ die Momentanbeschleunigung zur Zeit t. Das heißt aber:

Die Ableitung der Zeit-Geschwindigkeits-Funktion $v\colon t \mapsto v(t)$ *an der Stelle* t *ergibt die Momentanbeschleunigung zur Zeit* t, *die Ableitungsfunktion* $a = v'\colon t \mapsto v'(t)$ *ergibt die Zeit-Beschleunigungs-Funktion* a.

v wurde bereits als Ableitungsfunktion von s gewonnen:

$$v = s'$$

a erhält man als Ableitung von v bzw. s', also *nach zweimaligem Differenzieren* von s:

$$a = v' = (s')'$$

Statt $(s')'$ schreibt man s'' und nennt s'' die *zweite Ableitung* von s.

4.3.2. Mehrfache Differenzierbarkeit

Häufig ist die Ableitungsfunktion f′ zu einer Funktion f in einer Teilmenge von $D_{f'}$ ebenfalls differenzierbar. In diesem Fall gibt es auch zu f′ eine Ableitungsfunktion. Wir bezeichnen sie mit f″ (gelesen: „f zwei Strich"). Die Funktion f″ heißt dann *2. Ableitung* von f. Aus diesem Grund wird f′ auch als 1. Ableitung von f bezeichnet.
Die Definitionsmenge von f″ heißt $D_{f''}$.

Beispiel: Für $f\colon x \mapsto \sin x$ gilt $f'\colon x \mapsto \cos x$ und damit $f''\colon x \mapsto -\sin x$ mit $D_f = D_{f'} = D_{f''} = \mathbb{R}$.

Existiert auch noch zur Funktion f″ in einer Teilmenge von $D_{f''}$ die Ableitungsfunktion, so sprechen wir von der *3. Ableitung* f‴ von f. Dieses Verfahren lässt sich, soweit jeweils die Voraussetzungen dafür erfüllt sind, beliebig fortsetzen. Es führt dann zur Bildung der 4., 5. bzw. allgemein der *n-ten Ableitung* von f, für die man $f^{(4)}$, $f^{(5)}$ bzw. $f^{(n)}$ schreibt.

Definition 4.5:

> Eine Funktion f, deren n-te Ableitung $f^{(n)}$ in einer gewissen Menge existiert, heißt dort *n-mal differenzierbar*.

Beispiel: Die Funktion $f\colon x \mapsto \sin x$ ist in $\mathbb{R}$ beliebig oft differenzierbar, denn aus $f''(x) = -\sin x$ folgt $f'''(x) = -\cos x$ und damit $f^{(4)}(x) = \sin x$. Es gilt hier also allgemein:

$$f^{(n)}(x) = f^{(n+4)}(x).$$

Für den in Abschnitt 4.3.1. beschriebenen Zusammenhang zwischen den Zeit-Weg-, den Zeit-Geschwindigkeits- und Zeit-Beschleunigungs-Funktionen ist in der Physik folgende Sprechweise üblich:

Die Geschwindigkeit ist die 1. Ableitung des Weges nach der Zeit.
Die Beschleunigung ist die 2. Ableitung des Weges nach der Zeit.

4.3.3. Bemerkungen zur Schreibweise der Ableitungen

a) Für die 1. Ableitung ist auch die aus $\frac{\Delta y}{\Delta x}$ (s. Bemerkung in 3.1.4.) entwickelte, sog. Leibniz'sche Schreibweise $\frac{dy}{dx}$ üblich, gelesen „dy nach dx", womit angedeutet ist, dass es sich nicht um einen echten Quotienten handelt. Diese Schreibweise ist vor allem dann vorteilhaft, wenn im Funktionsterm verschiedene Variablen vorkommen und ersichtlich sein soll, „nach" welcher Variablen differenziert werden soll (z. B. $s' = \frac{ds}{dt}$ in unserem Bewegungsbeispiel).

b) Statt $f'(x)$ findet sich auch $(f(x))'$, was zu Schreibweisen führt wie $(x^2 + \sin x)' = 2x + \cos x$.

c) Geht man von der Funktionsgleichung $y = f(x)$ aus, so kann man auch schreiben

$$y' = f'(x) \quad \text{und weiter} \quad y'' = f''(x),$$

z. B.: $\quad y = x^3 \Rightarrow y' = 3x^2 \Rightarrow y'' = 6x.$

d) Nicht selten findet sich in der Fachliteratur für die Ableitung des Terms $f(x)$ „nach x" die bei Anwendungen oft vorteilhafte Schreibweise

$$\frac{df(x)}{dx} \quad \text{sowie} \quad \frac{d}{dx} f(x),$$

z. B.: $\quad \frac{d}{dx}(x^2 + \sin x) = 2x + \cos x.$

Für die 2. Ableitung wird dann $\frac{d^2}{dx^2} f(x)$ geschrieben, gelesen „d zwei nach dx Quadrat von $f(x)$", z. B.:

$$\frac{d^2}{dx^2}(x^2 + \sin x) = \frac{d}{dx}(2x + \cos x) = 2 - \sin x.$$

e) In der Physik ist für die 1. Ableitung des Weges s nach der Zeit t die Schreibweise $\dot{s}$ (gelesen: „s Punkt") und für die 2. Ableitung die Schreibweise $\ddot{s}$ (gelesen: „s zwei Punkt") üblich, z. B.:

$$s = \sin t \Rightarrow \dot{s} = \cos t \Rightarrow \ddot{s} = -\sin t.$$

(Dies gilt auch für andere zeitabhängige Größen wie z. B. die elektrische Spannung U und ihre Ableitungen $\dot{U}$, $\ddot{U}$ usw.)

Aufgaben

1. Berechne die zweite Ableitung des in ganz $\mathbb{R}$ definierten Terms:

a) $f(x) = -2x + 7$

b) $f(x) = ax^2 + bx + c$

c) $f(x) = x^3 - \frac{1}{2}x^2 + x - 1$

d) $f(x) = 3\sin x - 4\cos x$

e) $f(x) = x^2 - 2a\cos x$

f) $f(x) = x^2 + 2\sin(\frac{1}{2}x)\cos(\frac{1}{2}x)$

g) $f(x) = \frac{1}{3}x^3 + 2\sin x$

h) $f(x) = x^3 - 3ax^2 + 3a^2x - a^3$

2. Ergänze:

   a) $f(x) = \sqrt{2} \cdot x^3 + 2x^2 + x \Rightarrow f''(\sqrt{2}) = \dots$

   b) $f(x) = (x-2)^3 \Rightarrow f''(2) = \dots$

   c) $f(x) = \sin x \Rightarrow f^{(5)}(5) = \dots$ (4 Dez.)

   d) $f(x) = \cos^2(\frac{1}{2}x) \Rightarrow f'''(\frac{1}{4}\pi) = \dots$

3. Bestimme im Term $g(x) = ax^2 + bx + c$ die Koeffizienten so, dass $g(1) = 3$, $g'(0) = 1$ und $g''(0) = 1$ gilt!

4. Man beweise für $y = \cos x$ die Gültigkeit der folgenden *Differenzialgleichungen:*[1]

   a) $y'' = -y$ b) $y^{(4)} = y$ c) $y^{(n+4)} = y^{(n)}$

5. Berechne für die Funktion $f\colon x \mapsto f(x) = \begin{cases} \dfrac{1+x^3}{1+x} & \text{für } x \neq -1 \\ 3 & \text{für } x = -1 \end{cases}$

   die 2. Ableitungsfunktion und insbesondere $f''(-1)$. Hinweis: Zähler faktorisieren!

6. Die Funktion $f\colon x \mapsto x \cdot |x|;\ x \in \mathbb{R}$ ist an der Stelle $x_0 = 0$ nur einmal, an jeder anderen Stelle des Definitionsbereichs beliebig oft differenzierbar. Man weise dies nach und erläutere den Sachverhalt am Graphen!

7. Ein Massenpunkt bewegt sich auf der Zahlengeraden vom Ursprung O aus nach dem Weg-Zeit-Gesetz

   $$x = t^3 - 24t^2 + 180t.$$

   Dabei ist t die Maßzahl der in Sekunden gemessenen Zeit und x die Maßzahl des in cm gemessenen Abstandes vom Ursprung.

   a) Mit welcher Geschwindigkeit und in welcher Richtung beginnt der Punkt seine Bewegung?

   b) Wann und wo kehrt er um?

   c) Wie groß ist in den Umkehrpunkten die momentane Beschleunigung?

   d) Kommt der Punkt an die Ausgangsstelle zurück?

   e) Um welchen Betrag ändern sich Geschwindigkeit und Beschleunigung im Lauf der 4. Sekunde?

   f) Wo haben Geschwindigkeit und Beschleunigung Extrema?

8. Es ist zu zeigen, dass der Term f(x) eines Polynoms 3. Grades

   $$f(x) = ax^3 + bx^2 + cx + d$$

   stets in folgender Form geschrieben werden kann:

   $$f(x) = f(0) + f'(0) \cdot x + f''(0) \cdot \frac{x^2}{2} + f'''(0) \cdot \frac{x^3}{6}$$

[1] Eine Differenzialgleichung ist eine Beziehung, in der der Funktionsterm und seine Ableitung(en) durch eine Gleichung miteinander verknüpft sind.

9. Gib zuerst irgendeine Funktion und sodann, probierend, die einparametrige Schar aller Funktionen an mit der Ableitung

a) $f'(x) = 3$ b) $f'(x) = 2x$ c) $f'(x) = 4x + 1$ d) $f'(x) = \cos x$

10. Gib zuerst irgendeine Funktion und sodann, probierend, die zweiparametrige Schar aller Funktionen an, für die gilt:

a) $f''(x) = 2$ b) $f''(x) = \sin x$ c) $f''(x) = \cos x$ d) $f''(x) = 1 - \cos x$

11. Gegeben ist der Term $\varphi(x) = 1 + \cos x$.
Gesucht ist eine Funktion $f\colon x \mapsto f(x);\ x \in \mathbb{R}$, die folgende drei Bedingungen erfüllt:

(1) $f''(x) = \varphi(x)$ (2) $f'(0) = f''(\pi)$ (3) $f(0) = 1$

12. Suche die relativ zur Umgebung steilsten Stellen des Graphen von f!

a) $f(x) = \sin x$ b) $f(x) = \frac{1}{2}x - \cos x$ c) $f(x) = \frac{1}{2}x^2 - \cos x$

Hinweis: Was bedeutet die steilste Stelle für die Ableitungsfunktion?

13. Untersucht wird die Funktion $f\colon x \mapsto \frac{1}{2}x + \sin x;\ \ x \in [0; 2\pi]$.

a) Bestimme die Bereiche, in denen f streng monoton zunehmend bzw. streng monoton abnehmend ist, sowie lokale und globale Extrema!

b) Ermittle alle Nullstellen unter Verwendung der Erkenntnisse aus a)!

c) Bestimme die Stellen, an denen der Graph am steilsten ist!

d) Berechne spezielle Funktionswerte und skizziere G_f!

14. Randextrema

a) Zeige: Die Funktion $f\colon x \mapsto x^3 - 3x;\ D_f = [-3; 3]$ hat im Innern von D_f ein lokales Maximum und ein lokales Minimum. Den größten bzw. kleinsten Wert nimmt die Funktion jedoch an den Rändern der Definitionsmenge an.

b) Bestimme für $f\colon x \mapsto \frac{1}{2}x^2 + x + 1;\ D_f = \mathbb{R}_0^+$ den kleinsten Funktionswert!

15. Wie oft ist $f\colon x \mapsto f(x) = |x| \cdot x^2$ bei $x_0 = 0$ differenzierbar? Skizziere f, f′, f″ in $[-1; 1]$.

16. Eine überall in $\mathbb{R}$ definierte Schar ganzrationaler Funktionen dritten Grades

$$f_k\colon x \mapsto f_k(x) \quad \text{mit} \quad k \in \mathbb{R} \setminus \{1\}$$

ist durch folgende Eigenschaften festgelegt:

(1) Alle Graphen von f_k enthalten den Ursprung des Koordinatensystems;

(2) $f_k'(0) = \dfrac{2}{1-k}$;

(3) $f_k'(1) = 3$;

(4) $f_k''\left(\dfrac{k}{1-k}\right) = 0$.

a) Bestimme den Funktionsterm $f_k(x)$!

b) Für welchen Wert von k hat f_k bei $x = 2$ ein Extremum? Von welcher Art ist es?

c) Für welche Werte von k hat der Graph von f_k keine waagrechte Tangente?

d) Skizziere die Graphen von f_0 in $[-1; 2]$ und $f_{\frac{3}{4}}$ in $[-0{,}5; 5]$!

5. Ausbau der Differenzialrechnung

5.1. Weitere Differenziationsregeln

5.1.1. Die Produktregel

In 4.2.4. wurde gezeigt, dass $h(x) = f(x) + g(x)$ die Ableitung $h'(x) = f'(x) + g'(x)$ hat. Bei einem Produkt gibt es keine entsprechende Regel, wie $h(x) = x^2 \cdot x = x^3$ zeigt. Denn es ist $h'(x) = 3x^2$, die Ableitungen der beiden Faktoren x^2 und x aber sind 2x bzw. 1, ihr Produkt also 2x.
Wir bilden die Ableitung einer Funktion $f\colon x \mapsto f(x) = u(x) \cdot v(x)$ gemäß 3.1.3. Formel (1). Der Differenzenquotient bzgl. der Stelle x_0 lautet:

$$\begin{aligned}\frac{f(x) - f(x_0)}{x - x_0} &= \frac{u(x) \cdot v(x) - u(x_0) \cdot v(x_0)}{x - x_0} \\ &= \frac{u(x) \cdot v(x) - u(x) \cdot v(x_0) + u(x) \cdot v(x_0) - u(x_0) \cdot v(x_0)}{x - x_0} \\ &= u(x)\,\frac{v(x) - v(x_0)}{x - x_0} + v(x_0)\,\frac{u(x) - u(x_0)}{x - x_0}\,.\end{aligned}$$

Um für den 1. Summanden $v(x) - v(x_0)$ zu erhalten, wurde im Zähler $-u(x) \cdot v(x_0)$ eingefügt und $u(x)$ ausgeklammert. Damit der Term nicht wirklich verändert wird, muss aber auch $+u(x) \cdot v(x_0)$ eingefügt werden, was günstigerweise nach Ausklammern von $v(x_0)$ im 2. Summanden $u(x) - u(x_0)$ liefert.

Die Ableitung $f'(x_0)$ ist der Grenzwert des Differenzenquotienten. Wir wenden dabei die Grenzwertregeln von 3.1.2.B an und erhalten

$$\begin{aligned}f'(x_0) &= \lim_{x\to x_0} u(x) \cdot \lim_{x\to x_0} \frac{v(x) - v(x_0)}{x - x_0} + \lim_{x\to x_0} v(x_0) \cdot \lim_{x\to x_0} \frac{u(x) - u(x_0)}{x - x_0} \\ &= u(x_0) \cdot v'(x_0) + v(x_0) \cdot u'(x_0)\,,\end{aligned}$$

falls $u(x)$ und $v(x)$ an der Stelle x_0 differenzierbar sind. Mit kleinen Umstellungen auf der rechten Seite ergibt sich, wenn wir gleichzeitig x_0 durch x ersetzen, die

Produktregel:

Sind die Funktionen u und v in einem Intervall J differenzierbar, so trifft dies auch für die Produktfunktion $u \cdot v$ zu, und es gilt für jedes $x \in J$:

$$f(x) = u(x) \cdot v(x) \;\Rightarrow\; f'(x) = u'(x) \cdot v(x) + u(x) \cdot v'(x)$$

Ein Faktor von $f(x)$ wird, wie man sieht, jeweils mit der Ableitung des anderen Faktors multipliziert; die beiden Produkte werden dann addiert.

1. Beispiel: $f(x) = x^3 = x^2 \cdot x$

$f'(x) = 2x \cdot x + x^2 \cdot 1 = 2x^2 + x^2 = 3x^2$,

was mit dem Ergebnis in 4.2.3.D übereinstimmt.

2. Beispiel: $f(x) = x^5 = x^2 \cdot x^3$

$f'(x) = 2x \cdot x^3 + x^2 \cdot 3x^2 = 2x^4 + 3x^4 = 5x^4$

3. Beispiel: $f(x) = \frac{\sin x}{x} = \frac{1}{x} \cdot \sin x; \quad x \in \mathbb{R} \setminus \{0\}$

$$f'(x) = -\frac{1}{x^2} \cdot \sin x + \frac{1}{x} \cdot \cos x = \frac{x \cos x - \sin x}{x^2}$$

Somit lautet die Ableitungsfunktion

$$f'\colon x \mapsto \frac{x \cos x - \sin x}{x^2}; \quad x \in \mathbb{R} \setminus \{0\}.$$

5.1.2. Ableitung der Potenzfunktion $x \mapsto x^n$; $x \in \mathbb{R}$ für $n \in \mathbb{N}$

Wir kennen bereits folgende Ableitungen:

$$f(x) = x^2 \Rightarrow f'(x) = 2x$$
$$f(x) = x^3 \Rightarrow f'(x) = 3x^2$$

Um die Ableitung von $f(x) = x^4$ zu bestimmen, wenden wir wieder die Produktregel an und erhalten wegen $f(x) = x \cdot x^3$

$$f'(x) = 1 \cdot x^3 + x \cdot 3x^2 = 4x^3.$$

Analog zeigt das 2. Beispiel zu 5.1.1.:

$$f(x) = x^5 \Rightarrow f'(x) = 5x^4.$$

Wir vermuten daher folgende

Regel: $f(x) = x^n \Rightarrow f'(x) = n \cdot x^{n-1}$ für $x \in \mathbb{R}$ und $n \in \mathbb{N}$

Wir können diese Regel für jede bestimmte natürliche Zahl durch wiederholte Anwendung der Produktregel schrittweise bestätigen.

Beispiel:

$$f(x) = x^6 = x \cdot x^5 \Rightarrow f'(x) = 1 \cdot x^5 + x \cdot 5 \cdot x^4 = 6x^5$$
$$f(x) = x^9 = x^4 \cdot x^5 \Rightarrow f'(x) = 4 \cdot x^3 \cdot x^5 + x^4 \cdot 5 \cdot x^4 = 9x^8$$
$$f(x) = x^{13} = x^9 \cdot x^4 \Rightarrow f'(x) = 9 \cdot x^8 \cdot x^4 + x^9 \cdot 4 \cdot x^3 = 13x^{12}$$

Der allgemeine Beweis stützt sich auf das Prinzip der *Vollständigen Induktion*, das jedoch hier nicht zur Verfügung steht.

Aufgaben

1. Bilde die Ableitung mit Hilfe der Produktregel:

a) $f(x) = x \cdot \sqrt{x}$ b) $f(x) = \frac{\sqrt{x}}{x}$ c) $f(x) = \frac{1}{x^2}$

d) $f(x) = x^2 \sin x$ e) $f(x) = \frac{\cos x}{x}$ f) $f(x) = \sqrt{x} \cdot \sin x$

g) $f(x) = \sin^2 x$ h) $f(x) = \cos^2 x$ i) $f(x) = \cos 2x$

k) $f(t) = t^3 \cdot \sqrt{t}$ l) $f(t) = x^2 t^2 (t^3 - 1)$ m) $f(\alpha) = b \sin \alpha \cos \alpha$

n) $f(a) = (a - b)^3$ o) $f(y) = \frac{(y-1)\sqrt{y}}{y}$ p) $f(u) = u\sqrt{u} \cos u$

2. Differenziere:

a) $f(x) = x^9$ b) $f(x) = \frac{1}{7} \cdot x^7$ c) $f(x) = \pi^5 - x^5$

d) $f(x) = x^6 \cdot \sin x$ e) $f(x) = (\frac{1}{5}x^5 + x^2) \cos x$ f) $f(x) = (x^4 - 2)\sqrt{x}$

g) $f(t) = a\sqrt{t}$ h) $f(t) = xt^3$ i) $f(\alpha) = A \sin(\alpha t)$

k) $f(a) = a\sqrt{t}$ l) $f(u) = a\sqrt{u^3}$ m) $f(y) = 2\sqrt{y}(y+1)$

3. Bestimme alle Ableitungsfunktionen von

a) $f\colon x \mapsto 5x^4 - 3x^2 + kx$

b) $f\colon x \mapsto \frac{1}{20}x^5 - \frac{1}{6}x^3 + \frac{1}{2}x^2 + 3kx + 2k$

c) $f\colon t \mapsto t^2(a - t)$

d) $f\colon u \mapsto (\frac{1}{6}u^3 - \frac{1}{2}u^2)(x^2 - u^2)$

4. Wie lauten die erste und die zweite Ableitung der ganzrationalen Funktion
$f\colon x \mapsto a_n x^n + a_{n-1} x^{n-1} + \cdots + a_2 x^2 + a_1 x + a_0$ mit $a_n \neq 0$?

5. Bestimme die Gleichung der Tangente des Graphen der Funktion $f\colon x \mapsto (x-1)\sqrt{x}$ an der Stelle $x_0 = 4$.

6. Bestimme die Gleichung der Normalen des Graphen der Funktion $f\colon x \mapsto \frac{1}{8}x^4 - x^2$ in den Kurvenpunkten

a) $P(-1; ?)$ b) $Q(2; ?)$ c) $R(1; ?)$

7. Unter welchem spitzen Winkel schneidet der Graph der Funktion $f\colon x \mapsto \sin 2x$; $x \in]0; \pi[$ die x-Achse? (auf 0,01° genau!)

8. Bestätige mit dem Taschenrechner:

a) $f(x) = x \cdot \sin x \Rightarrow f'(1) = 1{,}3818$

b) $\varphi(x) = x \cdot \cos x \Rightarrow \varphi'(2) = -2{,}2347$

c) $\psi(x) = x^2 \cdot \sin x \Rightarrow \psi''(1) = 3{,}0027$

9. Nebenstehendes Programm ist ähnlich dem Programm von 1.5.2. Aufgabe 13. Es wird aber noch eine Variable z eingeführt. In der REPEAT-Anweisung wird zunächst z := a [4]; gesetzt und dann die Anweisung z := z · x + y; ergänzt.
Es ergibt sich also mit $y = a_4$, $z = a_4$ für i = 3:
$y = a_4 \cdot x + a_3$;
$z = a_4 \cdot x + (a_4 x + a_3)$
   a) Was ergibt sich für i = 1? Zeige dadurch, dass der erhaltene Term z die Ableitung der ganzrationalen Funktion 4. Grades ist!
   b) Welche Änderungen müssen in dem Programm vorgenommen werden, um eine Tabelle für Funktionswert und Ableitung der ganzrationalen Funktion n-ten Grades aufzustellen?

```
PROGRAM Polynom2;
VAR i, x, y, z, li, re: Integer;
      a: ARRAY [Ø..4] OF Integer;
                              {Koeffizienten}
BEGIN
  FOR i:=4 DOWNTO Ø DO { Eingaben }
    BEGIN
      Write('Koeffizient von x hoch ',i,': ');
      Readln(a[i]);
    END;
  Write('Linke Grenze : '); Readln(li);
  Write('Rechte Grenze : '); Readln(re);
  Writeln('  x-Wert  y-Wert  z-Wert');
  x:=li;
  REPEAT { Berechnung und Ausgabe }
    y:=a[4];  z:=a[4];
    FOR i:=3 DOWNTO 1 DO
      BEGIN y:=y*x+a[i];
            z:=z*x+y;
    END; { y Funktionswert, z Ableitung }
    y:=y*x+a[Ø];
    Writeln(x:1Ø,y:1Ø,z:1Ø);
                         {1Ø Stellen pro Wert}
    x:=x+1;
  UNTIL x > re; Readln;
END.
```

10. Ableitung eines Produkts mit drei Faktoren
   a) Zeige:
   $f(x) = u(x)\,v(x)\,w(x) \Rightarrow f'(x) = u'(x)\,v(x)\,w(x) + u(x)\,v'(x)\,w(x) + u(x)\,v(x)\,w'(x)$
   kurz: $(uvw)' = u'vw + uv'w + uvw'$
   Beachte, wie der „Ableitungsstrich" durch den Term f'(x) vom ersten über den zweiten zum dritten Faktor wandert!
   b) Ergänze: $f(x) = \sin^3 x \Rightarrow f'(x) = \ldots$
   c) Berechne die Ableitung des Terms $\varphi(x) = x \cdot \sin x \cdot \cos x$!
   d) Zeige: Der Neigungswinkel der Tangente des Graphen der Funktion $f: x \mapsto x \cdot \sin 2x$; $x \in \mathbb{R}$ im Punkt P(0,5; ?) beträgt 54°6'.

11. Was kann man über eine Funktion f an der Stelle x = 1 aussagen, deren Funktionsterm folgende Gestalt hat: $f(x) = (x-1)^2 \cdot g(x) + 1$ (g differenzierbar)?

5.1.3. Die Quotientenregel

Auch bei einem Funktionsterm der Form $f(x) = \frac{u(x)}{v(x)}$ kann man nicht erwarten, dass die Ableitung f'(x) gleich ist dem Quotienten der Ableitungen von Zähler und Nenner. Man erkennt dies schon am Beispiel $f(x) = \frac{1}{x}$. Hier ist $f'(x) = -\frac{1}{x^2}$, während die Ableitung des Zählers null, die des Nenners 1 wäre.

Es sei $f(x) = \frac{u(x)}{v(x)}$. Zähler und Nenner seien differenzierbar an der Stelle x_0, $v(x_0) \neq 0$. Der Differenzenquotient bzgl. der Stelle x_0 lautet:

$$\frac{f(x) - f(x_0)}{x - x_0} = \frac{\frac{u(x)}{v(x)} - \frac{u(x_0)}{v(x_0)}}{x - x_0} = \frac{u(x)\,v(x_0) - u(x_0)\,v(x)}{(x - x_0)\,v(x)\,v(x_0)} =$$

$$= \frac{1}{v(x)\,v(x_0)} \cdot \frac{u(x)\,v(x_0) - u(x_0)\,v(x_0) + u(x_0)\,v(x_0) - u(x_0)\,v(x)}{x - x_0} =$$

$$= \frac{1}{v(x)\,v(x_0)} \cdot \left[v(x_0) \cdot \frac{u(x) - u(x_0)}{x - x_0} - u(x_0) \cdot \frac{v(x) - v(x_0)}{x - x_0} \right].$$

Somit ist nach den Grenzwertregeln

$f'(x_0) =$

$$= \lim_{x \to x_0} \frac{1}{v(x)\,v(x_0)} \cdot \left[\lim_{x \to x_0} v(x_0) \cdot \lim_{x \to x_0} \frac{u(x) - u(x_0)}{x - x_0} - \lim_{x \to x_0} u(x_0) \cdot \lim_{x \to x_0} \frac{v(x) - v(x_0)}{x - x_0} \right] =$$

$$= \frac{1}{[v(x_0)]^2} \cdot [v(x_0) \cdot u'(x_0) - u(x_0) \cdot v'(x_0)].$$

Nach einfacher Umformung erhält man, wenn man x_0 wieder durch x ersetzt, die

Quotientenregel:

> Sind die Funktionen u und v in einem Intervall J differenzierbar und ist $v(x) \neq 0$ für $x \in J$, so ist auch die Quotientenfunktion $\frac{u}{v}$ im Intervall J differenzierbar, und es gilt für jedes $x \in J$:
>
> $$f(x) = \frac{u(x)}{v(x)} \Rightarrow f'(x) = \frac{u'(x) \cdot v(x) - u(x) \cdot v'(x)}{[v(x)]^2}$$

Der Zähler unterscheidet sich nur durch das Minuszeichen von dem Term der Produktregel; im Nenner steht das Quadrat des Nennerterms von $f(x)$.

Beispiele: a) $f(x) = \frac{\sin x}{x^3} \Rightarrow f'(x) = \frac{\cos x \cdot x^3 - \sin x \cdot 3x^2}{x^6} = \frac{x \cos x - 3 \sin x}{x^4}$

b) $\varphi(x) = x^{-5} = \frac{1}{x^5} \Rightarrow \varphi'(x) = \frac{0 \cdot x^5 - 1 \cdot 5x^4}{x^{10}} = -\frac{5}{x^6} = -5 \cdot x^{-6}$

Bemerkung:

Zeige, dass man die Quotientenregel auch mit Hilfe der Produktregel begründen kann (vorausgesetzt, dass $f(x) = \frac{u(x)}{v(x)}$ für alle x aus dem Definitionsbereich differenzierbar ist). Forme dazu folgendermaßen um: $f(x) \cdot v(x) = u(x)$, und beachte, dass dann auch die Ableitungen der rechten und der linken Seite gleich sein müssen. Durch Anwendung der Produktregel auf der linken Seite und Auflösung der Gleichung nach $f'(x)$ erhält man die Quotientenregel. Führe diese Rechnung selbst durch!

5.1.4. Ableitung der Funktion $x \mapsto x^n$; $x \in \mathbb{R} \setminus \{0\}$ für beliebiges $n \in \mathbb{Z}$

Das Beispiel b) lässt vermuten, dass die Differenziationsregel für die Potenzfunktion auch dann anwendbar ist, wenn der Exponent ganzzahlig negativ ist. Dies gilt in der Tat, denn mit $n = -m$ ist

$$f(x) = x^{-m} = \frac{1}{x^m}; \quad x \in \mathbb{R} \setminus \{0\} \quad \text{und} \quad m \in \mathbb{N},$$

$$f'(x) = \frac{0 \cdot x^m - 1 \cdot mx^{m-1}}{(x^m)^2} = -\frac{m}{x^{2m-(m-1)}} = -\frac{m}{x^{m+1}} =$$

$$= -m \cdot x^{-m-1} = n \cdot x^{n-1}.$$

Was ergibt sich für $n = 0$ und $n = 1$? Damit ist die Differenziationsregel für die Potenzfunktion in 5.1.2. auf $n \in \mathbb{Z}$ erweitert. Es gilt die

Regel:

$f(x) = x^n \Rightarrow f'(x) = n \cdot x^{n-1}$ für $x \in D_f$ und $n \in \mathbb{Z}$,
wobei $D_f = \mathbb{R}$ für $n > 1$ und $D_f = \mathbb{R} \setminus \{0\}$ für alle übrigen ganzen Zahlen.

Anmerkung:
Für $n = 1$ gilt natürlich $f(x) = x$ und $f'(x) = 1$ auch für $x = 0$, doch versagt die formale Regel: $f'(x) = 1 \cdot x^0$, da 0^0 nicht definiert ist.

Beispiele: a) $f(x) = -2x^{-7} + 3x^{-2} \Rightarrow f'(x) = 14x^{-8} - 6x^{-3}$

b) $\varphi(x) = \frac{1}{x^3} + \frac{1}{x^4} = x^{-3} + x^{-4} \Rightarrow \varphi'(x) = -3x^{-4} - 4x^{-5} = -\frac{3}{x^4} - \frac{4}{x^5}$

Kontrolle mit der Quotientenregel:

$$\varphi(x) = \frac{x+1}{x^4} \Rightarrow \varphi'(x) = \frac{1 \cdot x^4 - (x+1) \cdot 4x^3}{x^8} = \frac{-3x^4 - 4x^3}{x^8} = -\frac{3}{x^4} - \frac{4}{x^5}$$

5.1.5. Ableitung der Tangens- und Kotangensfunktion

Wir berechnen die Ableitung der Funktion

$$f\colon x \mapsto \tan x; \quad x \in \left\{x \,|\, x \neq (2k+1)\,\frac{\pi}{2}\right\} \quad \text{mit } k \in \mathbb{Z}$$

Es gilt: $$f(x) = \frac{\sin x}{\cos x} \Rightarrow f'(x) = \frac{\cos x \cdot \cos x - \sin x\,(-\sin x)}{\cos^2 x} =$$

$$= \frac{\cos^2 x + \sin^2 x}{\cos^2 x} = \frac{1}{\cos^2 x}.$$

Eine analoge Rechnung führt auf die Ableitung von $\cot x$. Siehe Aufgabe 6.

Regel:

$$f(x) = \tan x \Rightarrow f'(x) = \frac{1}{\cos^2 x} \quad \text{für } x \neq (2k+1)\frac{\pi}{2},\ k \in \mathbb{Z}$$

$$f(x) = \cot x \Rightarrow f'(x) = -\frac{1}{\sin^2 x} \quad \text{für } x \neq k \cdot \pi,\ k \in \mathbb{Z}$$

Aufgaben

1. Bilde $f'(x)$:

   a) $f(x) = \frac{1}{9-x^2}$ b) $f(x) = \frac{1}{\sqrt{x}}$ c) $f(x) = \frac{1}{\sin x}$ d) $f(x) = \frac{1}{2+x-x^2}$

2. Beweise: $f(x) = \frac{1}{g(x)} \Rightarrow f'(x) = -\frac{g'(x)}{[g(x)]^2}$

3. Differenziere mit der Quotientenregel:

   a) $f(x) = \frac{x+1}{x}$ b) $f(x) = \frac{(a-x)^2}{x}$ c) $f(x) = \frac{x^2-1}{x^2}$

   Frage: Wie kann man a), c) und auch b) einfacher differenzieren?

   d) $f(x) = \frac{x^3}{(x-a)^2}$ e) $f(x) = \frac{\sin x}{x}$ f) $f(x) = \frac{x}{\sin x}$ g) $f(x) = \frac{a+bx}{\cos x}$

   h) $f(x) = \frac{\sin x}{1+\cos x}$ i) $f(x) = \frac{1+\cos x}{1-\cos x}$ k) $f(x) = \frac{1+\sin x}{x \cos x}$ l) $f(x) = \frac{x \sin x}{1+\cos x}$

4. Wende die Regel für die Differenziation der Potenzfunktion an:

   a) $f(x) = \frac{1}{x^2} - \frac{1}{x^3}$ b) $f(x) = \frac{1}{x^4} \cdot \sin x$ c) $f(x) = \frac{3x^2-4x^3}{6x^8}$ d) $f(u) = \left(\frac{1}{ux}\right)^4$

5. Differenziere:

   a) $f\colon x \mapsto \tan x - \cot x$ b) $f\colon x \mapsto x^3 \tan x$ c) $f\colon x \mapsto \frac{\tan x}{\sqrt{x}}$ d) $f\colon \alpha \mapsto x^3 \cot \alpha$

6. Bestätige die oben genannte Differenziationsformel für $\cot x$! Beachte: $\cot x = \frac{\cos x}{\sin x}$

Vermischte Aufgaben

7. Berechne für die Funktion $f\colon x \mapsto \frac{|x|}{1+|x|}$; $x \in \mathbb{R}$ den Wert der Ableitung für

   a) $x_0 = 0$ b) $x_0 = 4$ c) $x_0 = -1$!

8. Berechne für die Funktion $f: x \mapsto \frac{\sin x}{x+1}; \quad x \in]-1; \infty[$
den Wert der 2. Ableitung am Ursprung!

9. Vergleiche die Ableitungen der Funktionen $f: x \mapsto \frac{x^3+1}{x^3}$ und $\varphi: x \mapsto \frac{1}{x^3}$!
Wie erklärt sich das Ergebnis?

10. Die Funktionen $f: x \mapsto f(x)$ und $g: x \mapsto \frac{1}{f(x)}$ seien beide in D definiert und dort differenzierbar. Was lässt sich dann über die Schnittpunkte der beiden Graphen und die Tangentenrichtungen in den Schnittpunkten aussagen?

11. Berechne den Schnittwinkel der Graphen folgender Funktionen:

$$f_1: x \mapsto 4x^{-2}; \quad x \in \mathbb{R}^+ \quad \text{und} \quad f_2: x \mapsto x^2+3; \quad x \in \mathbb{R}^+$$

12. Bilde die erste und zweite Ableitung der Funktionen:
a) $f: x \mapsto \frac{x}{x+1}$ b) $f: x \mapsto \frac{x+1}{x-1}$ c) $f: x \mapsto \frac{x^2}{2-x}$ d) $f: x \mapsto \frac{ax}{a+|x|}$

13. a) Differenziere durch Grenzübergang beim Differenzenquotienten die Funktion

$$f: x \mapsto \frac{x}{x+2}; \quad D_f = D_{f(x)}!$$

b) Überprüfe das Ergebnis mit Hilfe der Quotientenregel!
c) Hat f lokale bzw. globale Extrema?

14. Wo haben die folgenden Funktionen lokale Extrema? Wo existiert die Ableitung nicht? $D_f = D_{f(x)}$!
a) $f: x \mapsto \frac{2x+1}{x-1}$ b) $f: x \mapsto \frac{x-3}{(x-2)^2}$ c) $f: x \mapsto \frac{x^2+3}{|x|+1}$ d) $f: x \mapsto \frac{|a+x|}{ax^2}$

15. a) Die Funktion $f: x \mapsto f(x)$, $D_f = \mathbb{R}^+$ mit $f(x) = \begin{cases} -\frac{1}{4}x^2+2 & \text{für } 0 < x < 2 \\ 4x^{-2} & \text{für } 2 \leqq x < \infty \end{cases}$
ist im gesamten Definitionsbereich differenzierbar. Weise dies nach!
b) Zeige, dass f keine lokalen Extrema besitzt!

16. Eine Anwendung der Funktion $f: x \mapsto \frac{\sin x}{x}$ mit $D_f = \mathbb{R} \setminus \{0\}$ in der *Geographie*.
a) Bestimme die erste Ableitung der Funktion f und beweise unter Beachtung von 3.3.2., dass G_f für $0 < x < \frac{\pi}{2}$ streng monoton fallend ist!
b) Zeichne den Graphen von f für $|x| \leqq 2\pi$! Hat der Graph Symmetrieeigenschaften? Begründe dies! In der Zeichnung soll auf der x-Achse für 2π eine Länge von 6 cm gewählt werden.
c) Mit Hilfe der Monotonie von f lässt sich beweisen, dass für zwei Punkte P und Q auf der Kugeloberfläche der kleinere der beiden Großkreisbögen durch P und Q die *kürzeste*

Verbindung dieser Punkte auf der Kugeloberfläche ist.[1] Vergleiche dazu Fig. 5.1a!

Anleitung: Es sei b die Länge des kleineren Großkreisbogens durch P und Q (Kreismittelpunkt M) und b' der kleinere Bogen einer beliebigen Kreislinie auf der Kugeloberfläche durch P und Q (Mittelpunkt M'). Denkt man sich k'(M', r') in die Ebene von k(M; r) geklappt (Fig. 5.1b), so gilt:

$$b = 2rx, \quad b' = 2r'x' \quad \left(x;\, x' \text{ im Bogenmaß und } 0 < x < x' < \frac{\pi}{2}\right).$$

Mit $\overline{PQ} = s$ ist $r = s : (2 \cdot \sin x)$ und $r' = s : (2 \cdot \sin x')$. Alsdann ist zu zeigen: Für $0 < x < x'$ gilt $b' > b$.

Anmerkung: Diese Erkenntnis ist für die Schifffahrt auf den Weltmeeren und für den internationalen Luftverkehr von großer Bedeutung.

a)

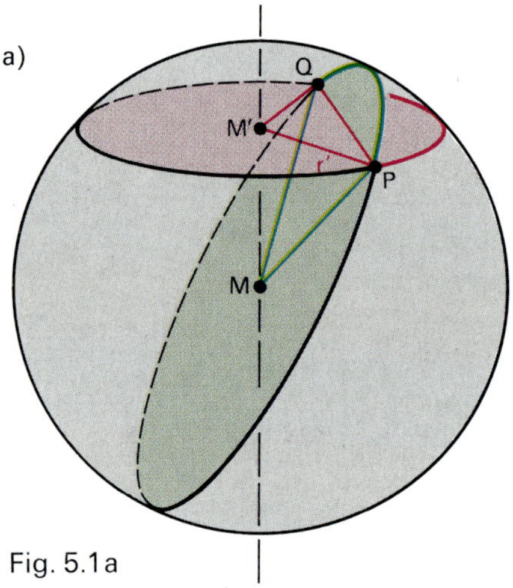

Fig. 5.1a

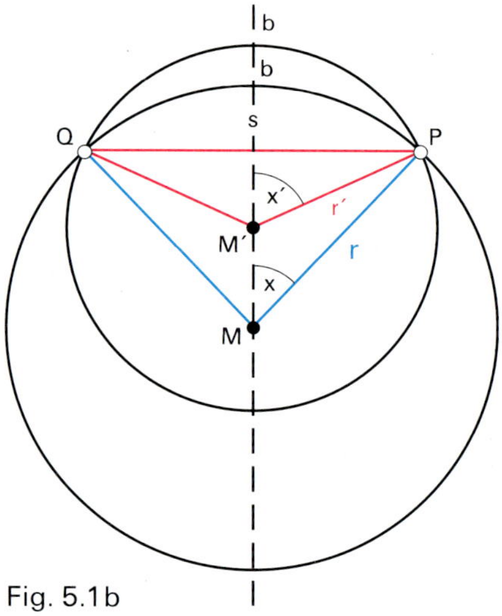

Fig. 5.1b

5.2. Zusammengesetzte Funktionen und Kettenregel

Wir kennen bereits die Ableitungen vieler Funktionsterme, z. B. x^n, $\sin x$, $\cos x$, x^{-n}, $\sqrt{x}$. Unter Verwendung der Summen-, Produkt- und Quotientenregel lassen sich damit alle rationalen und viele andere Funktionen differenzieren, auch wenn dies, wie beispielsweise bei einem Term der Form $(x^3+1)^4 - 2(x^3+1)^3$ oder $\sin^4 x$, etwas mühsam ist. Dagegen kommen wir mit diesen Differenziationsregeln bei Funktionstermen wie $\sqrt{x^2+1}$ oder $\sin(2x+1)$ nicht zum Ziel.

5.2.1. Zur Wiederholung: Der Begriff der Verkettung

Man kann solche Terme aber aus zwei Termen zusammensetzen:

[1] Wir betrachten hier nur Kreisbogen-Verbindungen. Der Nachweis für beliebige Wege auf der Kugeloberfläche muss übergangen werden.

1. Beispiel: f: $x \mapsto y = \sqrt{x^2+1}$

Man setzt f aus den Funktionen g: $x \mapsto u = x^2+1$ und h: $u \mapsto y = \sqrt{u}$ zusammen. Will man den Wert des Funktionsterms an einer Stelle x_0 erhalten, so berechnet man zuerst x^2+1 und zieht aus diesem Wert, wir nennen ihn jetzt u, die Wurzel, kurz: f: $x \mapsto x^2+1 = u \mapsto \sqrt{u}$.

2. Beispiel: f: $x \mapsto y = \sin(2x+1)$, dafür g: $x \mapsto u = 2x+1$, h: $u \mapsto y = \sin u$,
also: f: $x \mapsto 2x+1 = u \mapsto \sin u$

3. Beispiel: f: $x \mapsto y = \sin^4 x$, dafür g: $x \mapsto u = \sin x$, h: $u \mapsto y = u^4$,
also: f: $x \mapsto \sin x = u \mapsto u^4$

Die Einführung der Hilfsvariablen u an der Stelle eines Funktionsterms entspricht der Verkettung von Funktionen, die wir bereits in 1.1.3. kennen gelernt haben. Dabei ist vor allem auf die jeweiligen Definitionsmengen zu achten:

4. Beispiel: g: $x \mapsto u = g(x) = x^2-1$, h: $u \mapsto y = h(u) = \sqrt{u}$, $f = h \circ g: x \mapsto y = \sqrt{x^2-1}$

Die maximal zulässige Definitionsmenge von g ist $D_g = \mathbb{R}$, die Wertemenge $W_g = \{u \mid -1 \leqq u < \infty\}$. Die maximal zulässige Definitionsmenge von h ist jedoch nur $D_h = \{u \mid 0 \leqq u < \infty\}$. D_f ist also nur diejenige Teilmenge von D_g, die u-Werte aus D_h liefert, d. h.: $D_f = \{x \mid |x| \geqq 1\}$.

Zum Beispiel:

$x_0 = 3$; $u_0 = g(3) = 3^2 - 1 = 8$; $y_0 = h(8) = \sqrt{8}$, aber:

$x_1 = 0{,}5$; $u_1 = g(0{,}5) = 0{,}5^2 - 1 = -0{,}75$; $y_1 = h(-0{,}75)$ nicht definiert.

Man beachte, dass die Verkettung nicht kommutativ ist, d. h. $h \circ g \neq g \circ h$. Beim 4. Beispiel war $f = h \circ g: x \mapsto \sqrt{x^2-1}$. Dagegen ist $\bar{f}: g \circ h: x \mapsto (\sqrt{x})^2 - 1$ mit $D_{\bar{f}} = \mathbb{R}_0^+$, denn $u = h(x) = \sqrt{x}$, $y = g(u) = u^2 - 1$.

5.2.2. Differenziation zusammengesetzter Funktionen

Wir setzen nun voraus, dass g und h differenzierbar und damit auch stetig sind, und bilden den Differenzenquotienten

$$\frac{f(x)-f(x_0)}{x-x_0} = \frac{h(g(x))-h(g(x_0))}{x-x_0} = \frac{h(u)-h(u_0)}{x-x_0} =$$

$$= \frac{(h(u)-h(u_0)) \cdot (u-u_0)}{(u-u_0)\cdot(x-x_0)} = \frac{h(u)-h(u_0)}{u-u_0} \cdot \frac{g(x)-g(x_0)}{x-x_0}.$$

Wegen der Stetigkeit von g ist $\lim\limits_{x \to x_0} g(x) = g(x_0) = u_0$. Für $x \to x_0$ gilt auch $u \to u_0$. Damit ist

$$f'(x_0) = \lim_{x \to x_0} \frac{f(x)-f(x_0)}{x-x_0} = \lim_{u \to u_0} \frac{h(u)-h(u_0)}{u-u_0} \cdot \lim_{x \to x_0} \frac{g(x)-g(x_0)}{x-x_0} =$$

$$= h'(u_0) \cdot g'(x_0)$$

Bemerkung:

Bei der Herleitung dieser Differenziationsregel muss $u - u_0 \neq 0$ vorausgesetzt werden. Nur dann kann in obiger Gleichungskette der dritte Bruch mit $(u - u_0)$ erweitert werden. Es muss also zumindest in einer „kleinen Umgebung von x_0", $g(x) \neq g(x_0)$ gelten. Dies trifft für alle in diesem Buch behandelten differenzierbaren Funktionen zu, die konstante Funktion ausgenommen. (Was gilt in diesem Fall?) Der Satz gilt darüber hinaus für beliebige differenzierbare Funktionen, doch wollen wir auf den Beweis verzichten.

Da die hergeleitete Differenziationsregel für jedes x_0 des Differenzierbarkeitsbereichs von $f = h \circ g$ gilt, kann man x_0 durch x und u_0 durch u ersetzen. So ergibt sich die

Kettenregel:

$$f(x) = h(g(x)) \Rightarrow f'(x) = h'(u) \cdot g'(x) = h'(g(x)) \cdot g'(x), \quad \text{wobei } u = g(x)$$

gültig für alle $x \in D_{f'}$.

Man beachte, dass hier mit h' die Differenziation des Terms $h(u)$ nach der Variablen u gemeint ist. Wir erläutern dies an folgendem

1. Beispiel: Für den Term $f(x) = (x^3+1)^4 - 2(x^3+1)^3$ soll die Ableitung an der Stelle $x_0 = 1$ berechnet werden.

Lösung:

$f(x) = (x^3+1)^4 - 2 \cdot (x^3+1)^3$

$h(u) = u^4 - 2 \cdot u^3$; $\quad h'(u) = 4u^3 - 6u^2$;

$u = g(x) = x^3 + 1$; $\quad g'(x) = 3x^2$

Zu $x_0 = 1$ gehört $u_0 = g(1) = 2$. Somit ist

$h'(2) = 32 - 24 = 8$; $\quad g'(1) = 3$ und schließlich

$f'(1) = (h \circ g)'(1) = h'(2) \cdot g'(1) = 8 \cdot 3 = 24$

Kontrolle: Klammert man im Term $f(x)$ den Faktor $(x^3+1)^3$ aus, so folgt

$$f(x) = (x^3+1)^3(x^3+1-2) = (x^3+1)^3(x^3-1)$$
$$= (x^9 + 3x^6 + 3x^3 + 1) \cdot (x^3 - 1) = \varphi(x) \cdot \psi(x) \quad \text{und}$$
$$f'(1) = \varphi'(1) \cdot \psi(1) + \varphi(1) \cdot \psi'(1) = \varphi'(1) \cdot 0 + 8 \cdot 3 = 24, \quad \text{wie oben.}$$

Bemerkung:

Verwendet man die in Abschnitt 4.3.3.a erwähnte Schreibweise

$$f'(x) = \frac{dy}{dx}, \quad h'(u) = \frac{dy}{du} \quad \text{und} \quad g'(x) = \frac{du}{dx},$$

so erhält man die Kettenregel in der einprägsamen, Leibniz'schen Form

$$\frac{dy}{dx} = \frac{dy}{du} \cdot \frac{du}{dx}$$

Die Berechnung des Faktors $\frac{du}{dx}$ nennt man auch „Nachdifferenzieren" der „inneren" Funktion nach x.

2. Beispiel: $f(x) = \sqrt{x^2+1}$; $h(u) = \sqrt{u}$; $u = g(x) = x^2+1$; $h'(u) = \frac{1}{2\sqrt{u}}$; $g'(x) = 2x$

$f'(x) = h'(u) \cdot g'(x) = \frac{1}{2\sqrt{u}} \cdot 2x = \frac{x}{\sqrt{x^2+1}}$ für alle $x \in \mathbb{R}$

3. Beispiel: $f(x) = \sin(2x+1)$; $h(u) = \sin u$; $u = g(x) = 2x+1$; $h'(u) = \cos u$; $g'(x) = 2$

$f'(x) = h'(u) \cdot g'(x) = \cos u \cdot 2 = 2 \cdot \cos(2x+1)$ für alle $x \in \mathbb{R}$

4. Beispiel: $f(x) = \sin^4 x$; $h(u) = u^4$; $u = g(x) = \sin x$; $h'(u) = 4u^3$; $g'(x) = \cos x$

$f'(x) = h'(u) \cdot g'(x) = 4u^3 \cdot \cos x = 4 \cdot \sin^3 x \cdot \cos x$ für alle $x \in \mathbb{R}$

5. Beispiel: $f(x) = \sin^2 3x$; $h(u) = u^2$; $u = g(x) = \sin 3x$; $h'(u) = 2u$; $g'(x) = (\sin 3x)'$

$f'(x) = h'(u) \cdot g'(x) = 2u \cdot (\sin 3x)' = ?$

Wir brauchen die Kettenregel nochmals, um $\sin 3x$ zu differenzieren:

$g(x) = \sin 3x$; $s(v) = \sin v$, $v = t(x) = 3x$, also $g(x) = s(t(x))$

$g'(x) = (\sin 3x)' = s'(v) \cdot t'(x) = \cos v \cdot 3 = \cos 3x \cdot 3$, also

$f'(g) = 2 \sin 3x \cdot \cos 3x \cdot 3 = 3 \sin 6x$, da $2 \sin z \cos z = \sin 2z$

Allgemein: Ist $f = h \circ s \circ t$, d.h. $f(x) = h(s(t(x)))$, und sind h, s und t differenzierbar, dann ist

$$f'(x) = (h \circ s \circ t)'(x) = h'(u) \cdot s'(v) \cdot t'(x)$$

mit $u = s(v)$, $v = t(x)$. In der Leibniz'schen Form:

$$\frac{dy}{dx} = \frac{dy}{du} \cdot \frac{du}{dv} \cdot \frac{dv}{dx}$$

Nach einiger Übung kann man sich die Zerlegung in eine innere und äußere Funktion ersparen und (mit Vorsicht!) unmittelbar differenzieren:

6. Beispiel: $f(x) = (x^3+1)^4 - 2(x^3+1)^3$; $f'(1) = ?$ Es ergibt sich (s. 1. Beispiel):

$f'(x) = 4(x^3+1)^3 \cdot 3x^2 - 6(x^3+1)^2 \cdot 3x^2 \Rightarrow f'(1) = 4 \cdot 8 \cdot 3 - 6 \cdot 4 \cdot 3 = 24$

oder: $f(x) = (x^3+1)^3(x^3-1)$ und damit

$f'(x) = 3(x^3+1)^2 \cdot 3x^2 \cdot (x^3-1) + (x^3+1)^3 \cdot 3x^2 \Rightarrow f'(1) = 0 + 8 \cdot 3 = 24$

7. Beispiel: $f(x) = \sqrt{\cos 2x} \Rightarrow f'(x) = \frac{1}{2\sqrt{\cos 2x}} \cdot (-\sin 2x) \cdot 2$;

$x \in D_f \setminus \left\{x \mid x = (2k-1) \cdot \frac{\pi}{4}\right\}$ (zweimaliges Nachdifferenzieren)

8. Beispiel: $f(x) = \sqrt{\sin^3 \pi x} \Rightarrow f'(x) = \frac{1}{2\sqrt{\sin^3 \pi x}} \cdot 3 \sin^2 \pi x \cdot \cos \pi x \cdot \pi$; $x \in D_f \setminus \mathbb{Z}$

(dreimaliges Nachdifferenzieren)

$\frac{f(x)-f(x_0)}{x-x_0} = \frac{\sqrt[4]{x}-\sqrt[4]{x_0}}{x-x_0}$

Aufgaben

1.–8.: Bilde für den angegebenen Term f(x) der Funktion f: $x \mapsto f(x)$; $x \in D_f$ den Ableitungsterm f'(x)! Bei welchen Aufgaben stimmt $D_{f'}$ nicht mit D_f überein?

1. a) $(3x+2)^4$; $D_f = \mathbb{R}$ b) $(1-x)^5$; $D_f = \mathbb{R}$ c) $(3x^2-2x+5)^3$; $D_f = \mathbb{R}$
   d) $(1+\sin x)^3$; $D_f = \mathbb{R}$ e) $(1+\sqrt{x})^4$; $D_f = \mathbb{R}_0^+$ f) $(\sin x + 2\cos x)^3$; $D_f = \mathbb{R}$

2. a) $\frac{1}{2x-1}$; $D_f =]0{,}5; \infty[$ b) $\frac{1}{(2x-1)^3}$; $D_f =]-\infty; 0{,}5[$
   c) $\frac{1}{(x^2+x+1)^2}$; $D_f = \mathbb{R}$ d) $\frac{1}{(2-\sin x)^2}$; $D_f = \mathbb{R}$
   e) $\frac{1}{(1+\sqrt{x})^4}$; $D_f = \mathbb{R}_0^+$ f) $\frac{1}{(1+x^{-1})^3}$; $D_f = \mathbb{R}^+$

3. a) $\sin 2x$; $D_f = \mathbb{R}$ b) $\cos(\frac{1}{2}\pi x)$; $D_f = \mathbb{R}$
   c) $\sin(ax+b)$; $D_f = \mathbb{R}$ d) $\tan \pi x$; $D_f = [0; 0{,}5[$
   e) $\sin x^2$; $D_f = \mathbb{R}$ f) $\cos\sqrt{x}$; $D_f = \mathbb{R}_0^+$

4. a) $\sin^2 x$; $D_f = \mathbb{R}$ b) $\sin^2 x + \cos^2 x$; $D_f = \mathbb{R}$ c) $\sin^3 x$; $D_f = \mathbb{R}$
   d) $-\cos^4 x$; $D_f = \mathbb{R}$ e) $\sin 4x + \sin^4 x$; $D_f = \mathbb{R}$
   f) $\sin^n x$; $n \in \mathbb{Z}$; $D_f = \mathbb{R}$ für $n > 0$; $D_f = \mathbb{R} \setminus \{k\pi \mid k \in \mathbb{Z}\}$ für $n \leqq 0$

5. a) $\sqrt{2x-3}$; $D_f = [1{,}5; \infty[$ b) $\sqrt{x^2+1}$; $D_f = \mathbb{R}$
   c) $\sqrt{\frac{x^2+1}{x}}$; $D_f = \mathbb{R}^+$ d) $\sqrt[4]{x}$; $D_f = \mathbb{R}_0^+$
   e) $\sqrt{x^2+2x+3}$; $D_f = \mathbb{R}$ f) $\sqrt{5+4x-x^2}$; $D_f = [-1; 5]$

6. a) $\sin x \cdot \sin 2x$; $D_f = \mathbb{R}$ b) $x \cdot \sqrt{x^2+1}$; $D_f = \mathbb{R}$
   c) $x^2\sqrt{1-x^2}$; $D_f = [-1; 1]$ d) $x^2 \cdot \sin 2x$; $D_f = \mathbb{R}$
   e) $\sqrt{x^2+1} \cdot \sin \pi x$; $D_f = \mathbb{R}$ f) $\sin^2 x \cdot \cos^2 x$; $D_f = \mathbb{R}$

7. a) $\frac{\sin 2x}{x^2}$; $D_f = \mathbb{R}^+$ b) $\frac{\sqrt{x}}{\cos 3x}$; $D_f =]0; \frac{1}{6}\pi[$
   c) $\frac{\cos 2x}{\sin 3x}$; $D_f =]0; \frac{1}{3}\pi[$ d) $\frac{x}{\sqrt{x^2+1}}$; $D_f = \mathbb{R}$
   e) $\frac{\sqrt{9-x^2}}{\sin 2x}$; $D_f =]0; \frac{1}{2}\pi[$ f) $\frac{\sin \pi x}{\sqrt{x^2+x+1}}$; $D_f = \mathbb{R}$

8. a) $\sqrt{\sin 2x}$; $D_f =]0; \frac{1}{2}\pi[$ b) $\cos^2 \pi x$; $D_f = \mathbb{R}$
   c) $(1+\sin \pi x)^4$; $D_f = \mathbb{R}$ d) $\sqrt{\sin\sqrt{x}}$; $D_f = [0; \pi^2]$
   e) $(1+\sin^2 \pi x)^3$; $D_f = \mathbb{R}$ f) $\sqrt{\sin\sqrt{x^2-1}}$; $D_f =]1; \sqrt{1+\pi}[$

9. Differenziere die Funktion f: $x \mapsto \cos^2 x$; $x \in \mathbb{R}$ nach der Produktregel und überprüfe das Ergebnis mit der Kettenregel!

10. Differenziere φ: $x \mapsto x\sqrt{x}$; $x \in \mathbb{R}^+$ zunächst nach der Produktregel und überprüfe das Ergebnis unter Berücksichtigung der Beziehung $x\sqrt{x} = \sqrt{x^3} = (\sqrt{x})^3$ auf zweierlei Arten mit der Kettenregel!

11. Differenziere zuerst mit der Quotientenregel, dann mit der Kettenregel:

a) $f(x) = \frac{1}{\sin x}$ b) $f(x) = \frac{1}{\cos^3 x}$ c) $f(\alpha) = \frac{1}{\tan \alpha}$

12. Bilde y', vergleiche:

a) $y = f(x) + c$ b) $y = f(x + c)$ c) $y = c \cdot f(x)$ d) $y = f(c \cdot x)$

Vermischte Aufgaben

13. Gegeben ist die Funktion f: $x \mapsto \sin 2x$; $x \in [0; \pi]$.
   a) Unter welchem Winkel ist die Tangente im Punkt $P(\frac{1}{8}\pi; ?)$ des Graphen G_f gegen die x-Achse geneigt? (auf 1' genau!)
   b) An welcher Stelle x_0 ist die Tangente parallel zur Geraden g: $y = 2x + 3$?

14. Gegeben ist die Funktion φ: $x \mapsto y = \sqrt{4 - x^2}$; $x \in D_{max}$
   a) Gib D_{max} an!
   b) Differenziere φ und bestimme den Differenzierbarkeitsbereich $D_{\varphi'}$!
   c) Stelle die Gleichung der Normalen in einem beliebigen Punkt $P(x_0; y_0)$ des Funktionsgraphen G_φ auf und zeige, dass sie durch den Ursprung geht!
   d) Zeichne G_φ und erkläre das Ergebnis von Teilaufgabe c) geometrisch!
   Hinweis: Berechne $x^2 + y^2$!

15. f sei eine in $\mathbb{R}$ differenzierbare Funktion. Beweise und erläutere anschließend geometrisch:
   a) Es ist $f'(-x) = f'(x)$, wenn f eine ungerade Funktion ist.
   b) Es ist $f'(-x) = -f'(x)$, wenn f eine gerade Funktion ist.

16. Bestimme a und b so, dass der Graph der Funktion f: $x \mapsto a + \sin(x + b)$; $x \in \mathbb{R}$ durch den Ursprung geht und die x-Achse als Tangente hat!

17. Beweise, dass die Funktion f: $x \mapsto y = A \cdot \sin\sqrt{cx} + B \cdot \cos\sqrt{cx}$ die *Differenzialgleichung* $y'' = -cy$ erfüllt![1]

18. Berechne auf 4 Dezimalen genau:

a) $f'(1)$ für $f(x) = \frac{1}{\pi}\tan \pi x$ b) $g'\left(\frac{1}{2}\right)$ für $g(x) = \sqrt{\tan 2x}$

c) $h'\left(\frac{1}{\pi}\right)$ für $h(x) = x \cdot \tan\frac{1}{x}$ d) $\varphi''\left(\frac{2}{\pi}\right)$ für $\varphi(x) = \sin \pi x$

[1] Vgl. S. 162, 4.3.3.e) und Fußnote S. 163.

19. Die Graphen zu f: $x \mapsto \cos x$ und φ: $x \mapsto \sin 2x$ schneiden sich im Bereich $[0; 2\pi]$ viermal. An welchen Stellen und unter welchen spitzen Winkeln? (auf 0,01° genau!)

20. Bestätige mit dem Taschenrechner:

a) $f(x) = \frac{\sqrt{\sin x}}{x} \Rightarrow f'\left(\frac{1}{2}\pi\right) = -0{,}4053$

b) $g(x) = \frac{x}{\sqrt{\cos \pi x}} \Rightarrow g'\left(\frac{1}{\pi}\right) = 2{,}4198$

c) $h(x) = \sqrt{\sqrt{x}} \Rightarrow h'(4) = 0{,}0884$

21. Betrachtet werden die Funktionen:

$f_0: x \mapsto \begin{cases} \sin \frac{1}{x} & \text{für } x \neq 0 \\ 0 & \text{für } x = 0 \end{cases}$ (Fig. 5.2)

$f_1: x \mapsto \begin{cases} x \sin \frac{1}{x} & \text{für } x \neq 0 \\ 0 & \text{für } x = 0 \end{cases}$ (Fig. 5.3)

$f_2: x \mapsto \begin{cases} x^2 \sin \frac{1}{x} & \text{für } x \neq 0 \\ 0 & \text{für } x = 0 \end{cases}$

(Skizziere G_{f_2}!)

$f_3: x \mapsto \begin{cases} x^3 \sin \frac{1}{x} & \text{für } x \neq 0 \\ 0 & \text{für } x = 0 \end{cases}$

(Skizziere G_{f_3}!)

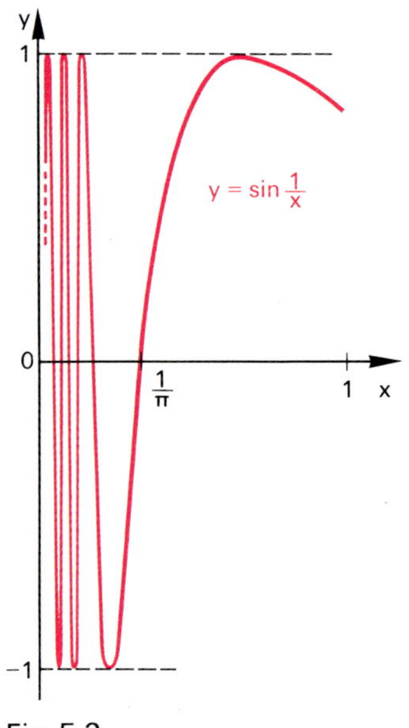

Fig. 5.2

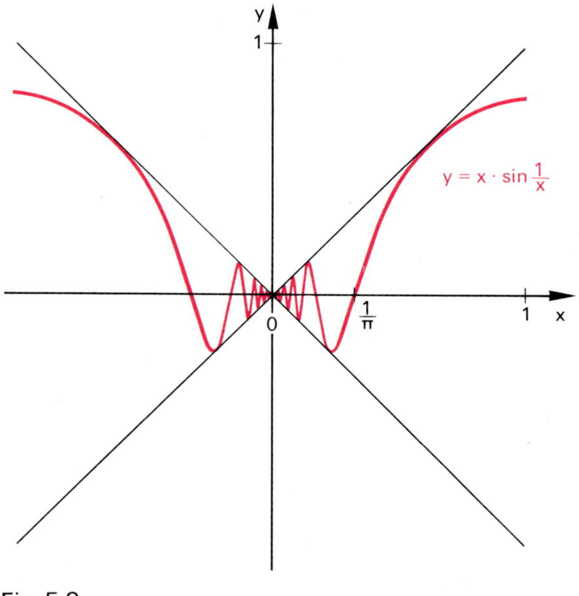

Fig. 5.3

Alle diese Funktionen sind in $\mathbb{R} \setminus \{0\}$ offensichtlich stetig und differenzierbar. Berechne für $\mathbb{R} \setminus \{0\}$ die Ableitungen und zeige weiter:

a) f_0 ist an der Stelle 0 nicht stetig und nicht differenzierbar.

b) f_1 ist an der Stelle 0 stetig, aber nicht differenzierbar.

c) f_2 ist an der Stelle 0 stetig und differenzierbar, die Ableitung f_2' ist aber an der Stelle 0 unstetig.

d) f_3 ist an der Stelle 0 stetig und differenzierbar, die Ableitung f_3' ist in $\mathbb{R}$ stetig (f_3 ist „stetig differenzierbar").

Gib ggf. die Ableitungsfunktion an!

22. Die differenzierbaren Funktionen g und h werden zur Funktion $f = h \circ g$ verkettet. x_0 sei aus dem Inneren von D_f. Zeige:

a) Notwendige Bedingung für ein Extremum von f an der Stelle x_0: Hat f an der Stelle x_0 einen Extremwert, dann gilt $g'(x_0) = 0$ oder $h'(g(x_0)) = 0$.

b) Hat h an der Stelle $u_0 = g(x_0)$ ein lokales Extremum und ist g streng monoton, dann hat auch f an der Stelle x_0 ein lokales Extremum.

c) Hat g an der Stelle x_0 ein lokales Extremum und ist h streng monoton, dann hat auch f an der Stelle x_0 ein lokales Extremum.

d) Untersuche den Fall, dass g an der Stelle x_0 und h an der Stelle $u_0 = g(x_0)$ lokale Extrema haben!

23. Für die Bewegung eines Massenpunktes gilt die Zeit-Weg-Gleichung $s = \sin \omega t$.
Zeige, dass diese Bewegung der Differenzialgleichung $\ddot{s} + \omega^2 \cdot s = 0$ gehorcht!
(Vgl. S. 162 4.3.3.e) und S. 163, Fußnote.)

24. Schwingung einer Schraubenfeder

Bei einer Schraubenfederschwingung mit der Amplitude a und der Schwingungsdauer T (Zeitdauer einer vollen Hin- und Herbewegung) ist die Entfernung s aus der Ruhelage eine Sinusfunktion der Zeit t (Fig. 5.4).

Es gilt die Gleichung $s = a \sin\left(\frac{2\pi}{T} t\right)$.

a) Welche Geschwindigkeit hat ein schwingender Massenpunkt beim Durchgang durch die Ruhelage und welche zur Zeit $t = \frac{5}{4}T$?

b) Zu welchen Zeitpunkten innerhalb einer vollen Hin- und Herbewegung hat die Momentanbeschleunigung einen maximalen Wert? Wann hat sie den Wert 0?

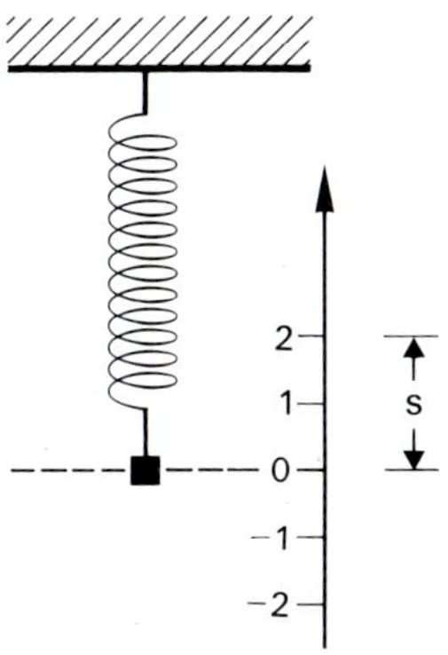

Fig. 5.4

25. Der schräge Wurf

Beim schrägen Wurf ergibt sich die Höhe des geworfenen Gegenstandes über dem Abwurfpunkt aus der Gleichung

$$y = v_0 \sin \alpha \cdot t - \tfrac{1}{2} g t^2$$

und der horizontale Abstand aus

$$x = v_0 \cos \alpha \cdot t.$$

v_0 ist die Wurfgeschwindigkeit, α der Wurfwinkel gegen die Horizontale, g die Fallbeschleunigung (Ortsfaktor) und t die Zeit nach dem Abwurf.

a) Berechne die vertikale und die horizontale Geschwindigkeitskomponente zum Zeitpunkt t (das heißt $v_y(t)$ und $v_x(t)$, vgl. Fig. 5.5)!

b) Berechne die größte erreichte Höhe!

c) Berechne aus den Ergebnissen von a) die (Gesamt-) Geschwindigkeit v(t) zum Zeitpunkt t und bestimme die Richtung des Geschwindigkeitsvektors $\vec{v}(t)$!

d) Ermittle durch Elimination von t aus den beiden Gleichungen die Gleichung $y = f(x)$ der Bahnkurve!

e) Zeige, dass der Geschwindigkeitsvektor in jedem Punkt der Flugbahn die Richtung der Tangente hat!

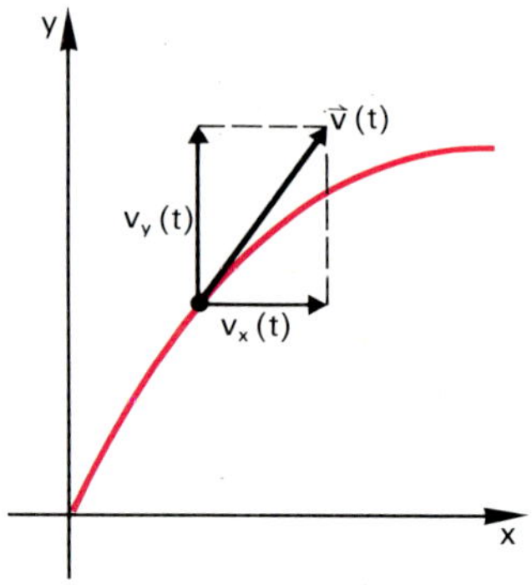

Fig. 5.5

5.2.3. Die Verhulst-Gleichung

Man bemüht sich heute in vielen Bereichen, reale Vorgänge durch *mathematische Modelle* zu beschreiben. Die Entwicklung einer Population, z. B. von Insekten, in einem bestimmten Lebensraum kann man versuchen, durch die sogenannte *Verhulst*[1]*-Gleichung*[2]

$$x_{n+1} = ax_n(1 - x_n); \qquad 0 \leqq x_n < 1 \quad \text{und} \quad a > 0$$

zu erfassen. Die Population wird nicht als Zahl der Individuen angegeben, vielmehr bedeutet $x = 1$ die obere Grenze der Population in diesem Lebensraum. $x_n = 0{,}8$ beispielsweise bedeutet, dass die Population 80% der Grenzgröße beträgt. Aus der Populationsgröße x_n wird die Größe x_{n+1} nach Ablauf eines bestimmten Zeitraums (z. B. nach einem Jahr) berechnet. a ist ein Parameter, der das Geschehen beeinflusst.

Bei der Gleichung $x_{n+1} = ax_n$ würde x_{n+1} für $a > 1$ immer größer werden und die Population ungehindert über alle Schranken wachsen. Der Faktor $(1 - x_n)$ hemmt das Wachstum, wenn die Populationsgröße sich 1 nähert, wenn also der Lebensraum zu klein wird.

Die Untersuchung der Verhulst-Gleichung führt zu erstaunlichen Ergebnissen und mündet in das aktuelle Forschungsgebiet der Chaostheorie. Einiges davon können wir schon mit unseren bisherigen Kenntnissen nachvollziehen.

Die Iteration

Wir betrachten den Funktionsterm

$$f(x) = ax(1 - x) = ax - ax^2 \qquad f'(x) = a - 2ax.$$

Der Graph ist eine nach unten geöffnete Parabel mit den Nullstellen 0 und 1 und dem Scheitel (1/2; a/4). (Vergleiche Fig. 5.10 auf S. 188!)

[1] Pierre François Verhulst, belgischer Mathematiker, 1804 bis 1849.

[2] Sie wird auch logistische Gleichung genannt nach franz. logis = Unterkunft, Wohnraum.

Wir beschränken den Parameter a auf $0 < a < 4$. Damit bleiben auch die Funktionswerte (folgende Population) im Intervall $[0; 1[$, da der Maximalwert $a/4$ ist. $a = 0$ ist uninteressant.
Von einer Anfangspopulation x_0 ausgehend erhält man x_1. Man wendet auf x_1 erneut die Funktion an und erhält x_2 usw.; es handelt sich also um die *Verkettung* $x_2 = f(x_1) = f \circ f(x_0)$, wobei hintereinander die gleiche Funktion verwendet wird. Wählen wir etwa die Anfangspopulation $x_0 = 0{,}3$ (30% der oberen Grenze) und den Parameter $a = 2$, so erhalten wir

$$x_1 = f(x_0) = 2 \cdot 0{,}3 \cdot 0{,}7 = 0{,}42 \quad \text{und}$$
$$x_2 = f(x_1) = f \circ f(x_0) = 0{,}4872.$$

Berechne mit dem Taschenrechner die Werte x_3, x_4, x_5.
Welche Vermutung wird nahe gelegt?

Es wäre sehr mühsam, die Entwicklung einer Anfangspopulation x_0 über lange Zeit, d.h. über viele Schritte, zu berechnen. Der Computer ist für diese Iteration (Wiederholung) das geeignete Werkzeug.

Das nebenstehende Pascalprogramm liefert zu dem Anfangswert $x_0 = 0{,}1$ und dem Parameter $a = 2{,}2$ die Zahlenfolge $x_0, x_1, x_2, \ldots, x_{14}$.
Der anschließende Ausdruck dieser Zahlenfolge lässt vermuten, dass die Folge dem Grenzwert 0,5454545... zustrebt.

```
PROGRAMM Verhulst;
VAR a, x: Real;
      i: Integer;
BEGIN
  a:= 2.2; x:= 0.1;
  Write(x:10:7);
  FOR i:=1 TO 14 DO
  BEGIN
    x:= a*x*(1-x);
    Write(x:10:7);
  END;
END.
```

```
0,1000000 0,1980000 0,3493512 0,5000709 0,5500000
0,5445000 0,5456434 0,5454167 0,5454621 0,5454530
0,5454548 0,5454545 0,5454546 0,5454545 0,5454545
```

Feigenbaumdiagramm

Der Computer kann uns die Berechnungen sogar gleich für viele a-Werte liefern, sodass sich der Einfluss des Parameters studieren lässt. Statt der vielen Zahlen lassen wir uns das *Ergebnis grafisch ausgeben*.
Auf der waagrechten Achse werden die a-Werte angetragen, nach oben die Populationsgrößen x_n. Zu jedem a ergeben sich senkrecht darüber z.B. die 201 Punkte für x_0 bis x_{200} mit $x_0 = 0{,}1$. (Fig. 5.6)

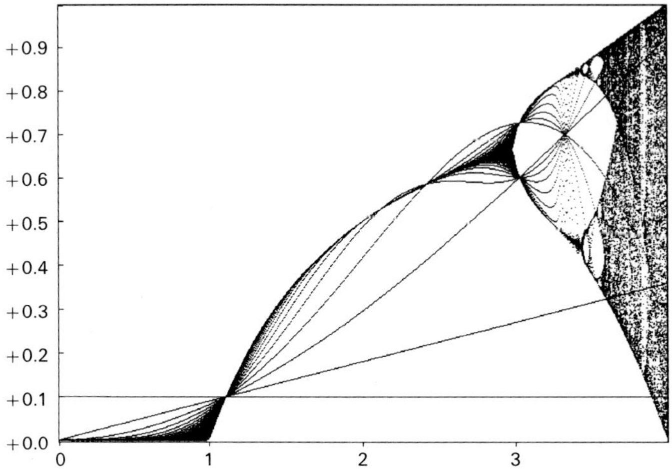

Fig. 5.6

Das Ergebnis ist sehr eigenartig und unerwartet. Da die vertikal gezeichneten Punkte in weiten Bereichen auf Grenzpunkte zuzustreben scheinen, wird das Bild übersichtlicher, wenn man bis zu einem hohen Wert rechnet, aber die ersten Punkte für jedes a noch nicht zeichnen lässt. Wir berechnen die Werte für jedes a jeweils bis x_{1000}, zeichnen die Punkte aber erst ab x_{200} (Fig. 5.7).
Dieses Diagramm heißt Feigenbaumdiagramm[1].

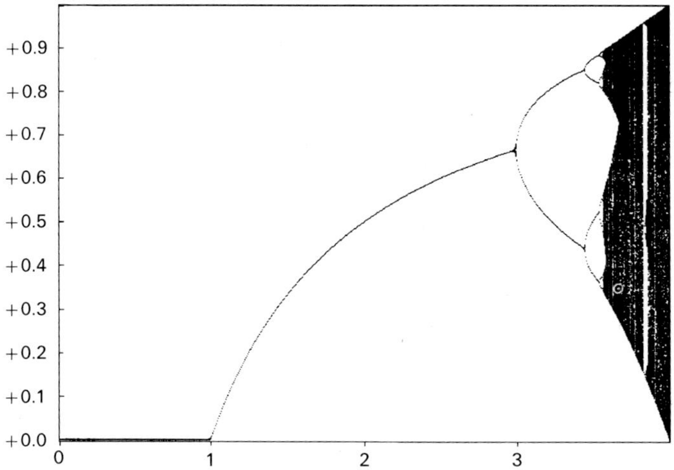

Fig. 5.7

Aus Fig. 5.7 kann man etwa entnehmen, dass die Folge x_n für $0 < a < 1$ gegen null strebt, dann ab dem Schwellwert $a = 1$ einen von null verschiedenen Grenzwert hat. Ab einer weiteren Schwelle $a = 3$ treten zwei Häufungswerte auf, dann 4 usw. Man spricht von *Bifurkationen*. Für a-Werte nahe 4 wird das Verhalten sehr rätselhaft. Man spricht von *chaotischem Verhalten*.

[1] Mitchell Feigenbaum, amerikanischer Physiker.

Grenzwert der Iteration

Wir untersuchen nun auch rechnerisch das Verhalten der Folge x_n in Abhängigkeit von a:

Es gilt $\quad x_{n+1} = a x_n (1 - x_n) \leqq a x_n, \quad$ da $0 < 1 - x_n \leqq 1$,

also $\quad x_1 \leqq a x_0, \quad x_2 \leqq a x_1 \leqq a^2 x_0, \quad x_3 \leqq a^3 x_0, \ldots$

Für $a < 1$ ist x_n eine *Nullfolge*, da a^n gegen 0 geht, d.h. $x_n \to 0$ für $n \to \infty$ und zwar, wie man jetzt erkennt, unabhängig vom Anfangswert x_0. Die Population stirbt aus.

Für die weitere Untersuchung fragen wir, ob es x-Werte gibt, bei denen sich die Population nicht ändert (Fixpunkte[1]), für die also gilt

$$f(x) = x, \text{ d.h. } ax(1-x) = x, \quad ax - ax^2 = x, \quad ax^2 - x(a-1) = 0;$$
$$x[ax - (a-1)] = 0.$$

Die quadratische Gleichung hat die Lösungen $x = 0$ und $x = (a-1)/a$.
$x = (a-1)/a$ ist aber wegen $x \geqq 0$, $a > 0$ nur für $a \geqq 1$ gültig. Für den Anfangswert $x_0 = (a-1)/a$ sind alle Folgewerte gleich x_0; da sich der x-Wert nicht ändert, ist er selbstverständlich der Grenzwert.
Ist der Fixpunkt $(a-1)/a$ auch bei anderen Anfangswerten der Grenzwert der Folge x_n?
x_F sei für ein bestimmtes a ein *Fixpunkt*, d.h. es gelte $x_F = f(x_F)$.
Wir vergleichen die Abstände $|x_F - x_{n+1}|$ und $|x_F - x_n|$ der Folgewerte $x_{n+1} = f(x_n)$ und x_n vom Fixpunkt x_F durch Quotientenbildung und erhalten mit $x_F = f(x_F)$:

$$\frac{|x_F - x_{n+1}|}{|x_F - x_n|} = \frac{|f(x_F) - f(x_n)|}{|x_F - x_n|} \qquad x_n \neq x_F.$$

Wenn der Betrag des Differenzenquotienten kleiner 1 ist, nimmt der Abstand der Folgewerte vom Fixpunkt also mit wachsendem n ab.
Wenn der Betrag der Ableitung $|f'(x_F)| < 1$, dann ist auch der Betrag des Differenzenquotienten in einer Umgebung von x_F kleiner 1 und sogar kleiner als eine geeignete Zahl $d < 1$. Falls also die Folge der x_n in diese Umgebung kommt, bilden die Abstände vom Fixpunkt eine Nullfolge. Der Fixpunkt zieht die Folge gewissermaßen an.

Für welche a gilt bei dem Fixpunkt $(a-1)/a$ die Voraussetzung $|f'(x_F)| < 1$?

Mit $f'(x) = a - 2ax$ ist $f'((a-1)/a) = a - 2(a-1) = 2 - a$.

Somit erhalten wir $|2 - a| < 1$.

Die Lösung dieser Ungleichung lautet: $1 < a < 3$.

[1] Man spricht hier in der mathematischen Literatur vom Fixpunkt, obwohl es sich um einen Wert handelt. In der grafischen Darstellung entspricht diesem x-Wert ein Punkt (zu einem bestimmten a vertikal aufgetragen), der bei Iteration mit allen Folgepunkten zusammenfällt.

Anmerkung:

Die zweite Lösung $x = 0$ der quadratischen Gleichung oben ist für *alle* a ein Fixpunkt, denn für $x_0 = 0$ ergibt die Iteration immer den Wert null. Für $a > 1$ gilt aber $f(0) = a > 1$; die Voraussetzung $|f'(x_F)| < 1$ ist nicht erfüllt. Für $|f'(x_F)| > 1$ kann man entsprechend zeigen, dass der Abstand vom Fixpunkt zunimmt. Man sagt, der Fixpunkt ist *abstoßend.* Er ist nicht Grenzwert. Für $x_0 \neq 0$ geht x_n nicht gegen null.

Damit haben wir auch rechnerisch bis zur Verzweigungsstelle $a_1 = 3$ das Grenzwertverhalten der Folge x_n im Feigenbaumdiagramm Fig. 5.7 erklärt:
Der Graph in Fig. 5.7 ist gegeben durch die stückweise definierte Funktion g:

$$g(a) = 0 \qquad \text{für } 0 < a < 1$$
$$g(a) = (a-1)/a \qquad \text{für } 1 < a < 3$$

Oben wurde für $a = 2{,}2$ durch die Computerrechnung der Grenzwert 0,545454 ... nahe gelegt. Wir finden nun bestätigt:

$$g(2{,}2) = (2{,}2-1)/2{,}2 = 6/11 = 0{,}545454\ldots$$

Verzweigung und Attraktor

Für $a > 3$ kann eine Computerrechnung weiterhelfen.
Für $a = 3{,}3$, $x_0 = 0{,}5$ z. B. findet man

0,5000	0,8250	0,4764	0,8232	0,4804	0,8237	0,4792	0,8236
0,4795	0,8236	0,4794	0,8236	0,4794	...		

Die Werte streben also nicht zu einem Grenzwert, sondern pendeln schließlich zwischen zwei Werten.
Es wird die Vermutung nahe gelegt, dass die zwei Teilfolgen $x_0, x_2, x_4, x_6, \ldots$ und $x_1, x_3, x_5, x_7, \ldots$ beide konvergent sind, aber mit verschiedenen Grenzwerten. Den nächsten Wert einer dieser Teilfolgen erhält man durch zweimalige Anwendung von $f(x)$, d h. durch die Verkettung $f \circ f$.

$$f \circ f(x) = f(ax(1-x)) = a \cdot ax(1-x) \cdot (1 - ax(1-x)) =$$
$$= x(a^2 - a^2x)(1 - ax + ax^2)$$

Die Fixpunkte dieser Funktion findet man durch

$$x(a^2 - a^2x)(1 - ax + ax^2) = x.$$

Es ist eine Gleichung 4. Grades. Die Fixpunkte von f sind natürlich auch Fixpunkte von $f \circ f$, sodass man zwei Lösungen kennt und daher die gegebene Gleichung auf eine quadratische Gleichung reduzieren kann. Wir wollen dies nicht mehr durchführen. Man erhält die Fixpunkte

$$\frac{a+1+\sqrt{a^2-2a-3}}{2a} \quad \text{und} \quad \frac{a+1-\sqrt{a^2-2a-3}}{2a}.$$

Es sind für $3 < a < a_2$ die Grenzwerte der beiden Teilfolgen.

Man nennt die Menge der beiden Punkte (für ein bestimmtes a) einen *Attraktor* der Folge $x_0, x_1, x_2, x_3, \ldots$ (für $3 < a < a_2$).
Der Begriff des Attraktors ist eine Erweiterung des Grenzwertbegriffs. Die Werte der Folge müssen in der Vereinigungsmenge beliebig kleiner Umgebungen der beiden Punkte liegen, wenn n genügend groß ist. Es handelt sich hier aber erst um einen sehr speziellen Fall eines Attraktors.

Feigenbaumzahl und Selbstähnlichkeit

Man könnte, entsprechend dem Wert $a_1 = 3$ für die erste Verzweigung, auch die folgenden Verzweigungspunkte $a_2, a_3, a_4, \ldots$ berechnen, bei denen es 4, 8, 16, ... Zweige werden. Es wird algebraisch aber sehr mühsam.
Man setzt dafür am besten wieder den Computer ein, aber nicht für numerisches, sondern algebraisches Rechnen. Es gibt spezielle Software, die dafür geeignet ist (Computeralgebra-Systeme). Für den nächsten Verzweigungspunkt bekommt man $a_2 = 1 + \sqrt{6} \approx 3{,}449$.

Die *Abstände zwischen den Verzweigungspunkten*
$d_1 = a_2 - a_1, d_2 = a_3 - a_2, d_3 = a_4 - a_3, \ldots$ bilden eine rasch abnehmende Folge. Die Folge der Quotienten d_n/d_{n+1} konvergiert gegen eine Zahl $\delta = 4{,}6692\ldots$; man nennt sie *Feigenbaumzahl;* diese tritt in vielen verwandten Problemen mit Bifurkationen auf.
Fig. 5.7 hat noch eine besondere Eigenschaft: Fig. 5.8 ist ein Ausschnitt von Fig. 5.7, Fig. 5.9 ein Ausschnitt von Fig. 5.8. Man könnte beliebig weitermachen. Dieselbe Gestalt tritt immer wieder auf, wenn man die entsprechenden Details herausvergrößert. Man spricht von *Selbstähnlichkeit*. Der Vergrößerungsfaktor in a-Richtung nähert sich δ.

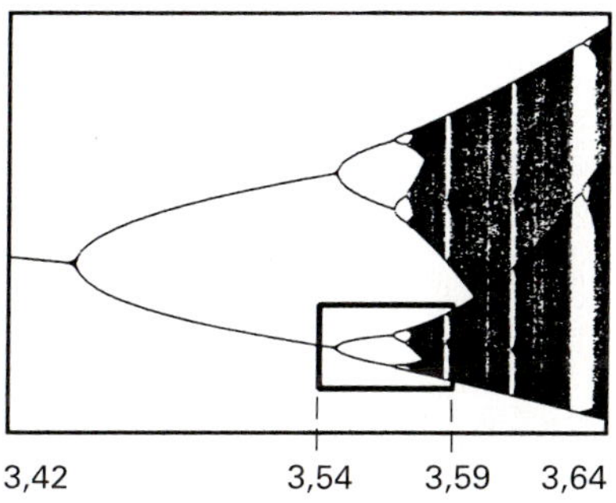

Fig. 5.8

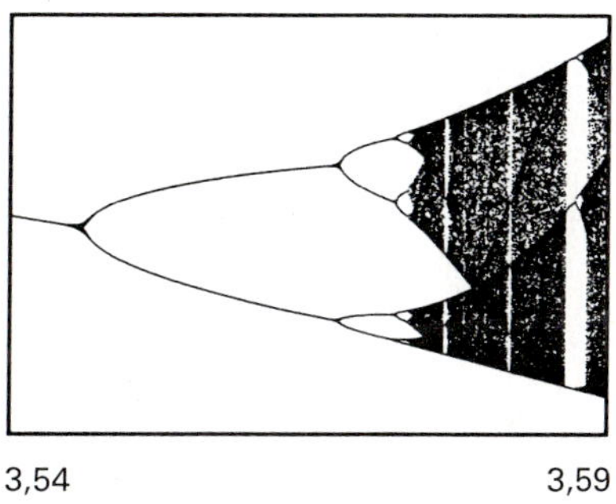

Fig. 5.9

Grafische Iteration

Man kann sich das Verhalten der Folge x_n noch auf andere Weise veranschaulichen. In Fig. 5.10 ist x als Abszisse, f(x) als Ordinate angetragen. Der Graph von f (x) ist für a = 2,5 gezeichnet.

Man beginnt mit x_0. $x_1 = f(x_0)$ ist die Ordinate des zugehörigen Parabelpunkts. Dann wird x_1 als Abszisse verwendet. Man erhält sie einfach dadurch, dass man waagrecht bis zur Winkelhalbierenden geht; dort hat man ja den Abszissenwert, der gleich der Ordinate ist. Die Ordinate des Parabelpunktes liefert x_2; dann geht man wieder waagrecht zur Winkelhalbierenden usw.
Wählt man als Startwert z. B. $x_0 = 0{,}1$, so erhält man

$$x_1 = 0{,}2250 \quad x_2 = 0{,}4359 \quad x_3 = 0{,}6147 \quad x_4 = 0{,}5921 \quad x_5 = 0{,}6038 \ldots$$

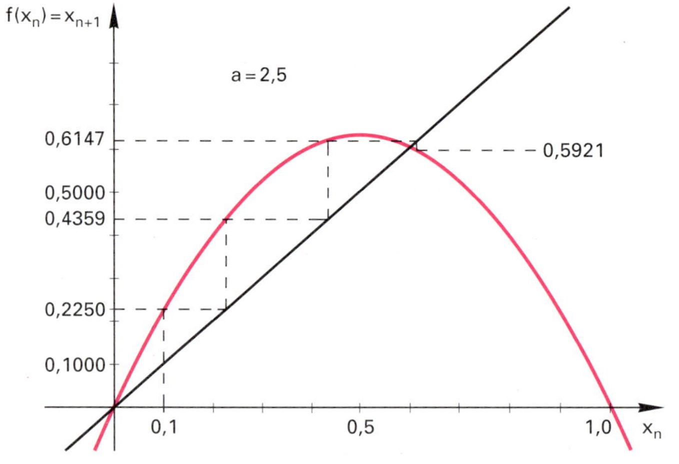

Fig. 5.10

Es ergibt sich ein Streckenzug (anfangs eine Treppe), der zum Grenzwert

$$x_F = (a - 1)/a = (2{,}5 - 1)/2{,}5 = 0{,}6$$

konvergiert. Der Schnittpunkt von Parabel und Winkelhalbierender stimmt bei der Iteration mit seinen Folgepunkten überein. 0,6 ist Fixpunkt (für $a = 2{,}5$). Geometrisch sieht man, dass $|f'(x_F)| < 1$ ($f'(0{,}6) = -0{,}5$), die Voraussetzung für die Konvergenz, gilt.

Aufgaben

1. Zeichne die Parabeln für $a = 0{,}5$; $2{,}0$; $3{,}2$ und jeweils die Folge x_n, beginnend mit $x_0 = 0{,}3$. Verwende als Einheit 10 cm.
   Beachte die verschiedenen Arten der Streckenzüge! Warum konvergiert der Streckenzug für $a = 3{,}2$ nicht? Berechne die Ableitung $f'(x)$ am Schnittpunkt!

2. Schreibe ein Computerprogramm analog dem obigen, das die Glieder der 3 Folgen für $a = 0{,}5$; $2{,}0$; $3{,}22$ mit $x_0 = 0{,}3$ bis zu einem bestimmten n berechnet. Probiere auch $a = 0, 1, 3, 4$ und $a > 4$, $x_0 < 0$, $x_0 > 1$.

3. Berechne mit dem Programm von Aufgabe 2 die Folgen für die a-Werte 3,5; 3,56; 3,567; 3,5693 mit $x_0 = 0{,}5$. Man erkennt die Attraktoren, die aus 4, 8, 16 bzw. 32 Werten bestehen.

4. Versuche für den speziellen Wert $a = 3{,}2$ die Lösungen der obigen Gleichung 4. Grades $f \circ f(x) = x$ mit einem Computer numerisch zu bestimmen (vgl. S. 186). Zwei Lösungen sind ja bekannt, nämlich 0 und $\frac{3{,}2 - 1}{3{,}2} = \frac{11}{16}$.
Kontrolliere die Ergebnisse mit dem Programm von Aufgabe 2.

5. Es wurde oben gesagt, dass für $3 < a < a_2$ die Fixpunkte $(a + 1 \pm \sqrt{a^2 - 2a - 3})/(2a)$ von $f \circ f$ die Grenzwerte sind.
Zeige, dass für $a = 3{,}2$ der Betrag der Ableitung der Funktion $f \circ f\left((a + 1 + \sqrt{a^2 - 2a - 3})/(2a)\right)$ kleiner 1 ist. Man kann dann ähnlich wie für f im Intervall $1 < a < 3$ auf die Konvergenz von $f \circ f$ schließen.

6. Verwende in dem Programm von Aufgabe 2 statt des Terms $ax(1 - x)$ den Term $ax \cdot \sin \pi x$. Erkunde mit $x_0 = 0{,}4$ und a-Werten zwischen 1,2 und 1,5 das Auftreten von Attraktoren mit mehreren Punkten oder chaotischem Verhalten.

7. Verwende analog zu Aufgabe 6 den Term $ax^2(1 - x)$ und prüfe das Verhalten der Folge x_n bei $a = 5$; 5,5; 5,85; 6,5 mit $x_0 = 0{,}4$.
Skizziere die Graphen der Terme $1{,}2x \cdot \sin \pi x$ und $5x^2(1 - x)$. Was haben sie mit Fig. 5.10 gemeinsam, das die ähnlichen Eigenschaften der Iterationen bedingen könnte?

5.3. Zur Geschichte der Differenzialrechnung

Bei den charakteristischen Problemstellungen der Differenzialrechnung, z. B. bei der Tangentenbestimmung für Funktionsgraphen oder bei Extremwertaufgaben, konnte kaum auf antike Quellen zurückgegriffen werden. Es blieb im Wesentlichen den Mathematikern des 17. Jahrhunderts vorbehalten, auf diesem Gebiet zu neuen und praktikablen Ergebnissen vorzustoßen. Als Vorläufer gelten u. a. *Johannes Kepler* (1571–1630), *Bonaventura Cavalieri* (1591–1647) und *René Descartes* (1596–1630).

Die Grundgedanken zum Kalkül der Differenzialrechnung gehen jedoch auf *Gottfried Wilhelm Leibniz* (1646–1716) zurück. Schon mit 15 Jahren war er Student in Leipzig, mit 18 Jahren Magister, und mit 20 Jahren hat er bereits eine philosophische Dissertation publiziert. Leibniz leistete im Laufe seines Lebens nicht nur in der Mathematik, sondern auch auf anderen Gebieten, wie Philosophie, Physik, Staats- und Rechtslehre, Geschichts- und Sprachwissenschaft, Bedeutendes.

Mit der Mathematik kam Leibniz vor allem in Paris (zwischen 1672 und 1676) durch *C. Huygens* (1629–1695) in Berührung und hat in dieser Zeit auch die Differenzialrechnung im Wesentlichen fertig entworfen. Die Anregung dazu fand er bei *Blaise Pascal* (1623–1662) in seiner 1659 erschienenen Schrift („Traktat über die Sinus des Viertelkreises"). Leibniz erkannte dabei die Bedeutung des sogenannten *charakteristischen Dreiecks* für die Lösung des allgemeinen Tangentenproblems, das bisher im Wesentlichen auf Kreis und Kegelschnitte beschränkt geblieben war. Das charakteristische rechtwinklige Dreieck zu einem Punkt $P(x_0|y_0)$ eines Graphen mit den Katheten $\Delta x = x - x_0$ und $\Delta y = y - y_0$ (siehe z. B. Fig. 3.2) veranschaulicht im Differenzenquotienten $\frac{\Delta y}{\Delta x}$ die Sekantensteigung, deren Grenzwert die Tangentensteigung definiert. Dabei entstanden die Symbole dx, dy usw. für das Unendlichkleine, die als Differenziale bezeichnet werden.

Im Unterschied zu Leibniz gelangte *Isaac Newton* (1643–1727) über die Bewegungslehre der Physik zur Differenziation. Newton, einer der bedeutendsten Naturwissenschaftler aller Zeiten, studierte als Schüler von *I. Barrow* (1630 bis 1677) in Cambridge zunächst Philosophie. Gegen Ende des Studiums wandte er sich 1664 auch der Mathematik zu. Zwischen 1665 und 1666, als die Universität infolge einer Pestepidemie den Lehrbetrieb einstellen musste, entdeckte Newton das Gravitationsgesetz sowie die Spektralzerlegung des Lichtes und entwickelte die wesentlichen Grundgedanken der Infinitesimalrechnung. Im Jahre 1669 übernahm er Barrows Lehrstuhl, den er bis 1701 innehatte. Alsdann siedelte Newton nach London über und wurde dort Präsident der berühmten Royal Society, deren Mitglied er schon seit 1672 war. Nach seinem Tode erhielt er als einer der ersten Naturforscher ein Staatsbegräbnis und eine Grabstätte in der Westminster Abbey. Sein von ihm geprägtes Weltbild besaß in den Naturwissenschaften bis zur Entdeckung der Relativitätstheorie uneingeschränkte Gültigkeit.

Wie schon erwähnt, fand Newton den Zugang zur Differenzialrechnung nicht von der Geometrie, sondern von der Physik her. Er knüpfte dabei an Überlegungen seines Lehrers Barrow an. Gemäß der anschaulichen Vorstellung eines ‚Bewegungsflusses' sind für Newton die zeitabhängigen Koordinaten x, y, z eines bewegten Raumpunkts unbegrenzt wachsende ‚fließende Größen', die er *Fluenten* nannte. Ihre Ableitungen nach der Zeit, nämlich $\dot{x}$, $\dot{y}$, $\dot{z}$, bezeichnete er als *Fluxionen*.

In seinem 1670/71 verfassten, aber erst 1736 veröffentlichten Werk „Methodus fluxionum et serierum infinitarum" schrieb Newton:

„... was in diesen Fragen schwierig ist, kann auf folgende beide Probleme zurückgeführt werden ...

I. Gegeben die Länge des durchmessenen Weges in jedem Zeitmoment. Zu finden die Geschwindigkeit der Bewegung zu einer gegebenen Zeit.

II. Wenn die Geschwindigkeit zu jeder Zeit gegeben ist, die Länge des beschriebenen Weges zu finden zu einer gegebenen Zeit.

Wenn z.B. in der Gleichung $xx = y$ das y die im jeweiligen Zeitpunkt durchmessene Weglänge darstellt, welche Zeit gemessen und aufgezeichnet wird durch eine andere Raumgröße x, die mit der gleichförmigen Geschwindigkeit $\dot{x}$ wächst, wird $2x\dot{x}$ die Geschwindigkeit darstellen, mit der die Raumgröße y in demselben Zeitmoment fortschreitet zur weiteren Beschreibung ihrer Bahn und umgekehrt."[1]

Hinter diesem Beispiel verbirgt sich die Kettenregel, angewandt auf die Funktion $y(t) = [x(t)]^2$. Man erhält dann $\dot{y} = 2x\dot{x}$.

Wie spätere historische Forschungen einwandfrei klären konnten, kamen *Newton* und *Leibniz* unabhängig voneinander zu den Ergebnissen der Infinitesimalrechnung. Dennoch entbrannten noch im Laufe des 17. Jahrhunderts zwischen den Gelehrten Englands und denen des Festlands heftige Auseinandersetzungen über Erstentdeckungen. In besonders scharfer Form wurde der Prioritätsstreit um die Erfindung der Infinitesimalrechnung geführt. In seinem Verlauf bezichtigte man Leibniz des Plagiats, weil er angeblich eine Arbeit von Barrow verwertet habe, ohne ihn zu zitieren, aber sicher auch deshalb, weil Newton behaupten konnte, einige Jahre früher zu seinen Erkenntnissen gekommen zu sein. Andererseits ist der formale Kalkül der Differenzialrechnung allein Leibniz zu verdanken. Im Übrigen haben natürlich beide Wissenschaftler auf Einsichten früherer Mathematiker aufgebaut. Hierzu gehörte neben den schon Genannten auch *Pierre de Fermat* (1601–1665), der mit seinen Methoden zur Maxima- und Minimabestimmung den Gedanken von Leibniz und Newton sehr nahe kam und auch für das Tangentenproblem manche Vorarbeit geleistet hatte.

Obwohl schon vor ihrer Zeit infinitesimale Überlegungen angestellt wurden und einzelne Techniken zur Lösung von Teilproblemen bekannt waren, kommt Leibniz und Newton das besondere Verdienst zu, die vorhandenen Details zu einem geschlossenen mathematischen System ausgebaut zu haben. Erst auf dieser Grundlage war es möglich, nicht nur spezielle Fragen mit dafür angepassten Methoden anzugehen, sondern einen universal anwendbaren Kalkül für die Lösung der verschiedenartigsten Problemstellungen mit Erfolg einzusetzen. Das gilt nicht nur für die Differenzialrechnung, sondern in entsprechender Weise für die Integralrechnung.

Diesen Infinitesimalkalkül, kurz Calculus genannt, haben in der Folgezeit die Baseler Mathematiker *Jakob Bernoulli* (1654–1705) und *Johann Bernoulli* (1667–1748) weiterentwickelt und ausgebaut. Die beiden Brüder arbeiteten zunächst eng zusammen, gingen dann aber später wegen Streitigkeiten getrennte Wege. Johann Bernoulli promovierte übrigens auch noch zum Doktor der Medizin. Beide Brüder standen auf der Seite von *Leibniz*, mit dem vor allem der

[1] Zitiert nach dem ‚Lexikon bedeutender Mathematiker', Thun/Frankfurt a. M. 1990.

jüngere eine intensive Korrespondenz unterhielt. Unter ihren Publikationen finden sich viele Arbeiten aus dem Anwendungsbereich der Differenzialrechnung. Beispielsweise wird das Problem der Kettenlinie, die eine freihängende Kette, aber auch das Profil eines windgeblähten Segels ohne den Einfluss der Schwerkraft beschreibt, mathematisch zutreffend gelöst. Der für die Analysis fundamentale Begriff der Funktion erfährt durch Johann Bernoulli im Jahre 1718 in folgender Definition eine erste Präzisierung:

„Man nennt Funktion einer veränderlichen Größe eine Größe, die auf irgendeine Weise" (gemeint ist unter Anwendung der bekannten arithmetischen Operationen) *„aus eben dieser veränderlichen Größe und Konstanten zusammengesetzt ist."*[1]

Ergänzungen und Ausblicke

Die Differenzialgleichung der harmonischen Schwingung

1. Das Hooke'sche Gesetz in der Schreibweise der Differenzialrechnung

Bei der elastischen Verformung einer Schraubenfeder (Fig. 5.11a) gilt in einem gewissen Bereich, d.h. bei nicht allzu großer Verformung, das Hooke'sche Gesetz: Die rücktreibende Kraft F ist dem Abstand y von der Ruhelage proportional. Der Proportionalitätsfaktor wird allgemein mit $D\,(>0)$ bezeichnet. Da die Kraft F der Verformung entgegenwirkt, tritt in der folgenden Gleichung (1) ein Minuszeichen auf:

$$F = -D \cdot y \tag{1}$$

Nach der dynamischen Grundgleichung der Mechanik ist die Kraft F der Beschleunigung a proportional, die ein Körper unter dem Einfluss von F erfährt. Der Proportionalitätsfaktor ist die (träge) Masse m des Körpers. Wie wir bereits aus Abschnitt 4.3.2. wissen, ist die Beschleunigung a die zweite Ableitung der Zeit-Weg-Funktion, sofern diese Funktion zweimal differenzierbar ist. Bezeichnen wir auch hier den Weg mit y, so erhalten wir aus (1) wegen $F = m \cdot a$ und $a = \ddot{y}$ die folgende Gleichung:

$$\boxed{m \cdot \ddot{y} = -D \cdot y} \tag{2}$$

Man nennt eine solche Gleichung zwischen einer Funktion (hier: $t \mapsto y(t)$) und ihren Ableitungen (hier der zweiten Ableitung nach t) eine *Differenzialgleichung*.[2] Insbesondere heißt (2) die *Differenzialgleichung der harmonischen Schwingung*. Sie kann auf die Form $\ddot{y} = -c \cdot y$ gebracht werden, wobei für c in unserem Fall $\frac{D}{m}$ zu setzen ist.

[1] Zitiert nach O. Becker: Grundlagen der Mathematik in geschichtlicher Entwicklung, Freiburg/München 1954, S. 148.
[2] Siehe auch Fußnote zur Aufgabe 4 Seite 163.

2. Zur Lösung der Differenzialgleichung der harmonischen Schwingung

Die Lösungsmenge einer Differenzialgleichung ist die Menge aller Funktionen, die zusammen mit ihren Ableitungsfunktionen die Gleichung erfüllen. In unserem Fall fragen wir nach Funktionen y, die der Gleichung

$$y'' = -c \cdot y \qquad (3)$$

genügen. Wir betrachten dabei y zunächst als Funktion von x und schreiben deshalb y'' für die zweite Ableitung.
Eine systematische Lösung der Differenzialgleichung (3) ist mit unseren Mitteln nicht möglich. Wir können die Lösung jedoch durch Probieren finden, wenn wir folgendes überlegen: Für $c = 1$ soll die zweite Ableitung mit der negativen Funktion übereinstimmen. Eine solche Funktion kennen wir bereits. Es ist die Sinusfunktion. Für $c \neq 1$ gilt es, sie geeignet zu modifizieren. Wir probieren $y = \sin kx$: Nach der Kettenregel ist $y' = k \cos kx$ und $y'' = -k^2 \sin kx$, mit $k = \sqrt{c}$ also

$$y'' = -c \cdot \sin(\sqrt{c} \cdot x) = -c \cdot y$$

Man sieht aber sofort, dass dies nicht die einzige Lösung ist. Alle Funktionen

$$f\colon x \mapsto y = a \cdot \sin(\sqrt{c} \cdot x), \quad \text{(a Parameter)} \qquad (4)$$

erfüllen unsere Gleichung.
Wir betrachten jetzt wieder y als Funktion von t und erhalten als Lösungen von (2) die folgende Funktionenschar mit dem Scharparameter a:

$$\boxed{f_a\colon t \mapsto y(t) = a \sin\left(\sqrt{\frac{D}{m}} \cdot t\right)} \qquad (5)$$

Damit sind allerdings noch nicht alle Lösungsfunktionen der Gleichung (2) erfasst. In der Tat bildet die Lösungsmenge eine zweiparametrige Funktionenschar der Form:

$$f_{a_1, a_2}\colon t \mapsto y(t) = a_1 \cdot \sin\left(\sqrt{\frac{D}{m}} \cdot t\right) + a_2 \cdot \cos\left(\sqrt{\frac{D}{m}} \cdot t\right)$$

Anmerkung:

y(t) lässt sich auf die Form $a \sin\left(\sqrt{\frac{D}{m}} \cdot t + b\right)$ bringen. Vgl. hierzu S. 65, Aufgabe 23.

3. Physikalische Realisierungen der harmonischen Schwingung

a) Die elastische Verformung

Bei einer elastischen Verformung (z. B. einer Schraubenfeder, Fig. 5.11a) ergibt sich eine periodische Schwingbewegung. Die Größe a bedeutet die Amplitude der Schwingung. Sie bleibt konstant, d. h., die Schwingung ist ungedämpft. Dies gilt, wenn außer der rücktreibenden Kraft F keine weitere, bremsende Kraft angenommen werden muss.
Da die Sinusfunktion und die Kosinusfunktion die Periode 2π haben, errechnet sich die Schwingungsdauer T aus der Gleichung

$$\sqrt{\frac{D}{m}} \cdot T = 2\pi, \quad \text{und es folgt:}$$

$$T = 2\pi \sqrt{\frac{m}{D}}$$

Die Schwingungsdauer T ist also abhängig von der Masse m und der Proportionalitätskonstanten D, die die Elastizität des schwingenden Körpers ausdrückt. T ist aber unabhängig von der Amplitude a. Weiter findet man für die Momentangeschwindigkeit v

$$v = \dot{y} = \frac{dy}{dt} = a \cdot \sqrt{\frac{D}{m}} \cdot \cos\left(\sqrt{\frac{D}{m}}\, t\right).$$

Für $t = 0$ und $t = \frac{1}{2}T$ ist der Betrag der Geschwindigkeit maximal:

$$v_{max} = a \cdot \sqrt{\frac{D}{m}}$$

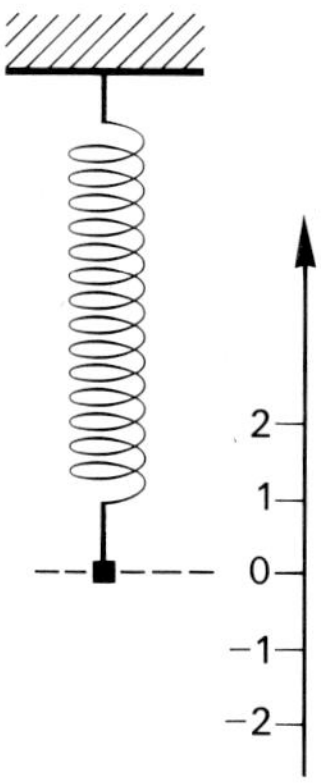

Fig. 5.11 a

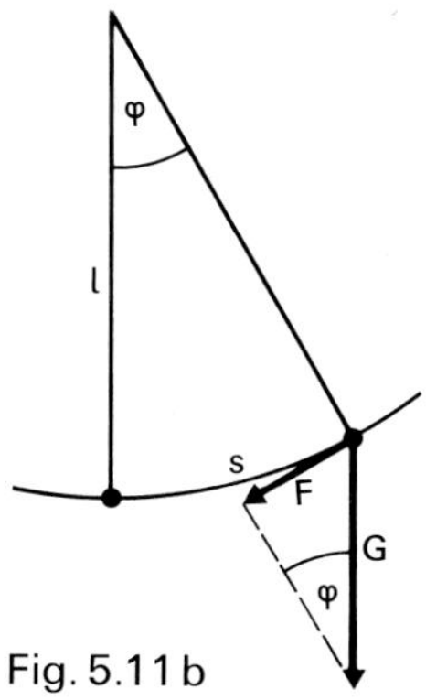

Fig. 5.11 b

b) Das Fadenpendel

Bei einem Pendel (Fig. 5.11b) gilt für die rücktreibende Kraft vom Betrag F:

$$F = G \cdot \sin\varphi$$

Für sehr kleine Werte von φ ist $\sin\varphi \approx \varphi$. Mit $\varphi = \frac{s}{l}$, $F = -m\ddot{s}$ und $G = mg$ folgt die Differenzialgleichung der Pendelschwingung:

$$\ddot{s} = -\frac{g}{l} \cdot s \qquad (6)$$

Sie hat die gleiche Form wie (2). Die Ergebnisse lassen sich unmittelbar übertragen. Insbesondere folgt für die Schwingungsdauer eines Fadenpendels (bei kleinen Amplituden!):

$$T = 2\pi \sqrt{\frac{l}{g}}$$

Entsprechende Überlegungen gelten auch für elektrische Schwingungen; auch dort erhält man für die Schwingungsdauer T einen Ausdruck der obigen Form, wobei aber unter der Wurzel die entsprechenden elektrischen Größen einzusetzen sind.

4. Energiebetrachtungen

Im Falle des Federpendels setzt sich die gesamte Energie des schwingenden Systems zu irgendeinem Zeitpunkt t aus Bewegungsenergie des Körpers $W_B = \frac{1}{2}mv^2$, aus Spannenergie $W_S = \frac{1}{2}D\bar{y}^2$ der Feder ($\bar{y}$ ist dabei die Dehnung der Feder gegenüber ihrer Länge bei völliger Entlastung) und aus der Lageenergie $W_L = mgy$ des Körpers (Lageenergie in Ruhestellung als null angenommen) zusammen (Fig. 5.12).

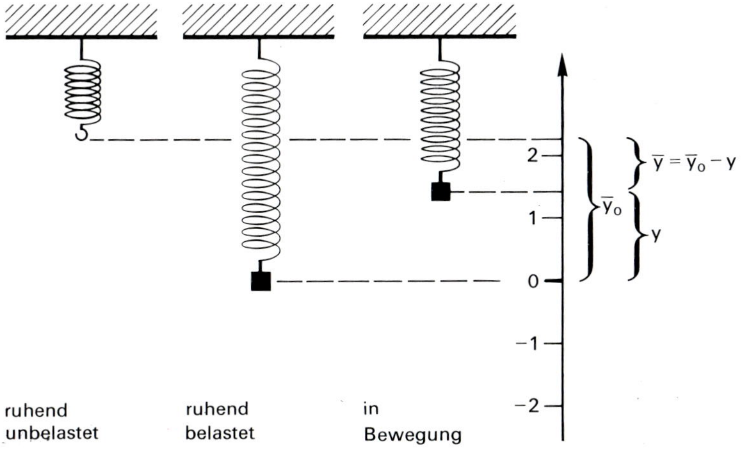

Fig. 5.12

Beachten wir, dass $v = \dot{y}$, dass weiter $\bar{y} = \bar{y}_0 - y$ ($\bar{y}_0$ ist die Dehnung der Feder im Ruhezustand) und Gewichtskraft = Federkraft, also $mg = D\bar{y}_0$, so erhalten wir für die Gesamtenergie des Federpendels zum Zeitpunkt t:

$$\begin{aligned} W &= W_B + W_S + W_L = \\ &= \tfrac{1}{2}m\dot{y}^2 + \tfrac{1}{2}D(\bar{y}_0 - y)^2 + mgy = \\ &= \tfrac{1}{2}m\dot{y}^2 + \tfrac{1}{2}D\bar{y}_0^2 - D\bar{y}_0 y + \tfrac{1}{2}Dy^2 + D\bar{y}_0 y, \quad \text{also} \end{aligned}$$

$$W = \tfrac{1}{2}m\dot{y}^2 + \tfrac{1}{2}Dy^2 + \tfrac{1}{2}D\bar{y}_0^2 \qquad (7)$$

Nun besagt der Energieerhaltungssatz, dass sich ohne Reibung und sonstige äußere Einflüsse die Gesamtenergie W des Systems zeitlich nicht ändert. Differenzieren wir also den Term für die Gesamtenergie nach der Zeit, so erhalten wir als Ableitung null (4.2.3.A). Unter Anwendung der Kettenregel ergibt sich damit:

$$\tfrac{1}{2}m \cdot 2\dot{y}\ddot{y} + \tfrac{1}{2}D \cdot 2y\dot{y} + 0 = 0, \quad \text{also}$$

$$m\dot{y}\ddot{y} + Dy\dot{y} = 0$$

Sehen wir von dem Fall ab, dass für *alle* betrachteten Zeitpunkte t stets $\dot{y} = 0$ gilt (Ruhezustand!), so folgt daraus durch Division mit $\dot{y}$

$$m\ddot{y} + Dy = 0.$$

Wir erhalten also allein aus dem Energieerhaltungssatz wieder die Differenzialgleichung (2) für die harmonische Schwingung.

Selbstverständlich erfüllen die in Gleichung (5) gefundenen Lösungen auch den Energieerhaltungssatz: Durch Einsetzen in Gleichung (7) erhält man für die Gesamtenergie der harmonischen Schwingung

$$W = \tfrac{1}{2}m \cdot \left(a\sqrt{\tfrac{D}{m}}\cos\sqrt{\tfrac{D}{m}}\,t\right)^2 + \tfrac{1}{2}D \cdot \left(a\sin\sqrt{\tfrac{D}{m}}\,t\right)^2 + \tfrac{1}{2}D\bar{y}_0^2 =$$
$$= \tfrac{1}{2}Da^2\left[\left(\cos\sqrt{\tfrac{D}{m}}\,t\right)^2 + \left(\sin\sqrt{\tfrac{D}{m}}\,t\right)^2\right] + \tfrac{1}{2}D\bar{y}_0^2 =$$
$$= \tfrac{1}{2}Da^2 + \tfrac{1}{2}D\bar{y}_0^2.$$

Die Gesamtenergie W ist also zeitlich konstant.
Entsprechende Energiebetrachtungen wie hier beim Federpendel lassen sich auch bei den oben erwähnten anderen Schwingungen anstellen.

5. Vergleichende Übersicht

In der folgenden Tabelle sind die Differenzialgleichung und ihre Konsequenzen sinngemäß auf die physikalischen Beispiele übertragen (a ist jeweils die Amplitude der Schwingung, die Reibung ist vernachlässigt):

Mathematische Gleichung	Elastische Verformung	Pendel (kleine Ausschläge)
$y'' = -cy$	$\ddot{y} = -\frac{D}{m}y$	$\ddot{s} = -\frac{g}{l}s$
c	$\frac{D}{m}$	$\frac{g}{l}$
$y = a\sin\sqrt{c}x$	$y = a\sin\sqrt{\frac{D}{m}}\,t$	$s = a\sin\sqrt{\frac{g}{l}}\,t$
$T = 2\pi\sqrt{\frac{1}{c}}$	$T = 2\pi \cdot \sqrt{\frac{m}{D}}$	$T = 2\pi \cdot \sqrt{\frac{l}{g}}$
$y' = a\sqrt{c}\cos\sqrt{c}x$	$v = a\sqrt{\frac{D}{m}}\cos\sqrt{\frac{D}{m}}\,t$	$v = a\sqrt{\frac{g}{l}}\cos\sqrt{\frac{g}{l}}\,t$

6. Differenzialrechnung: Anwendungen

6.1. Kurvendiskussion

„Kurvendiskussion" bedeutet eine umfassende Untersuchung von Funktionen und ihren Graphen (Kurven) auf Eigenschaften, die wir schon angesprochen haben, und neue, die in diesem Abschnitt noch genannt werden. Die Aussagekraft der 1. und 2. Ableitung wird dabei intensiv genutzt.

Die Existenz der auftretenden Ableitungen an den betreffenden Stellen bzw. in den angesprochenen Intervallen wird jeweils vorausgesetzt.

Wir beschränken uns im Wesentlichen auf zweimal differenzierbare Funktionen. Im Mittelpunkt stehen die ganzrationalen Funktionen.

6.1.1. Untersuchung von f(x)

Wir stellen zusammen, was dazu bisher bereits behandelt wurde:

Die Gleichung $f(x) = 0$ liefert die *Nullstellen*, also die x-Werte der Punkte des Graphen, die er mit der x-Achse gemeinsam hat.

Bei gebrochenrationalen Funktionen liefern die Nullstellen des Nenners die *Unendlichkeitsstellen* und andere *Definitionslücken* (1.6.2.).[1]

Nur bei Nullstellen und Definitionslücken kann eine stetige Funktion das *Vorzeichen wechseln* (4.1.2.). Das Vorzeichenverhalten stellt man vorteilhaft durch „Felderabstreichen" dar (1.5.2., 3. Beispiel). Bei rationalen Funktionen ersieht man aus dem Grad einer Nullstelle, ob dort ein Vorzeichenwechsel auftritt (1.5.2.). Bei gebrochenrationalen Funktionen liest man aus dem Grad der Nullstellen im Nennerpolynom des vollständig gekürzten Funktionsterms ab, ob an einer Definitionslücke ein Vorzeichenwechsel auftritt (1.6.2.).

Für den Graphen G_f gilt, wie bereits bekannt:

Achsensymmetrie zur y-Achse: $f(-x) = f(x)$ für alle $x \in D_f$
Punktsymmetrie zum Ursprung: $f(-x) = -f(x)$ für alle $x \in D_f$

Für ganzrationale Funktionen mit ausmultipliziertem Funktionsterm bedeutet dies: Bei Achsensymmetrie zur y-Achse können im Term nur gerade, bei Punktsymmetrie zum Ursprung nur ungerade Potenzen von x auftreten.

Das *Verhalten für große* $|x|$, das heißt für $x \to \pm\infty$, wurde in 2.1. untersucht.

---

[1] Zur Beschreibung des Verhaltens einer Funktion an einer Unendlichkeitsstelle x_0 sind folgende, sofort verständliche Abkürzungen gebräuchlich:

$\lim\limits_{x \to x_0} f(x) = +\infty$; $\lim\limits_{x \to x_0} f(x) = -\infty$;

$\lim\limits_{x \to x_0+0} f(x) = +\infty$ und $\lim\limits_{x \to x_0+0} f(x) = -\infty$;

$\lim\limits_{x \to x_0-0} f(x) = +\infty$ und $\lim\limits_{x \to x_0-0} f(x) = -\infty$;

Erkläre!

Beispiel: $f(x) = \frac{1}{6}(x^4 - 9x^2) = \frac{1}{6}x^2(x^2 - 9) = \frac{1}{6}x^2(x+3)(x-3)$

G_f ist symmetrisch zur y-Achse, da im „ausmultiplizierten" Term nur gerade Potenzen von x vorkommen.

Nullstellen:

0 (doppelt, kein Vorzeichenwechsel, Graph *berührt* die x-Achse),

-3 und $+3$ (einfach, Vorzeichenwechsel, Graph *schneidet* die x-Achse).

$f(x) \to +\infty$ für $x \to \pm\infty$.

Für $|x| > 3$ ist $f(x) > 0$, für $|x| < 3$ ist $f(x) \leqq 0$. Es lassen sich daher Felder abstreichen, in denen der Graph nicht verlaufen kann (Fig. 6.1).

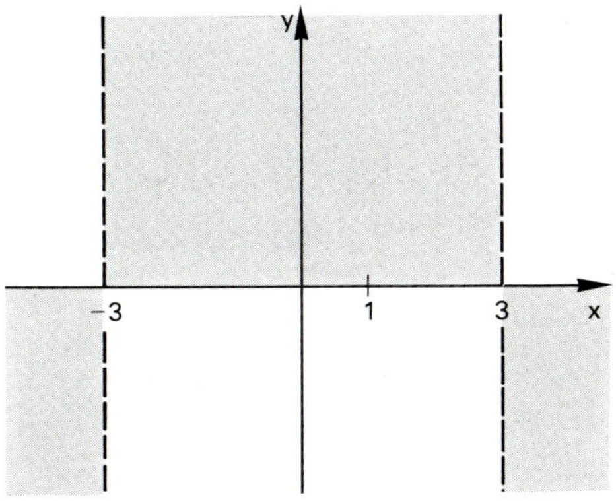

Fig. 6.1

Aufgaben

1. Untersuche entsprechend obigem Beispiel folgende Funktionsterme:

   a) $f(x) = x^3 - 4x$ b) $f(x) = (x^2 - 1)(x^2 - 4x + 3)$ c) $f(x) = x^5 - 7x$

   d) $f(x) = 16 - x^4$ e) $f(x) = \frac{x}{2} - \sqrt{|x|}$

2. Bestimme Nullstellen und Unendlichkeitsstellen der Funktion $f: x \mapsto f(x)$ und untersuche das Verhalten für $x \to \pm\infty$!

   a) $f(x) = \frac{x^3 - x}{x^2 - 2}$ b) $f(x) = \frac{2 - x}{x - 3}$ c) $f(x) = \frac{x}{x^2 - x + 2}$ d) $f(x) = \frac{x^2}{(x-1)^2}$

3. Wo sind folgende Funktionsterme nicht definiert? Bestimme Nullstellen, Unendlichkeitsstellen und Symmetrieeigenschaften der Graphen.

   a) $\frac{\sin x}{x}$ b) $\frac{\sin x}{x^2}$ c) $x \cos x$ d) $\frac{\cos x}{x}$ e) $\frac{x^3 - 9x}{2x}$

   f) $\frac{x^2 + x - 12}{x + 4}$ g) $\frac{\sin^2 x + \cos^2 x}{x}$ h) $\frac{x^2 - 1}{x^2 - x - 2} - 1$ i) $\frac{x^3 - x}{x + 1}$

6.1.2. Untersuchung von f′(x)

Aus 3.1.3. wissen wir:

$f'(x_0)$ liefert die *Steigung der Tangente* an den Graphen von f an der Stelle x_0.

Aus der Gleichung $f'(x) = 0$ erhält man die Nullstellen der 1. Ableitung, also die Stellen, an denen der Graph eine *waagrechte Tangente* hat.

Aus 4.2.6. erinnern wir uns an den Satz 4.5 zum *Monotonieverhalten:*
Ist f stetig in [a; b], so gilt:

$f'(x) > 0$ für $x \in]a; b[\;\Rightarrow$ f ist in [a; b] streng monoton zunehmend
$f'(x) < 0$ für $x \in]a; b[\;\Rightarrow$ f ist in [a; b] streng monoton abnehmend

Man sagt: Der Graph G_f steigt bzw. fällt in diesem Bereich streng monoton.

Beispiel: (Fortsetzung des Beispiels von 6.1.1.)

$f(x) = \frac{1}{6}(x^4 - 9x^2)$; $\quad f'(x) = \frac{1}{6}(4x^3 - 18x) = \frac{1}{3}x(2x^2 - 9)$

Nullstellen von f′(x): 0; $\frac{3}{2}\sqrt{2} \approx 2{,}1$; $-\frac{3}{2}\sqrt{2} \approx -2{,}1$

Vorzeichen von f′(x):

$f'(x) > 0$ für $x \in]-\frac{3}{2}\sqrt{2}; 0[, \quad x \in]\frac{3}{2}\sqrt{2}; \infty[$: G_f streng monoton steigend.

$f'(x) < 0$ für $x \in]-\infty; -\frac{3}{2}\sqrt{2}[, \quad x \in]0; \frac{3}{2}\sqrt{2}[$: G_f streng monoton fallend.

Schnittwinkel von G_f mit der x-Achse: $f'(3) = 9 = \tan\alpha \Rightarrow \alpha = 83{,}7°$

Aus dem Monotonieverhalten folgt, dass an den Nullstellen der Ableitung Extremwerte vorliegen, für (0; 0) ein Maximum, für $(\pm\frac{3}{2}\sqrt{2}; -3\frac{3}{8})$ Minima. Weitere Extrema gibt es nicht (vgl. Satz 4.4).

Für $x \to \pm\infty$ gilt $|f'(x)| \to +\infty$, d.h., der Graph wird nach beiden Seiten immer steiler. Fig. 6.2 vervollständigt Fig. 6.1.

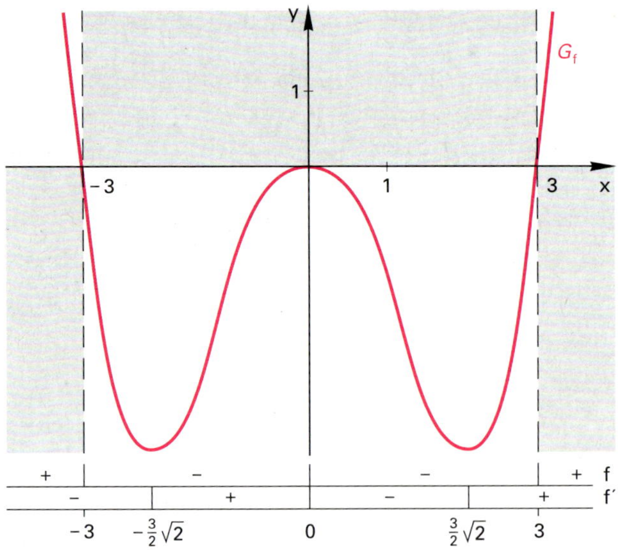

Fig. 6.2

Aufgaben

1. Bestimme für die Funktionsterme von Aufgabe 1 in 6.1.1. die Stellen, an denen der Graph eine waagrechte Tangente hat! Wo ist die Funktion streng monoton zunehmend?

2. Bestimme für folgende Funktionsterme die Nullstellen der 1. Ableitung und prüfe anhand des Monotonieverhaltens in ihrer Umgebung, ob ein Extremwert vorliegt! Bestimme ferner die Schnittwinkel von G_f mit der x-Achse!

   a) $f(x) = 2x^3 + 3x^2 - 12x$ b) $f(x) = 3x^4 - 8x^3 + 6x^2$ c) $f(x) = x^4 - 4x^3$
   d) $f(x) = x^4 - 8x^2$ e) $f(x) = \sqrt{x} - \frac{x}{2}$ f) $f(x) = 2x^2 - \sqrt{x}$

3. Gib jeweils irgendeine ganzrationale Funktion vom Grad $n \geqq 2$ an, deren Graph die folgende Bedingung in $\mathbb{R}$ erfüllt:

   a) Die Kurve verläuft über der x-Achse b) die Kurve steigt c) die Kurve fällt.

6.1.3. Untersuchung von $f''(x)$

A. Eine hinreichende Bedingung für Extrema

Aus der 2. Ableitung ergibt sich ein hinreichendes Kriterium für das Vorliegen eines Maximums oder Minimums. Ist $f''(x_0) > 0$ und $f''(x)$ an der Stelle x_0 stetig, so gibt es auch ein Intervall J um x_0, in dem $f''(x) > 0$ erfüllt ist.

Satz 4.5 angewandt auf die Ableitung f' statt auf f, besagt:
Aus $f''(x) > 0$ in einem Intervall J folgt, dass f' dort streng monoton zunimmt. Ist dann $f'(x_0) = 0$ für ein $x_0 \in J$, so ist $f'(x) < 0$ für $x < x_0$ und $f'(x) > 0$ für $x > x_0$ $(x \in J)$.
Links von x_0 fällt die Kurve, rechts davon steigt sie (Fig. 6.3). $f(x_0)$ ist also der kleinste Funktionswert in der Umgebung von x_0.

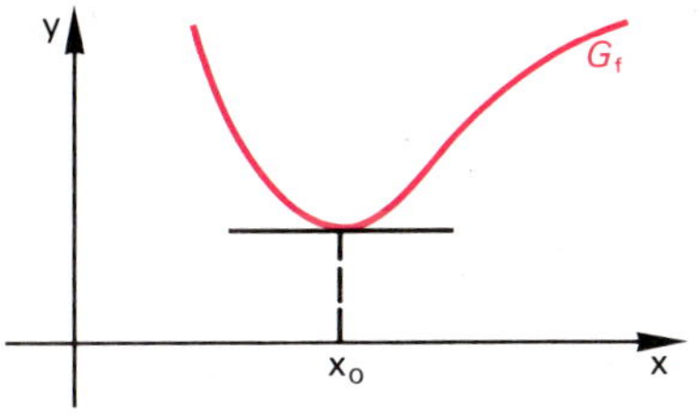

Fig. 6.3

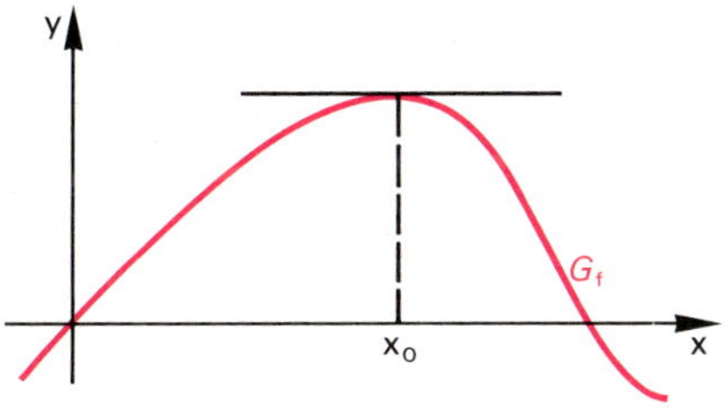

Fig. 6.4

Entsprechend schließt man für $f''(x_0) < 0$ (Fig. 6.4). Dies ergibt eine hinreichende Bedingung für Extremwerte:

Satz 6.1:

Ist $f'(x_0) = 0$, $f''(x_0) > 0$ und f'' stetig an der Stelle x_0, dann hat f an der Stelle x_0 ein (lokales) Minimum, der Graph einen (lokalen) Tiefpunkt.

Ist $f'(x_0) = 0$, $f''(x_0) < 0$ und f'' stetig an der Stelle x_0, dann hat f an der Stelle x_0 ein (lokales) Maximum, der Graph einen (lokalen) Hochpunkt.

Nicht selten ist es günstiger, statt $f''(x_0)$ die 1. Ableitung (Vorzeichenwechsel bei x_0) oder sogar $f(x)$ selbst in der Umgebung von x_0 zu untersuchen: $f(x) = x^4$; hier versagt für $x = 0$ Satz 6.1, da $f''(x) = 12x^2$, also $f''(0) = 0$. Man erkennt aber sofort, dass ein Minimum vorliegt: $f(x) = x^4$ positiv für $x \neq 0$, $f(0) = 0$.

Satz 6.1 ist nicht umkehrbar, wie $f\colon x \mapsto f(x) = x^4$ für $x = 0$ zeigt. Es liegt ein lokales Minimum vor, trotzdem gilt $f''(0) = 0$ und nicht $f''(0) > 0$.
Satz 6.1 liefert eine „hinreichende" Bedingung für Extrema. Da der Satz aber nicht umkehrbar ist, da die Bedingung also nicht für alle Extrema gelten muss, ist die Bedingung nicht „notwendig".
Ist eine hinreichende Bedingung erfüllt, so ist damit ein bestimmter Sachverhalt sichergestellt. Der Sachverhalt kann aber auch schon vorliegen, ohne dass diese Bedingung erfüllt ist.

B. Krümmungsverhalten des Graphen

Für den anschaulichen Begriff der Krümmung einer Kurve (eines Graphen) wählt man folgende zweckmäßige

Definition 6.1:

Ein Graph heißt in einem Intervall J
rechtsgekrümmt, wenn die Steigung der Tangente in J streng monoton abnimmt,
linksgekrümmt, wenn die Steigung der Tangente in J streng monoton zunimmt.

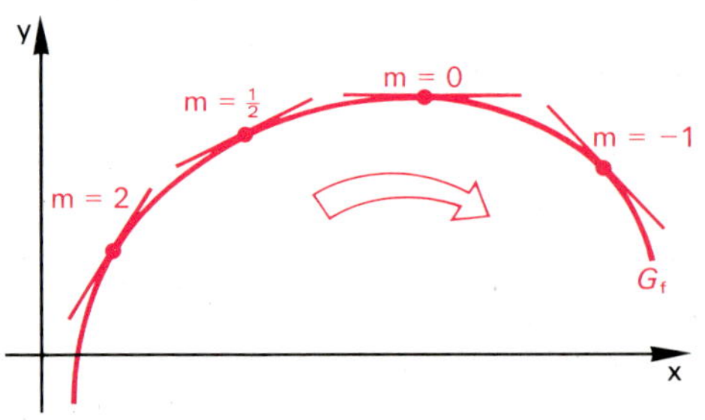

Fig. 6.5a

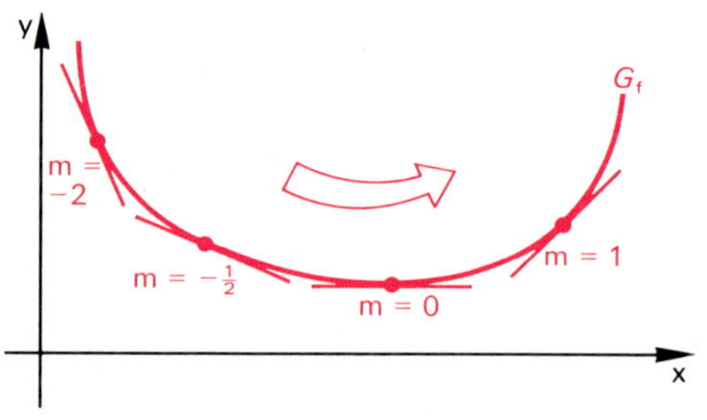

Fig. 6.5b

Man stelle sich vor, dass man sich in Richtung zunehmender x-Werte entlang des Graphen bewegt; in Fig. 6.5a beschreibt man dabei eine Rechtskurve (Rechtskrümmung des Graphen), in Fig. 6.5b eine Linkskurve.

Da f'' die Steigung des Graphen von f' angibt, erhalten wir unter Verwendung von Satz 4.5 als Kriterium für das Krümmungsverhalten von G_f

Satz 6.2:

$f''(x) < 0$ für alle $x \in J \Rightarrow$ Der Graph von f ist in J rechtsgekrümmt
$f''(x) > 0$ für alle $x \in J \Rightarrow$ Der Graph von f ist in J linksgekrümmt

C. Der Wendepunkt

Eine Stelle $x_0 \in D_f$, an der die Funktion f zweimal differenzierbar ist und an der das Krümmungsverhalten des Graphen wechselt, heißt *Wendestelle*, der zugehörige Punkt des Graphen heißt *Wendepunkt* (Fig. 6.6).
Ist z. B. der Graph links von x_0 rechtsgekrümmt und rechts von x_0 linksgekrümmt, dann nimmt $f'(x)$ für $x < x_0$ ab und für $x > x_0$ zu. $f'(x)$ hat also bei x_0 ein Minimum.

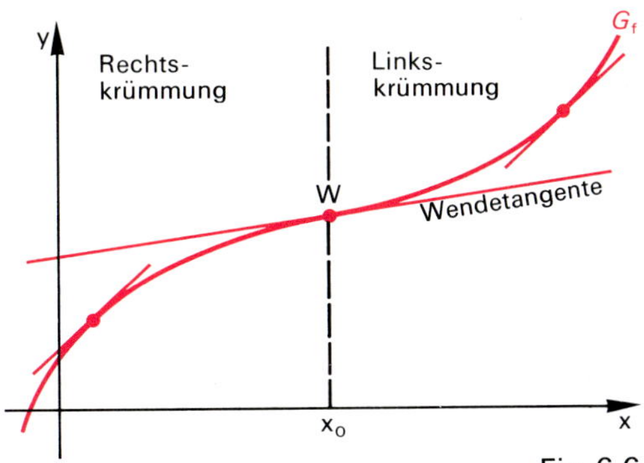

Fig. 6.6

Die Ableitung von $f'(x)$, das heißt $f''(x)$, ist nach Satz 4.4 dort null. Entsprechendes gilt für den umgekehrten Wechsel des Krümmungsverhaltens. Wir erhalten somit als notwendige Bedingung für einen Wendepunkt:

Satz 6.3:

Hat der Graph der zweimal differenzierbaren Funktion f an der Stelle x_0 einen Wendepunkt, dann ist $f''(x_0) = 0$

Wie bei $f(x) = x^4$ für $x_0 = 0$ zu sehen ist, liefert Satz 6.3 nur eine *notwendige*, nicht aber eine *hinreichende* Bedingung für einen Wendepunkt.
Hinreichend ist nach der Definition des Wendepunkts dagegen der Vorzeichenwechsel von $f''(x)$ an der Stelle x_0, denn dann wechselt nach Satz 6.2 an der Stelle x_0 auch das Krümmungsverhalten des Graphen G_f.
Wenn an einer Wendestelle x_0 neben $f''(x_0) = 0$ auch $f'(x_0) = 0$ gilt, so liegt ein Wendepunkt mit waagrechter Wendetangente, ein *Terrassenpunkt*, vor.

Wie in Abschnitt A Satz 4.5 auf f′ angewendet wurde, kann der Satz auch auf f″ angewandt werden:
Aus $f'''(x) > 0$ in einem Intervall J folgt, dass f″ dort streng monoton zunimmt. Ist $f''(x_0) = 0$, so ist also $f''(x)$ negativ für $x < x_0$, positiv für $x > x_0$ $(x \in J)$. Links von x_0 ist die Kurve rechtsgekrümmt, rechts von x_0 ist sie linksgekrümmt. Ebenso bestätigt man den Wechsel des Krümmungsverhaltens für $f'''(x) < 0$, womit sich der folgende Satz ergibt:

Satz 6.4:

Ist $f''(x_0) = 0$, $f'''(x_0) \neq 0$ und f‴ stetig an der Stelle x_0, so hat der Graph von f an der Stelle x_0 einen Wendepunkt.

Aufgaben

1. Bestimme für folgende Funktionen $f: x \mapsto f(x);\ x \in \mathbb{R}$ die Extrema und die Wendepunkte (soweit vorhanden) sowie die Intervalle mit Rechts- bzw. Linkskrümmung des Graphen:
   a) $f(x) = x^2 - 6x + 5$
   b) $f(x) = x^4 - 24x^2 + 5$
   c) $f(x) = \frac{1}{3}x^3 + x^2 - 35x - 1$
   d) $f(x) = \frac{1}{15}(3x^5 - 5x^3)$

2. Welches Krümmungsverhalten zeigt der Graph G_f in einer Umgebung der Stelle x_0?
   a) $f: x \mapsto x^4 - 3x^2;\quad x_0 = -1$
   b) $f: x \mapsto x^3 - 4x;\quad x_0 = 2$
   c) $f: x \mapsto -2x^2 + 2;\quad x_0 = 5$
   d) $f: x \mapsto \sin^2 x;\quad x_0 = 0$

3. Bestimme für die Graphen G_f folgender Funktionen die Extrem- und Wendepunkte:
   a) $f: x \mapsto f(x) = x^4 - 4x^3 + 4x^2;\quad x \in \mathbb{R}$
   Zeige, dass G_f achsensymmetrisch zur Geraden $x = 1$ ist.
   b) $f: x \mapsto f(x) = x^3 + 3x^2;\quad x \in \mathbb{R}$
   Zeige, dass G_f punktsymmetrisch zum Wendepunkt ist.

4. Zeige, dass die Funktionsgraphen mit folgenden Termen drei Wendepunkte haben, die auf einer Geraden durch den Ursprung liegen.
   a) $0{,}3x^5 - x^3 + x$
   b) $0{,}15x^5 - 2x^3 + 5x$
   c) $ax^5 + bx^3 + cx$ mit $a > 0$, $b < 0$

5. Gegeben ist die Funktion $f: x \mapsto x^7 + 5x^3 + 6x + 8;\ D_f = \mathbb{R}$:
   a) Welches Monotonieverhalten zeigt f?
   b) Gib zwei aufeinander folgende ganze Zahlen an, zwischen denen eine Nullstelle von f liegt. (Begründung!)
   c) Begründe, wie viele Nullstellen f hat.
   d) Ermittle die Koordinaten der Wendepunkte.

6.1.4. Zusammenfassung und Aufgabenbeispiele

Bei der Diskussion einer Funktion f ist nach folgenden Punkten zu fragen:

1. Definitionsbereich[1]
2. Symmetrieeigenschaften des Graphen G_f
3. Nullstellen, Unendlichkeitsstellen, Vorzeichen (Felderabstreichen) von f (x)
4. Verhalten von f (x) für $x \to +\infty$ und $x \to -\infty$ bzw. am Rande von D_f
5. f' (x); Nullstellen von f' (x)
6. f'' (x); Nullstellen von f'' (x)
7. Steigen und Fallen von G_f sowie Extremwerte von f
8. Krümmungsverhalten des Graphen; Wendepunkte
9. Wertemenge von f; Verhalten von f' (x) am Rande von $D_{f'}$

In der folgenden Tabelle sind die Eigenschaften eines Graphen G_f an einer Stelle x_0 zusammengestellt, wobei vorausgesetzt ist, dass die betrachteten Terme f (x), f' (x) bzw. f'' (x) jeweils in einem Intervall $J = [x_0 - h; x_0 + h]$ definiert und stetig sind. In anders gelagerten Fällen sind Grenzwerte für $x \to x_0$ zu untersuchen.

<table>
<tr><th rowspan="2"></th><th rowspan="2">negativer Wert</th><th colspan="2">Nullstelle</th><th rowspan="2">positiver Wert</th></tr>
<tr><th>mit VZW</th><th>ohne VZW</th></tr>
<tr><td rowspan="2">f (x_0)</td><td rowspan="2">G_f unterhalb der x-Achse</td><td colspan="2">G_f hat einen gemeinsamen Punkt mit der x-Achse</td><td rowspan="2">G_f oberhalb der x-Achse</td></tr>
<tr><td>G_f schneidet die x-Achse</td><td>G_f berührt die x-Achse</td></tr>
<tr><td rowspan="2">f' (x_0)</td><td rowspan="2">G_f fällt</td><td colspan="2">G_f hat eine waagrechte Tangente</td><td rowspan="2">G_f steigt</td></tr>
<tr><td>G_f hat einen Extrempunkt</td><td>G_f hat einen Terrassenpunkt</td></tr>
<tr><td rowspan="2">f'' (x_0)</td><td rowspan="2">G_f ist rechtsgekrümmt</td><td colspan="2">G_f ist nicht gekrümmt</td><td rowspan="2">G_f ist linksgekrümmt</td></tr>
<tr><td>G_f hat einen Wendepunkt</td><td>kein Wendepunkt</td></tr>
</table>

[1] Die Angabe des Definitionsbereichs ist nur dann noch nötig, wenn er bei der Angabe der Funktion nicht mit aufgeführt wurde; vereinbarungsgemäß ist in diesem Fall der maximal mögliche Definitionsbereich des Funktionsterms f (x) als Definitionsbereich von f zu verstehen, d. h. $D_f = D_{f(x)}$.

Wir erläutern die einzelnen Schritte einer Kurvendiskussion in den folgenden Beispielen, wobei wir nach dem oben aufgestellten 9-Punkte-Plan vorgehen.

1. Beispiel: (Fig. 6.7)

Gegeben die Funktion

f: $x \mapsto f(x) = \frac{1}{8} \cdot x(x^2 - 4)(4 - x^2)$

vollständig in Faktoren zerlegt:

$f(x) = -\frac{1}{8}x(x-2)^2(x+2)^2$

1. f ist eine ganzrationale Funktion, also $D_f = \mathbb{R}$.

2. Ausmultipliziert: $-\frac{1}{8} \cdot (x^5 - 8x^3 + 16x)$;
   nur ungerade Exponenten, also Punktsymmetrie zum Ursprung.

3. Nullstellen: 0 einfache Nullstelle
   -2 und $+2$ zwei doppelte Nullstellen;
   damit bei null Vorzeichenwechsel,
   bei -2 und $+2$ nicht
   für $x > 0$ ist $f(x) \leqq 0$,
   für $x < 0$ ist $f(x) \geqq 0$.

4. für $x \to +\infty$ $f(x) \to -\infty$,
   für $x \to -\infty$ $f(x) \to +\infty$.

5. $f'(x) = -\frac{1}{8}(x^2 - 4)(5x^2 - 4)$
   (mit Produkt- und Kettenregel)
   vier einfache Nullstellen:
   $+2$; -2; $+\frac{2}{5}\sqrt{5} \approx 0{,}89$ und $-\frac{2}{5}\sqrt{5}$.
   f′ wechselt bei jeder Nullstelle das Vorzeichen; damit ergibt sich die Vorzeichentabelle von f′.

6. $f''(x) = 1/2x(12 - 5x^2)$;
   Nullstellen: 0; $\frac{2}{5}\sqrt{15} \approx 1{,}55$; $-\frac{2}{5}\sqrt{15}$;
   einfache Nullstellen, daraus Vorzeichenwechsel in der Vorzeichentabelle von f″.

7. Das Monotonieverhalten entnimmt man der Vorzeichentabelle von f′ (monoton fallend für $-$, monoton steigend für $+$).
   Daraus: Hochpunkte bei $x = +2$ und $x = -\frac{2}{5}\sqrt{5}$, Tiefpunkte bei $x = -2$ und $x = +\frac{2}{5}\sqrt{5}$.

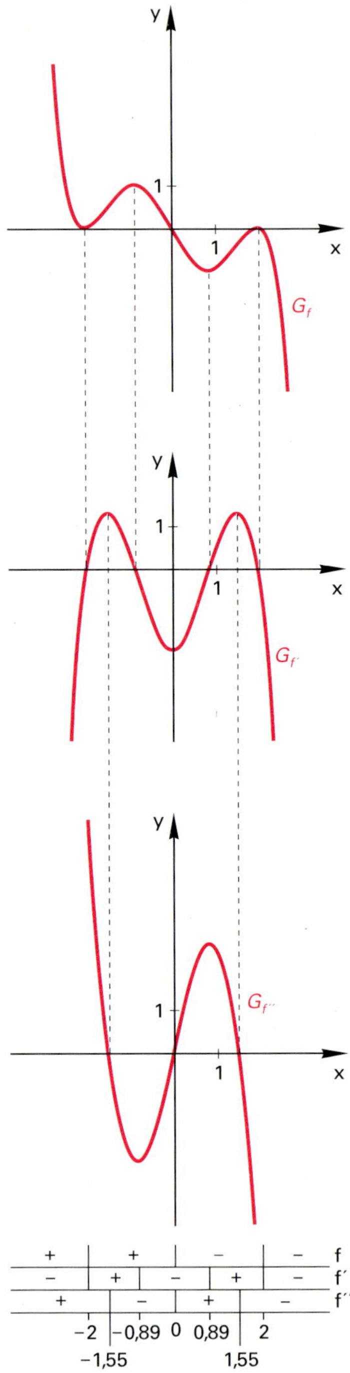

Fig. 6.7

8. Aus 6. erhält man:
   $]-\infty; -\frac{2}{5}\sqrt{15}[$ Linkskrümmung,
   $]-\frac{2}{5}\sqrt{15}; 0[$ Rechtskrümmung,
   $]0; \frac{2}{5}\sqrt{15}[$ Linkskrümmung,
   $]\frac{2}{5}\sqrt{15}; +\infty[$ Rechtskrümmung,
   Wendepunkte bei allen Nullstellen von f''
   (Vorzeichenwechsel)

9. Wertemenge von f: $W_f = \mathbb{R}$;
   $f'(x) \to -\infty$ für $x \to +\infty$ und $x \to -\infty$.

2. Beispiel: (Fig. 6.8)

Es soll folgende Funktion diskutiert werden:

$f\colon x \mapsto f(x) = \frac{1}{4}x^4 - \frac{4}{3}x^3 + 2x^2 + 2$

1. f ist eine ganzrationale Funktion, also ist $D_f = \mathbb{R}$.

2. Eine Symmetrieeigenschaft von G_f ist nicht erkennbar, da gerade und ungerade Potenzen von x auftreten.

3. Die Frage nach den Nullstellen und Vorzeichen ist nicht ohne Weiteres beantwortbar; wir stellen sie zurück.
   (Als ganzrationale Funktion hat f keine Unendlichkeitsstellen.)[1]

4. $f(x) \to +\infty$ für $x \to \pm\infty$.

5. $f'(x) = x^3 - 4x^2 + 4x = x(x-2)^2$
   $f'(x) = 0$ für $x = 0$ und $x = 2$

6. $f''(x) = 3x^2 - 8x + 4$
   $f''(x) = 0$ für $x = \frac{2}{3}$ und $x = 2$

7. $f'(x) < 0$ für $x < 0$.
   Also fällt G_f streng monoton für $x < 0$.
   $f'(x) > 0$ für $0 < x < 2$ und $2 < x < \infty$.
   Also steigt G_f streng monoton für $x > 0$.
   Minimum für $x = 0$, da $f'(0) = 0$ und G_f links von 0 streng monoton fallend, rechts streng monoton steigend (oder: $f''(0) = +4 > 0$).

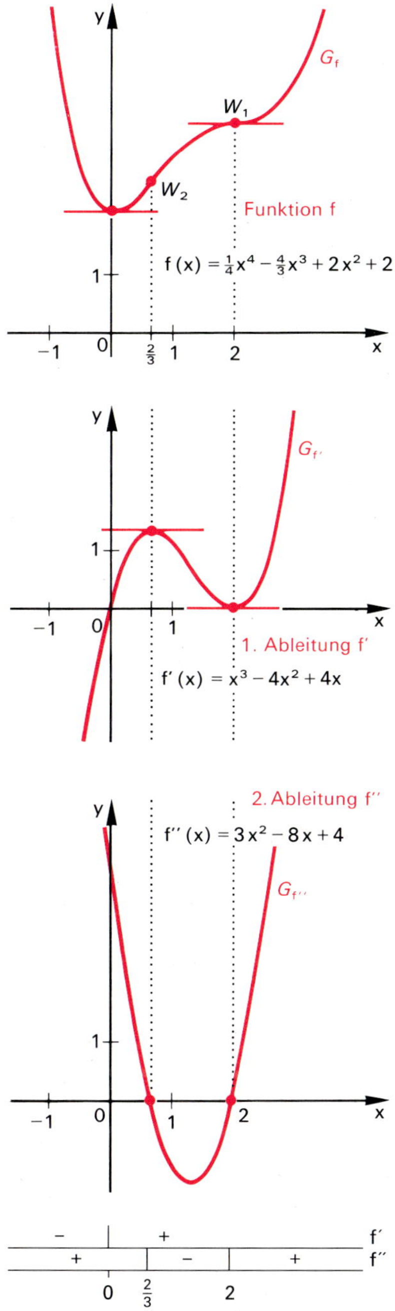

Fig. 6.8

[1] Bei ganzrationalen Funktionen trifft diese Feststellung grundsätzlich zu, sie wird in diesen Fällen in der Regel gar nicht erwähnt.

Terrassenpunkt für $x = 2$, da G_f links und rechts von 2 streng monoton steigt.

8. $f''(x) > 0$ für $x < \frac{2}{3}$; Linkskrümmung,
   $f''(x) < 0$ für $\frac{2}{3} < x < 2$; Rechtskrümmung,
   $f''(x) > 0$ für $x > 2$; Linkskrümmung.
   Wendepunkt für $x = \frac{2}{3}$, da $f''(\frac{2}{3}) = 0$ und Wechsel des Krümmungsverhaltens. Wendepunkt für $x = 2$, da $f''(2) = 0$ und Wechsel des Krümmungsverhaltens; mit $f'(2) = 0$ also Terrassenpunkt (siehe 7.).

9. $f(x) \to +\infty$ für $x \to +\infty$ und $x \to -\infty$, daher globales Minimum $f(0) = 2$. Somit gilt für die Wertemenge der Funktion: $W_f = [2; \infty[$. (f hat also keine Nullstellen.)
   $f'(x) \to +\infty$ für $x \to +\infty$, $f'(x) \to -\infty$ für $x \to -\infty$

Aufgaben

1. Untersuche jeweils den Graphen von $f: x \mapsto f(x)$ gemäß obigem 9-Punkte-Plan!
   a) $f(x) = \frac{1}{2}x - 2$ b) $f(x) = \frac{1}{4}x^2 - 4$ c) $f(x) = \frac{1}{4}x^3 - 2$
   d) $f(x) = \frac{1}{4}x^4 - 4$ e) $f(x) = 2 - \frac{1}{4}x^3$ f) $f(x) = 4 - \frac{1}{4}x^4$

2. Diskutiere die Funktion f und zeichne den Graphen G_f in J!
   a) $f: x \mapsto \frac{1}{10}(x^3 + x)$; $J = [-3; 3]$ b) $f: x \mapsto \frac{1}{20}x^5 + \frac{1}{4}x^4$; $J = [-5; 2]$
   c) $f: x \mapsto -x^3(x-2)$; $J = [-1; 2{,}5]$ d) $f: x \mapsto \frac{1}{8}(x^4 - 20x^2 + 64)$; $J = [-4{,}5; 4{,}5]$

3. Bestimme Extremwerte und Wendepunkte von G_f! Wie lauten die Gleichungen der Kurventangenten, die mit der positiven x-Achse einen Winkel von 45° bilden?
   $$f: x \mapsto \frac{1}{12}x^3 - 2x^2 + 16x - 42$$

4. Untersuche das Verhalten des Graphen G_f am Ursprung:
   a) $f: x \mapsto x^4$ b) $f: x \mapsto x^5$ c) $f: x \mapsto x^4 - x$
   d) $f: x \mapsto x^3 + x$ e) $f: x \mapsto x^7 - x^4$ f) $f: x \mapsto x^3 - x$

5. Untersuche die Funktion
   $$f: x \mapsto f(x) = x^3 - 6x^2 + 9x$$
   und skizziere den Graphen in einem geeigneten Intervall! Wie unterscheidet sich davon der Graph der Funktion
   $$g: x \mapsto g(x) = |x|^3 - 6x^2 + 9|x|?$$
   Skizziere auch diesen Graphen!

6. Gegeben ist die Funktion

$$f\colon x \mapsto f(x) = \tfrac{1}{3}x^3 - x^2 - 2; \quad D_f = [0; 4]$$

a) Bestimme im Punkt P (3; ?) des Graphen die Tangentengleichung!

b) Bestimme im Punkt P (3; ?) des Graphen die Normalengleichung!

c) Hat die Funktion f in D_f ein Maximum? (Begründung!)

d) Hat die Funktion f in D_f eine Nullstelle? (Begründung!)

7. Gegeben ist die Schar der Funktionen $f_k\colon x \mapsto f_k(x) = kx - x^3;\quad x \in \mathbb{R}$ mit $k > 0$ als Parameter. Zeige, dass sämtliche Tiefpunkte der Graphen G_{f_k} im III. Quadranten liegen, und stelle die Gleichung der Kurve auf, die von diesen Tiefpunkten gebildet wird!

8. Was kann man über den Funktionsgraphen aussagen, wenn für die Ableitung des Funktionsterms gilt:

a) $f'(x) = x^2 - 1$

b) $g'(x) = x^2$

c) $h'(x) = x^2 + 1$

d) $\varphi'(x) = x(x-4)(x-2)^2$

9. Was lässt sich über eine Funktion f aussagen, wenn für die 2. Ableitung gilt:

a) $f''(x) = 1$

b) $f''(x) = x$

c) $f''(x) = x^2 - 1$

d) $f''(x) = x^2 + 1$

10. Die Ableitung einer ganzrationalen Funktion f mit $f(1) = 2$ ist $f'\colon x \mapsto 6x - 2$. Wie heißt die Funktion?

11. Gegeben sind die Funktionen:

a) $f\colon x \mapsto x^3 + 3x^2 - 4$

b) $f\colon x \mapsto \tfrac{1}{6}(x+1)(2x^2 - 17x + 41)$

c) $f\colon x \mapsto x^4 - 2x^2 - 8$

Suche jeweils die Nullstellen und Extremwerte und stelle für die entsprechenden Punkte des Graphen die Tangentengleichungen auf!

12. Bestimme die Schnittwinkel der Graphen von

$$f\colon x \mapsto -x^3 + 2x^2 + x - 2 \quad \text{und} \quad \varphi\colon x \mapsto -2x^2 + 4x - 2$$

Für welche gemeinsamen x-Werte sind die zugehörigen Tangenten parallel?

$f'(x) = \varphi'(x)$

13. Diskutiere die Funktionenschar $f_{a,b}\colon x \mapsto bx^2 - ax^4$ mit den Scharparametern $a > 0$, $b > 0$! Zeichnung für $a = \tfrac{1}{16}$ und $b = 1$ in $[-4{,}5; 4{,}5]$!

14. Gegeben ist

a) $f\colon x \mapsto |x-2|(x+2)$

b) $f\colon \mapsto \tfrac{1}{7}|x^2 + 3x - 10|$.

Wo ist f nicht differenzierbar? Zeichne G_f und $G_{f'}$ in $[-6; 6]$! Welche sprunghafte Richtungsänderung erfährt die Tangente beim Überschreiten jener Stellen, an denen die Funktion keine Ableitung hat? Wo ist $f(x) < \tfrac{7}{4}$?

15. Bestimme jeweils die Wertemengen W_f und $\overline{W_f}$!

a) $f: x \mapsto x^2 - 10x + 10;$ $\quad D_f = [-3; 3]$ bzw. $\overline{D_f} = [0; 6]$

b) $f: x \mapsto x^3 - 3x^2 - 9x;$ $\quad D_f = [-2; 4]$ bzw. $\overline{D_f} = [-3; 5]$

c) $f: x \mapsto -x^3 + 9x^2 - 24x - 7;$ $\quad D_f = [3; 6]$ bzw. $\overline{D_f} = [-1; 4]$

16. Welche Daten (Zahl und Lage der Nullstellen; Zahl sowie Abszissen und Ordinaten von Extrempunkten und Wendepunkten; Verhalten für $x \to \pm\infty$; Symmetrieeigenschaften) einer Funktion $f: x \mapsto f(x)$ hat auch die Funktion $\bar{f}: x \mapsto \bar{f}(x)$, wenn man folgende Transformation ausführt ($c \neq 0$ bzw. $c \neq 1$)?

a) $\bar{f}(x) = cf(x)$ b) $\bar{f}(x) = f(x) + c$ c) $\bar{f}(x) = f(x + c)$ d) $\bar{f}(x) = f(cx)$

17. 1931 erfand der estnische Optiker Bernhard Schmidt (1878–1935) einen neuen Fernrohrtyp für fotografische Himmelsaufnahmen, den Schmidtspiegel, der heute auf keiner größeren Sternwarte fehlt. Vor einem sphärischen Hohlspiegel ist eine Korrekturlinse angebracht, die auf der einen Seite eben ist, während das Profil der Oberfläche der anderen Seite durch folgende Funktionsgleichung gegeben ist:

$$y = \frac{x^4 - r^2x^2}{4(n-1)R^3}; \quad x \in [-r; r]$$

Dabei ist x der Abstand von der Linsenmitte, r der Linsenradius, R der Krümmungsradius des Spiegels, n der Brechungsindex des Glases (Fig. 6.9). Diskutiere die Gleichung für $n = 1{,}5$, $R = 3r$ und zeichne den Graphen für $r = 8$ cm! Weil die Abweichung von der Ebene sehr gering ist, wählen wir auf beiden Achsen verschiedene Maßstäbe: x-Achse Einheit 0,5 cm, y-Achse Einheit 50 cm.

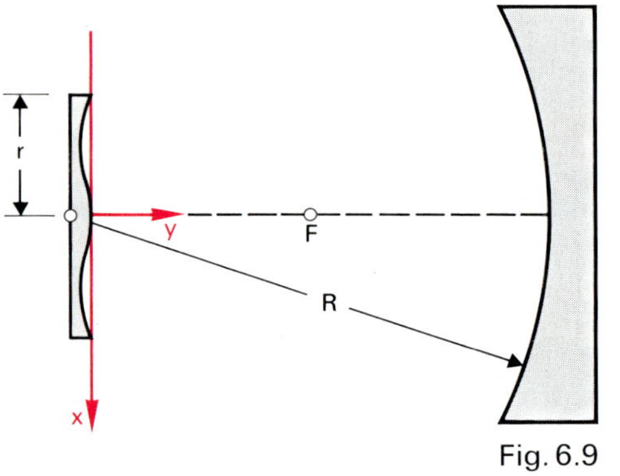

Fig. 6.9

18.–23. Gebrochenrationale Funktionen

18. Skizziere den Graphen der Funktion $f: x \mapsto \frac{x^2-1}{x^2}$; $D_f = D_{f(x)}$ im Bereich $[-2; 2]$!

19. Untersuche bei den folgenden Funktionen Symmetrieeigenschaften des Graphen, Nullstellen, Umgebung der Nullstellen des Nenners und das Verhalten für $x \to \pm\infty$! Skizziere den Graphen im Bereich $[-5; 5]$!

a) $f: x \mapsto \frac{x}{4 - x^2}$ b) $f: x \mapsto \frac{2x^2}{x^2 + 1}$ c) $f: x \mapsto \frac{1}{|x-2|}$ d) $f: x \mapsto \frac{1}{|x| - 2}$

20. Untersuche die Umgebung der Nullstellen des Nenners und das Verhalten für $x \to \pm\infty$:

a) $f: x \mapsto \frac{2x^3 - 5x^2}{x^3 - 4x^2 + 4x}$ b) $f: x \mapsto \frac{x^4}{(x-2)^3}$ c) $f: x \mapsto \frac{x^3 - 1}{x^2 - 1}$

21. Bilde selbst rationale Funktionen mit folgenden Eigenschaften:
   a) Bei $x = 2$ einfache Unendlichkeitsstelle, bei $x = 3$ Definitionslücke, die nicht Unendlichkeitsstelle ist.
   b) Bei $x = 2$ eine einfache Nullstelle, bei $x = -2$ eine doppelte Unendlichkeitsstelle.
   c) Bei $x = 0$ und $x = 3$ je eine doppelte Nullstelle.
   d) Bei $x = -2$ eine Definitionslücke, die nicht Unendlichkeitsstelle ist, und bei $x = 2$ eine Nullstelle.

22. Bestimme die Wertemengen der folgenden Funktionen mit Hilfe der Extremwerte und des Verhaltens an Unendlichkeitsstellen sowie für $x \to \pm\infty$!
   a) $f\colon x \mapsto \frac{1}{x^2+1}$ b) $f\colon x \mapsto \frac{4x-4}{x^2-2x+2}$ c) $f\colon x \mapsto \frac{x^2}{x^4+1}$ d) $f\colon x \mapsto \frac{|x|}{x-1}$

23. Gib D_f und W_f an! $(D_f = D_{f(x)})$
   a) $f\colon x \mapsto \frac{x^3+1}{x^2-2}$ b) $f\colon x \mapsto \frac{3x}{x^3-2}$ c) $f\colon x \mapsto \frac{x^3}{|x|+x}$ d) $f\colon x \mapsto \frac{x^4+3}{x^2+1}$

Vermischte Aufgaben

24. Versuche möglichst viele Eigenschaften der Klasse der *gebrochenlinearen Funktionen*

$$f\colon x \mapsto \frac{ax+b}{cx+d};\quad D_f = D_{f(x)};\quad a, b, c, d \in \mathbb{R},\ c \neq 0$$

herauszufinden.

25. Wo ist der Graph von $f\colon x \mapsto \frac{1}{6}x^4 - \frac{1}{3}x^3 - 6x^2 + 1$ in $[-3; 3]$ am steilsten?

26. Gegeben ist die Funktionenschar $f_a\colon x \mapsto f_a(x) = \frac{2-ax}{2+x^2};\quad \mathbb{D}_{f_a} = \mathbb{D}_{f_a(x)},\quad a \in \mathbb{R}.$
   a) Bestimme D_{f_a}!
   b) Für welchen Wert von a ist G_{f_a} symmetrisch zur y-Achse?
   c) Für welches a liegt der Punkt $P(-3; 1)$ auf dem Graphen?
   d) Zeichne den Graphen der in c) ermittelten Funktion in $[-4; 4]$!
   e) Für welche Werte von a hat der Graph mindestens einen Punkt mit der Geraden $g\colon y - 5 = 0$ gemeinsam?

27. Die Menge der ganzrationalen Funktionen 3. Grades kann man nach dem Vorzeichen des Koeffizienten von x^3 in zwei Klassen einteilen. Welche gemeinsame Eigenschaft haben die Graphen der Funktionen einer Klasse? In welchen Quadranten verlaufen sie für sehr große $|x|$?

28. Die Menge der ganzrationalen Funktionen 3. Grades kann man in drei Klassen (I, II und III) einteilen, je nachdem, ob die Zahl der Nullstellen der 1. Ableitung 0, 1 oder 2 ist.
   a) Gib für jede Klasse Eigenschaften an, die die Graphen der Funktionen dieser Klasse gemeinsam haben!

b) Zu welchen Klassen gehören folgende Funktionen:

(1) $f\colon x \mapsto x^3 - 2x^2 + 5x - 6$ (2) $f\colon x \mapsto x^3 - 2x^2 - 5x - 6$

(3) $f\colon x \mapsto x^3 - 3x^2 + 3x - 1$

c) Welcher Koeffizient spielt für unsere Klasseneinteilung keine Rolle? Was bedeutet das für den Graphen der Funktion?

d) Gib für die allgemeine Funktion 3. Grades $f\colon x \mapsto ax^3 + bx^2 + cx + d$ das Kriterium dafür an, dass die Funktion in die Klasse I, II oder III gehört!

29. Gib die Menge aller ganzrationalen Funktionen an, die

a) 3. Grades sind und deren Graphen die x-Achse im Ursprung berühren,

b) 3. Grades sind und deren Graphen die x-Achse an der Stelle -2 berühren,

c) 4. Grades sind und deren Graphen die x-Achse an den Stellen a und b berühren,

d) 4. Grades sind und deren Graphen im Ursprung die x-Achse zur Wendetangente haben!

30. Ermittle die Nullstellen und Extremwerte folgender Funktionen und zeichne die Graphen in den angegebenen Intervallen J:

a) $f\colon x \mapsto \begin{cases} -\frac{1}{2}x + 1 & \text{für} \quad x \leqq -2 \\ x^2 - 2 & \text{für} \quad -2 < x < 2 \\ \frac{1}{2}x + 1 & \text{für} \quad x \geqq 2 \end{cases} \qquad J = [-4; 4]$

b) $f\colon x \mapsto \begin{cases} \frac{1}{4}(x^3 - 9x^2 + 24x) & \text{für } x \leqq 4 \\ -x^2 + 8x - 12 & \text{für } x > 4 \end{cases} \qquad J = [-1; 6]$

31. Fig. 6.10 bzw. 6.11 stellen den Graphen von f′ dar. Was lässt sich jeweils über die Graphen von f und f″ aussagen?

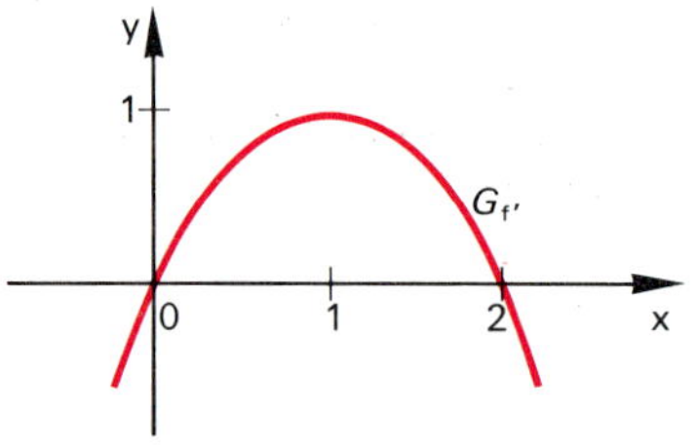

Fig. 6.10

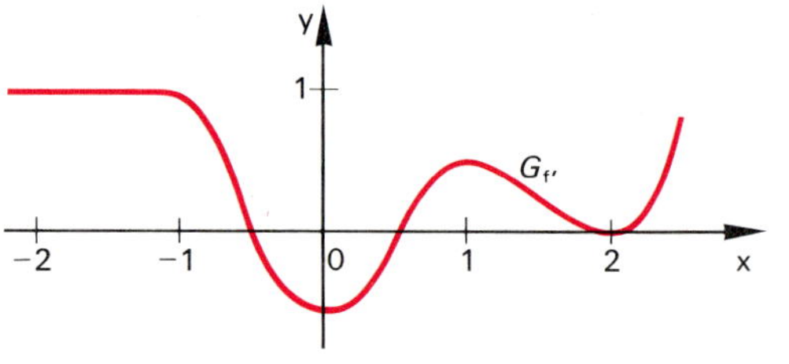

Fig. 6.11

32. Gegeben ist die Funktionenschar

$$f_a\colon x \mapsto (1-a)\,x^2 + ax; \quad x \in \mathbb{R} \quad \text{und} \quad a \in \mathbb{R} \setminus \{0; 1\}.$$

Bestimme Nullstellen und Extremwerte und skizziere die Graphen in $J = [-3; 3]$ für folgende Parameterwerte:

$$a = 2; \quad a = \tfrac{3}{2}; \quad a = \tfrac{3}{4}; \quad a = -1. \quad 1\,\text{LE} \triangleq 2\,\text{cm}.$$

33. Untersuche folgende Funktionen und zeichne die Graphen in $[0; 2\pi]$:

a) $f: \mapsto f(x) = 1 - \cos^2 x$ b) $f: x \mapsto f(x) = \cos x + \sqrt{3} \cdot \sin x$

c) $f: x \mapsto f(x) = \frac{1}{\sin x} + \frac{1}{\cos x}$

34. Gegeben sind die Funktionen $f: x \mapsto \sin x$ und $g: x \mapsto x - \frac{1}{6}x^3$.

a) Diskutiere den Verlauf der beiden Graphen (Schnittpunkte mit der x-Achse, Hoch-, Tiefpunkte, Wendepunkte)! Beweise, dass die beiden Graphen eine gemeinsame Wendetangente haben, und stelle deren Gleichung auf!

b) Zeichne G_f im Bereich $[-\pi; \pi]$ und G_g im Bereich $[-3; 3]$ (1 LE $\triangleq$ 2 cm) mit der gemeinsamen Wendetangente!

c) Der Graph G_g kann in der Umgebung des Ursprungs als Näherungskurve für G_f angesehen werden. Bestätige dies durch die Beantwortung der folgenden Fragen: Welche Werte (auf 4 Dezimalstellen) haben die beiden Funktionen für $x = 0{,}5$? Wie groß ist der Unterschied der Steigungen der Tangenten, die man in den Punkten mit der Abszisse $x = 0{,}5$ an die Kurven ziehen kann?

d) Zeige, dass g die einzige ganzrationale Funktion 3. Grades ist, die mit f im Ursprung nicht nur im Funktionswert, sondern auch in der ersten bis dritten Ableitung übereinstimmt („Interpolationspolynom 3. Grades").

35. Der Term einer ganzrationalen Funktion dritten Grades hat die Form

$$f(x) = ax^3 + bx^2,$$

wobei a und b beliebige, von null verschiedene Konstanten sind.
Beweise: Der Wendepunkt des Graphen G_f halbiert die Verbindungsstrecke der Extrempunkte von G_f.

36. Bestimme Nullstellen und Extremwerte von f; zeichne die Graphen von f und f'.

a) $f: x \mapsto (x+1)|x-1|$ b) $f: x \mapsto \frac{1}{3}|x^3 - 4x|$ c) $f: x \mapsto \frac{x}{3}|x^2 - 4|$

37. Es ist zu zeigen, dass der Graph der Funktion $f: x \mapsto y = x^3 - 6x^2 + 11x + 9$ punktsymmetrisch ist in Bezug auf den Wendepunkt als Symmetriezentrum.

6.1.5. Kurvenscharen

Bereits in früheren Kapiteln und Aufgaben haben wir immer wieder Scharen von Funktionen und ihre Graphen, die wir Kurvenscharen nennen, betrachtet. In diesem Abschnitt wollen wir die bisherigen Erkenntnisse zusammenfassen und ergänzen.
Funktionenscharen liegen immer dann vor, wenn im Funktionsterm außer der Funktionsvariablen (meist x) auch noch andere Variable („Formvariable" oder „Parameter") auftreten.
In diesem Sinn können wir z. B. auch die sogenannte „allgemeine" lineare Funktion mit dem Funktionsterm $f(x) = mx + t$ als Funktionenschar mit den beiden

reellen Parametern m und t auffassen. Die zugehörige Kurvenschar wäre in diesem Fall die Menge aller Geraden mit Ausnahme der Parallelen zur y-Achse. Ebenso ist die „allgemeine" quadratische Funktion mit $f(x) = ax^2 + bx + c$ eine Funktionenschar mit den Parametern a, b und c aus $\mathbb{R}$ (die zugehörige Kurvenschar ist für $a \neq 0$ eine Parabelschar). Diese Betrachtungsweise ließe sich natürlich noch ausweiten (z. B. auf die „allgemeine" ganzrationale Funktion).
Wir werden uns jedoch im Folgenden meist auf den Fall beschränken, dass außer der Funktionsvariablen nur noch *ein* Parameter auftritt. Neben der Definitionsmenge der Funktionsvariablen muss auch festgelegt werden, welche Werte der Parameter annehmen darf.

1. Beispiel: $f_k\colon x \mapsto f_k(x) = x^2 - kx;\quad D_{f_k} = \mathbb{R};\quad k \in \mathbb{R}$

Bei der Definitionsmenge wollen wir für D_{f_k} einfacher D_k schreiben, entsprechend beim Funktionsgraphen statt G_{f_k} einfacher G_k.

Die Definitionsmenge der Funktionsvariablen (für die wir grundsätzlich den Buchstaben D reservieren wollen), kann vom Parameter abhängen:

2. Beispiel: $f_a\colon x \mapsto f_a(x) = \dfrac{1}{x - 2a};\quad D_a = \mathbb{R} \setminus \{2a\};\quad a \in \mathbb{R}$

3. Beispiel: Soll für die Funktionenschar

$$f_c\colon x \mapsto f_c(x) = \frac{\sqrt{x^2 + c}}{c} \quad \text{mit } c \in \mathbb{R} \setminus \{0\}$$

die maximal mögliche Definitionsmenge D_c zugrunde gelegt werden, so ist $D_c = \mathbb{R}$ für $c > 0$ aber nur $D_c = \mathbb{R} \setminus]-\sqrt{|c|}; \sqrt{|c|}[$ für $c < 0$.

Wir untersuchen die Schar des Beispiels 1 etwas genauer: Es ist

$$f_k(x) = x(x - k)$$

Jeder Graph G_k der Schar ist also eine Normalparabel mit den Nullstellen $x_1 = 0$ (unabhängig von k) und $x_2 = k$.
Alle Parabeln gehen durch den Ursprung (Fig. 6.12).
Für die Koordinaten des Scheitelpunkts $S(x_s; y_s)$ gilt

$$f'_k(x_s) = 0 \Rightarrow x_s = \frac{k}{2} \qquad (1)$$

und eingesetzt $y_s = f_k(x_s) = \dfrac{k^2}{4} - k \cdot \dfrac{k}{2}$, also $y_s = -\dfrac{k^2}{4}$. (2)

Für jeden Wert $k \in \mathbb{R}$ erhalten wir einen anderen Scheitelpunkt $S_k\left(\dfrac{k}{2}; -\dfrac{k^2}{4}\right)$.
Wir wollen versuchen, die Menge *aller* dieser Scheitelpunkte zu beschreiben.

Dabei verwenden wir einen Begriff aus der Geometrie. Dort bezeichnet man die Menge aller Punkte mit einer bestimmten Eigenschaft als einen „*geometrischen Ort*". So ist z. B. die Kreislinie um M mit Radius r der geometrische Ort aller Punkte P mit der Eigenschaft $\overline{MP} = r$, während die Mittelsenkrechte zur Strecke [AB] der geometrische Ort aller Punkte P mit der Eigenschaft $\overline{AP} = \overline{BP}$ ist.
Statt „geometrischer Ort" sind auch die Bezeichnungen „*Ortslinie*" oder „*Ortskurve*" üblich.
Um im vorliegenden Beispiel die Ortskurve aller Scheitelpunkte besser überblicken zu können, ist es zweckmäßig, einen direkten Zusammenhang zwischen x_s und y_s zu finden, wie wir das von Funktionen her gewohnt sind.
Dazu lösen wir Gleichung (1) nach k auf und setzen $k = 2x_s$ in die Gleichung (2) ein. Wir erhalten

$$y_s = -x_s^2 \qquad (3)$$

Wir erkennen, dass alle Scheitelpunkte auf der nach unten geöffneten Normalparabel mit der Gleichung $y = -x^2$ liegen. Da $k \in \mathbb{R}$ beliebig war, durchläuft nach Gleichung (1) auch x_s alle reellen Zahlen, und damit beschreibt

$$g_0\colon x \mapsto y = -x^2; \quad x \in \mathbb{R}$$

die gesuchte Ortskurve (in Fig. 6.12 rot eingetragen).

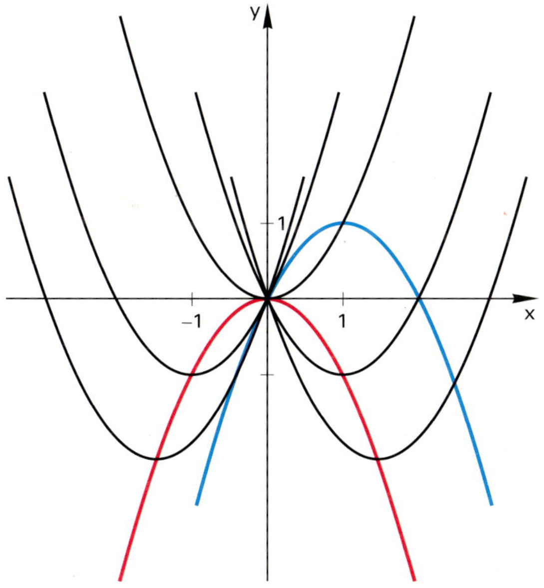

Fig. 6.12

Die Ortskurve der Scheitelpunkte war der geometrische Ort aller Punkte, in denen die Steigung null war. Wir wollen nun nach dem geometrischen Ort aller Punkte $P(x_p; y_p)$ fragen, in denen die Scharkurven die Steigung 2 haben. Es muss also $f'(x_p) = 2x_p - k = 2$ sein und damit

$$x_p = \frac{k}{2} + 1 \qquad (1)$$

Für $y_p = f_k(x_p)$ erhalten wir

$$y_p = \left(\frac{k}{2} + 1\right)\left(\frac{k}{2} + 1 - k\right) = \left(1 + \frac{k}{2}\right)\left(1 - \frac{k}{2}\right) = 1 - \frac{k^2}{4} \qquad (2)$$

Wir eliminieren wieder den Parameter k, indem wir aus Gleichung (1) $k = 2x_p - 2$ in Gleichung (2) einsetzen. Wir erhalten

$$y_p = -x_p^2 + 2x_p$$

Beachten wir, dass für x_p mit $k \in \mathbb{R}$ alle reellen Zahlen zulässig sind, so erhalten wir als Gleichung der gesuchten Ortskurve

$$g_2\colon x \mapsto y = -x^2 + 2x; \quad x \in \mathbb{R}$$

Es handelt sich also auch hier wieder um eine nach unten geöffnete Normalparabel durch den Ursprung. Sie hat den Scheitel (1; 1) und ist in Fig. 6.12 blau eingezeichnet.
Zeige, dass sich für eine beliebige Steigung m als Ortskurve ebenfalls eine nach unten geöffnete Normalparabel durch den Ursprung ergibt, deren Scheitel auf der Normalparabel mit der Gleichung $y = x^2$ liegt.

Aufgaben

1. Durch die Gleichung $y = ax^2 - 3x + \frac{1}{a}$; $x \in \mathbb{R}$ mit dem Parameter $a \neq 0$ ist eine Parabelschar gegeben. Wie lautet die Gleichung des geometrischen Ortes für die Scheitel aller Parabeln?

2. Zur Schar der Funktionen $f_k\colon x \mapsto f_k(x) = \frac{1}{2}x^2 - 2kx + 4k^2 + 4k$ mit $k \in \mathbb{R}$ als Scharparameter gehört eine Schar von Graphen G_k. Wie lautet die Gleichung des geometrischen Ortes aller Punkte B_k, in denen die Graphen die Steigung 2 haben? Zeige, dass diese Kurve zur Graphenschar G_k gehört!

3. Betrachtet wird die Schar der Funktionen $f_k\colon x \mapsto f_k(x) = x + \frac{k}{x}$ mit $k > 0$ als Scharparameter und $D_k = \mathbb{R} \setminus \{0\}$. Wie lautet die Gleichung der Ortskurve aller Punkte der Graphenschar mit waagrechter Tangente?

4. Gegeben ist die Schar der Funktionen

$$f_a\colon x \mapsto f_a(x) = ax^2 + (2-2a)x + a \quad \text{mit} \quad D_a = \mathbb{R}; \quad a \in \mathbb{R}$$

und den zugehörigen Graphen G_a.

a) Für welchen Wert von a geht G_a durch den Punkt P (2; 3)?

b) Wie muss a gewählt werden, damit G_a seinen Scheitel auf der y-Achse hat?

c) Zeige, dass es einen Punkt gibt, durch den alle Graphen G_a mit derselben Steigung hindurchgehen.

d) Zeichne die Graphen G_{-1}, G_0 und G_1. Welche Bedeutung hat G_0 für die Parabeln der Schar?

e) Wie lautet die Gleichung derjenigen Parabel, die alle Graphen im Punkt S (1; 2) rechtwinklig schneidet und ihren Scheitel auf der y-Achse hat?

5. Gegeben ist eine Schar von Parabeln G_k durch

$$f_k\colon x \mapsto f_k(x) = \frac{x^2}{k} - x; \quad x \in \mathbb{R}; \quad k \neq 0$$

a) Bestimme die Nullstellen von f_k und zeige, dass alle Parabeln der Schar einen gemeinsamen Punkt und dort auch eine gemeinsame Tangente haben. Wie lautet deren Gleichung?

b) Zeige, dass alle Parabeln der Schar die positive bzw. die negative x-Achse unter dem gleichen Winkel schneiden.

c) Bestimme die Ortskurve aller Scheitelpunkte der Schar.

d) Zeichne die Graphen G_1, G_{-1} und G_2 sowie die gemeinsame Tangente aus a) und die Ortskurve aus c) in ein gemeinsames Koordinatensystem ein. 1 LE $\hat{=}$ 2 cm.

6. Wir betrachten die Schar der Funktionen f_a mit

$$f_a\colon x \mapsto f_a(x) = x^4 + 4x^3 + ax^2 \quad \text{mit} \quad D_a = \mathbb{R} \quad \text{und} \quad a \in \mathbb{R}$$

a) Welche Bedingung muss a erfüllen, damit f außer $x = 0$ keine weiteren Nullstellen hat?

b) Für welchen Wert von $a \neq 0$ hat G_a außer für $x = 0$ nur noch genau eine weitere waagrechte Tangente?
Um welchen besonderen Kurvenpunkt muss es sich dann handeln? (Begründung!)

c) Untersuche die Funktion f_4 auf Nullstellen, Extrema, Wendepunkte und zeichne G_4 im Bereich $-2{,}5 \leqq x \leqq 0{,}5$ mit der Längeneinheit 4 cm.

d) Zeichne noch die Gerade g mit der Gleichung $y = 1$ in die Figur ein. Warum berührt g den Graphen G_4? Berechne davon ausgehend die beiden anderen gemeinsamen Punkte von G_4 und g.

7. Gegeben sei eine Schar reeller Funktionen

$$f_t\colon x \mapsto f_t(x) = x(x^2 - t) \quad \text{mit} \quad t \in \mathbb{R}.$$

Der Graph einer Scharfunktion f_t heiße G_t.

a) Gib den maximal zulässigen Definitionsbereich D_t von f_t und den zugehörigen Wertebereich W_t an. Welches Symmetrieverhalten zeigen die Graphen G_t der Funktionenschar? (Begründung!)

b) Für die folgenden Teilaufgaben sei $t > 0$.

(1) Zeige, dass für $t > 0$ die Graphen G_t jeweils genau drei Schnittpunkte mit der x-Achse haben, und gib deren Koordinaten an.

(2) Untersuche für $t > 0$ die Graphen G_t auf Hoch-, Tief- und Wendepunkte! Gib bei Existenz solcher Punkte deren Koordinaten an.

(3) Die Hoch- und Tiefpunkte der Graphen G_t liegen auf einer Kurve C. Gib die Gleichung der Kurve C an.

(4) Fertige eine saubere Skizze des Graphen G_1. (Ursprung in Blattmitte, Einheit 2 cm; $-2{,}0 \leqq x \leqq 2{,}0$)

c) Nun sei $t \leqq 0$. Folgere aus den in Aufgabe b) durchgeführten Rechnungen, ob für $t \leqq 0$ die Graphen G_t Schnittpunkte mit der x-Achse, Extrem- und Wendepunkte besitzen. Zeichne den Graphen G_0 in die Skizze der Aufgabe b) ein. Welche Eigenschaften hat der Punkt O (0; 0) des Graphen G_0?

d) Für die folgenden Teilaufgaben sei wieder ohne Einschränkung $t \in \mathbb{R}$.

(1) Zeige, dass für $t_1 \neq t_2$ die Graphen G_{t_1} und G_{t_2} genau einen Punkt gemeinsam haben, und gib dessen Koordinaten an.

(2) Bestimme t_3 so, dass der Graph G_{t_3} den Graphen G_1 rechtwinklig schneidet. Zeichne G_{-1} in die Skizze der Aufgabe b) ein. Unter welchem Winkel schneiden sich die Graphen G_0 und G_{-1}? (Begründung!)

(3) Zeige durch Rechnung, dass für $t > t'$ der Graph G_t im Bereich $x > 0$ stets unterhalb des Graphen $G_{t'}$ verläuft. Was lässt sich auf Grund der Symmetrieeigenschaft für den Bereich $x < 0$ folgern?

8. Gegeben ist die Schar der Funktionen

$$f_c\colon x \mapsto f_c(x) = -x^3 + 3x^2 + cx \quad \text{mit} \quad x \in \mathbb{R} \quad \text{und} \quad c \in \mathbb{R}$$

a) Untersuche die zu $c = 0$ gehörige Funktion f_0 auf Nullstellen, Extrema sowie Wendepunkte und zeichne ihren Graphen G_0. Berechne diejenige Stelle, wo die Tangente im lokalen Maximum von G_0 den Graphen nochmals schneidet.

b) Wie muss c gewählt werden, damit f außer $x = 0$ keine weitere Nullstelle mehr hat?

c) Wie muss c gewählt werden, damit f_c kein Extremum haben kann? Was ist zum Fall $c = -3$ in diesem Zusammenhang zu sagen?

6.1.6. Ganzrationale Funktionen mit vorgegebenen Eigenschaften

Wir haben in den Abschnitten 1.2 bis 1.8 und in 6.1 Eigenschaften gegebener Funktionen untersucht. Man kann auch umgekehrt die Gleichung einer ganzrationalen Funktion n-ten Grades aus bekannten Eigenschaften der Funktion ermitteln. Man muss dabei versuchen, auf Grund dieser Eigenschaften Gleichungen aufzustellen, mit deren Hilfe man die $n + 1$ Koeffizienten $a_0, a_1, \dots, a_n$ berechnen kann. Wir erläutern dies anhand eines Beispiels.

Es soll eine ganzrationale Funktion 3. Grades bestimmt werden, die folgende Bedingungen erfüllt:
Die Stelle -1 ist eine Nullstelle der Funktion,
an der Stelle -2 hat der Graph einen Wendepunkt,
die Gleichung der Wendetangente lautet $y = 3x + 2{,}5$.

Lösung:
Die gesuchte Funktion hat die allgemeine Form

$$f\colon x \mapsto f(x) = ax^3 + bx^2 + cx + d$$
$$\text{mit} \quad f'(x) = 3ax^2 + 2bx + c \quad \text{und} \quad f''(x) = 6ax + 2b.$$

Auf Grund der Bedingungen lassen sich folgende Bestimmungsgleichungen aufstellen, wenn man vorweg durch Einsetzen von -2 in die Gleichung $y = 3x + 2{,}5$ die Ordinate des Wendepunktes zu $-3{,}5$ berechnet:

Nullstelle bei $x = -1$	$\Leftrightarrow f(-1) = 0$	$\Leftrightarrow -a + b - c + d = 0$	
Wendepunkt bei $x = -2$	$\Rightarrow f''(-2) = 0$	$\Leftrightarrow -12a + 2b = 0$	$(*)$
Steigung 3 für $x = -2$	$\Leftrightarrow f'(-2) = 3$	$\Leftrightarrow 12a - 4b + c = 3$	
$W(-2; -3{,}5) \in G_f$	$\Leftrightarrow f(-2) = -3{,}5$	$\Leftrightarrow -8a + 4b - 2c + d = -3{,}5$	

Damit ist folgendes Gleichungssystem mit vier Variablen aufzulösen:

(I) $\quad -a + b - c + d = 0$
(II) $\quad -12a + 2b = 0$
(III) $\quad 12a - 4b + c = 3$
(IV) $\quad -8a + 4b - 2c + d = -3{,}5$

Wir eliminieren zunächst d, indem wir (I)–(IV) = (1) bilden. Gleichzeitig wird (II) beidseitig durch 2 dividiert. Dann erhalten wir folgendes System mit den drei Variablen a, b, c:

(1) $\quad 7a - 3b + c = 3{,}5$
(2) $\quad -6a + b = 0$
(3) $\quad 12a - 4b + c = 3$

Nun eliminieren wir c, indem wir (1)–(3) = (1′) bilden. Dann ergibt sich das Gleichungssystem mit den zwei Variablen a und b:

(1′) $\quad -5a + b = 0{,}5$
(2′) $\quad -6a + b = 0$

Subtraktion der Gleichung (2′) von der Gleichung (1′) liefert:

$$a = 0{,}5$$

Einsetzen dieses Wertes in (1′) ergibt $b = 3$;
weiter folgt damit aus (1) $c = 9$
und aus (I) $d = 6{,}5$.

Ergebnis: f: $x \mapsto 0{,}5x^3 + 3x^2 + 9x + 6{,}5$

Beachte: Zum Schluss ist noch zu prüfen, ob die Funktion alle Bedingungen erfüllt. Aus $f''(-2) = 0$ kann ja nicht umgekehrt gefolgert werden, dass an der Stelle -2 ein Wendepunkt liegt: Der einfache Pfeil in der Zeile (∗) zeigt nur nach rechts! Nun ist $f''(x) = 3x + 6 = 3(x+2)$. $f''(x)$ wechselt bei $x = -2$ das Vorzeichen; für $x = -2$ liegt tatsächlich ein Wendepunkt vor: Wechsel von Rechts- zu Linkskrümmung.

Aufgaben

1. Eine Parabel hat den Punkt S (2; 2) als Scheitel. Sie geht durch den Ursprung. Wie lautet ihre Gleichung und wo schneidet sie die x-Achse zum zweiten Mal?

2. Gesucht ist jeweils die ganzrationale Funktion 2. Grades, deren Graph folgende Bedingungen erfüllt:
   a) Die Tangente im Kurvenpunkt A (1; 4) ist zu der durch die Gleichung $y = 4x$ gegebenen Geraden parallel. Für $x = \frac{3}{4}$ liegt ein Extremum vor.
   b) Die Symmetrieachse ist durch die Gleichung $x = -2$ gegeben. Die x-Achse wird an der Stelle $-0{,}5$ unter einem Winkel von 45° geschnitten.

3. Bestimme jeweils eine ganzrationale Funktion 3. Grades mit folgenden Eigenschaften:
   a) M (0; 0) ist lokaler Extrempunkt, W (−1; −2) ist Wendepunkt.
   b) Bei $x = -2$ schneidet der Graph die x-Achse, bei $x = 0$ ist ein Wendepunkt, die Wendetangente hat die Gleichung $y = \frac{1}{3}x + 2$.

4. a) Gesucht ist eine ganzrationale Funktion 4. Grades, deren Graph symmetrisch zur y-Achse ist. W (1; 0) ist ein Wendepunkt. Die beiden Wendetangenten schneiden sich senkrecht. Zwei Lösungen!
   b) Bestimme alle Nullstellen und Extremwerte der in a) gesuchten Funktionen! Zeichne jeweils den Graphen für $|x| \leqq 3$ mit 1 LE ≙ 2 cm!

5. Gesucht ist eine ganzrationale Funktion 5. Grades, deren Graph zum Nullpunkt symmetrisch ist und der im Punkt $(-\sqrt{3}; ?)$ ein Minimum hat. Bei $x = \sqrt{5}$ wird die x-Achse geschnitten; im Schnittpunkt soll die Tangente parallel zur Geraden mit $y = -10x$ sein.

6. In der einparametrigen Funktionenschar

   $$f_a\colon x \mapsto \tfrac{1}{2}(x^4 - ax^2)$$

   soll der Parameter $a \in \mathbb{R}$ so gewählt werden, dass der Graph G_{f_a} an der Stelle 1 einen Wendepunkt hat. Wo liegt dann der zweite Wendepunkt? Wo liegen die Extrempunkte des Graphen? Stelle die Gleichungen der Wendetangenten auf und zeichne den Graphen im Bereich [−3; 3]!

7. Von einer ganzrationalen Funktion f ist bekannt, dass $f(2) = 3$ und $f(-2) = 3$. Außerdem ist $f''(x) = 12x^2 - 4$. Bestimme $f(x)$!

8. Gesucht wird eine ganzrationale Funktion 4. Grades, deren Graph folgende Bedingungen erfüllt:
   a) Extrempunkt O (0; 0), Wendepunkt W (2; 3). Die Wendetangente in W ist parallel zur Geraden mit der Gleichung $y = 2x$. (Vorsicht!)
   b) P (0; 4) liegt auf dem Graphen, A (2; 0) und B (−2; 0) sind lokale Extrempunkte. Bestimme alle lokalen Extrempunkte!

9. Der Graph einer ganzrationalen Funktion 4. Grades ist achsensymmetrisch zur y-Achse und hat in A (1; ?) die Gerade mit der Gleichung $y = 12x - 5$ zur Tangente. Gesucht ist die Funktion, wenn für $x = 2$
   a) ein Minimum b) ein Maximum
   vorliegt. Skizziere den Graphen!

10. Für den Graphen einer ganzrationalen Funktion vierten Grades ist der Punkt P (1; −1) ein Wendepunkt und der Ursprung Terrassenpunkt. Bestimme die Wertemenge der Funktion!

11. Der Graph G_f einer ganzrationalen Funktion f vierten Grades ist zur y-Achse symmetrisch und hat folgende Eigenschaften:
   (1) Für $|x| > 2$ gilt $f(x) > 0$, für $|x| < 2$ gilt $f(x) < 0$;
   (2) Einer der beiden symmetrischen Extrempunkte hat die Abszisse -1;
   (3) Der dritte Extrempunkt hat die Ordinate $-\frac{1}{2}$.
   Bestimme die Gleichung von f.

12. Gegeben ist die Funktion
   a) $f\colon x \mapsto x^3 - x^2 - 4x + 4;\quad x \in \mathbb{R}$ b) $f\colon x \mapsto x^2 + \frac{6}{x} - 7;\quad x \in \mathbb{R}\setminus\{0\}$
   Gesucht ist eine ganzrationale Funktion φ zweiten Grades, deren Graph G_φ durch die Schnittpunkte A und B von G_f mit der positiven x-Achse geht und außerdem G_f in B berührt ($x_B > x_A$). Wie lautet die Gleichung der gemeinsamen Tangente in B?

13. Gegeben ist die Funktion $f\colon x \mapsto \cos x;\ x \in \mathbb{R}$
   a) Zeige, dass die Funktion $p_2\colon x \mapsto 1 - \frac{x^2}{2};\ x \in \mathbb{R}$ die einzige quadratische Funktion ist, die bei $x = 0$ mit f nicht nur im Funktionswert, sondern auch im Wert der ersten beiden Ableitungen übereinstimmt („Interpolationspolynom 2. Grades").
   b) Wie lautet das entsprechende Interpolationspolynom 4. Grades zu f?

Ergänzungen und Ausblicke

A. Anwendung der Kurvendiskussion in der Physik: Wurfparabeln als Kurvenschar

Ein Körper der Masse M wird mit der Geschwindigkeit v (Komponenten v_x und v_y in Richtung der Koordinatenachsen) zum Zeitpunkt $t = 0$ unter dem Winkel α gegen die positive x-Achse vom Ursprung aus losgeworfen.
Dann gilt (vgl. Fig. 6.13):

$$v^2 = v_x^2 + v_y^2 \qquad \text{und} \qquad \frac{v_y}{v_x} = \tan\alpha$$

und für die Koordinaten x und y des geworfenen Körpers in Abhängigkeit von der Zeit t:

$$x = v_x t \qquad (1)$$

$$y = v_y t - \tfrac{1}{2} g t^2 \qquad (2)$$

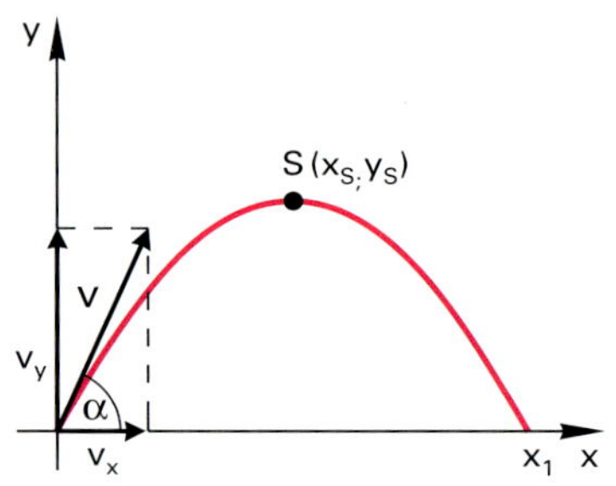

Fig. 6.13

Löst man die Gleichung (1) nach der Zeit t auf und setzt sie in die Gleichung (2) ein, so ergibt sich

$$y = \frac{v_y}{v_x} x - \frac{1}{2} \frac{g}{v_x^2} x^2 \qquad (3)$$

Zur Vereinfachung setzen wir

$$\frac{v_y}{v_x} = \tan\alpha = m \qquad (4)$$

und $$\frac{1}{2} \frac{g}{v_x^2} = a \qquad (5)$$

Damit erhalten wir

$$y = mx - ax^2$$

Halten wir den Abwurfwinkel α und damit den Wert $\tan\alpha = m$ konstant und lassen wir v bzw. v_x und damit a variieren, so erhalten wir als Graphen die Schar aller Parabeln, die mit der gleichen Steigung m durch den Ursprung gehen (Veranschaulichung mit einem Wasserschlauch!).
Dies können wir noch deutlicher machen durch die Schreibweise

$$f_a(x) = mx - ax^2 \quad \text{mit} \quad a \in \mathbb{R}^+ \quad \text{als Parameter.}$$

Man erkennt, dass die Parabeln alle nach unten geöffnet sind. Sie werden weiter, wenn a klein, d.h. wenn v_x groß wird. Durch Ausklammern von x erhält man die beiden Nullstellen $x_0 = 0$ (Abwurfstelle) und $x_1 = \frac{m}{a}$ (Wurfweite).
Durch Einsetzen von m und a aus den Gleichungen (4) und (5) erhalten wir für die Wurfweite

$$x_1 = \frac{2 v_x v_y}{g} \qquad (6)$$

Für die Ableitung der Funktionenschar f_a erhalten wir $f_a'(x) = m - 2ax$

Es ist $f_a'(0) = m$ unabhängig von a, d.h. alle Parabeln der Schar haben im Ursprung tatsächlich die gleiche Steigung m.
Durch Nullsetzen der Ableitung erhalten wir für den Scheitel $S(x_s; y_s)$ der Wurfparabel:

$$x_s = \frac{m}{2a} \quad \text{und für die Wurfhöhe} \quad y_s = f_a(x_s) = \frac{m^2}{4a}.$$

Mit Hilfe der Gleichungen (4) und (5) ergibt sich daraus

$$y_s = \frac{v_y^2}{2g}. \tag{7}$$

Bemerkungen:

Man kann die Gleichungen (6) und (7) daraufhin untersuchen, wie man bei vorgegebener Energie $\frac{1}{2}Mv^2$, also bei festem $v^2 = v_x^2 + v_y^2$ den Wert m und damit den Abwurfwinkel wählen muss, damit die Wurfhöhe und die Wurfweite möglichst groß werden.
Für die Wurfhöhe y_s ist die Frage leicht zu beantworten:
Man muss v_y^2 möglichst groß, d.h. $v_y^2 = v^2$ und damit $v_x = 0$ wählen (senkrechter Wurf nach oben!). Dann ergibt sich

$$y_s = \frac{v^2}{2g}.$$

Zur Ermittlung der maximalen Wurfweite müssen wir nach Gleichung (6) das Maximum des Produkts $v_x v_y$ finden. Dazu formen wir äquivalent um:

$$(v_x - v_y)^2 \geqq 0 \Leftrightarrow v_x^2 + v_y^2 \geqq 2v_x v_y \Leftrightarrow 2v_x v_y \leqq v^2$$

Dabei gilt das Gleichheitszeichen immer nur, wenn $v_x = v_y$ und damit $m = 1$ und $\alpha = 45°$ ist. Bei diesem Winkel erhalten wir also die maximale Wurfweite und diese beträgt dann

$$x_1 = \frac{v^2}{g}.$$

Das Ergebnis $m = 1$ lässt sich auch auf völlig andere Weise gewinnen:
Begründe dazu zunächst die Beziehung

$$v^2 = v_x v_y \left(m + \frac{1}{m}\right),$$

und folgere daraus, dass x_1 bei festem v dort maximal wird, wo der Faktor $m + \frac{1}{m}$ für $m > 0$ den kleinsten Wert annimmt. Zeige mit den Mitteln der Differenzialrechnung, dass dies bei $m = 1$ der Fall ist.

B. Räumliche Darstellung von Kurvenscharen

Es kommt häufig vor, dass eine Größe von 2 Variablen abhängt. Den Zusammenhang kann man dann grafisch so veranschaulichen, dass man z.B. die 2. Variable konstant hält und die Kurvendiskussion nur in Abhängigkeit von der 1. Variablen durchführt. Das kann man dann für verschiedene Werte der 2. Variablen machen und erhält eine Kurvenschar.
Will man die Abhängigkeit von *beiden* Variablen darstellen, so werden die Funktionswerte als Höhe über der Ebene der beiden unabhängigen Variablen x und y

dargestellt. Die Zeichnung wird dann wesentlich schwieriger. Es gibt aber viele Computerprogramme, die dies ausführen können.
In einfachen Fällen ist es möglich, die räumliche Fläche aus den Eigenschaften der Funktion zu beschreiben und sich ohne Zeichnung vorzustellen.

1. Beispiel: $z = f(x, y) = xy^2$

Auf beiden Achsen ist $z = 0$, für $x > 0$ ist $z > 0$, für $x < 0$ ist $z < 0$.
Für ein bestimmtes x handelt es sich immer um eine Parabel in der y-z-Ebene. Für große x ist es eine steile Parabel nach oben, mit abnehmendem x wird sie flacher, um für negative x nach unten umzuschlagen. (Fig. 6.14)

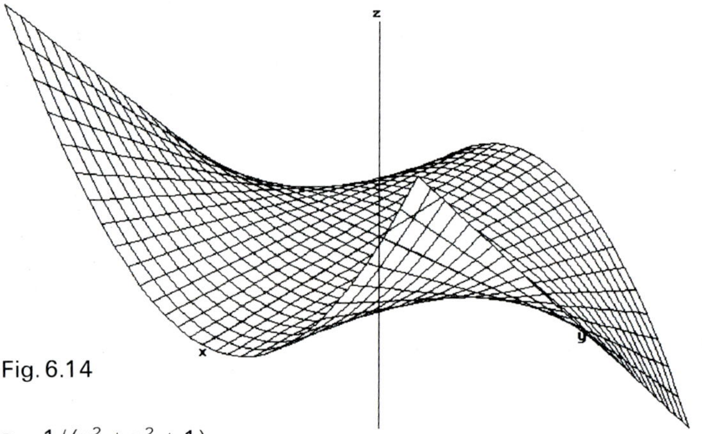

Fig. 6.14

2. Beispiel: $z = 1/(x^2 + y^2 + 1)$

Die Funktion hat für (0; 0) das Maximum mit dem Wert 1. Mit der Entfernung vom Nullpunkt wird z kleiner und geht gegen null. (Fig. 6.15)

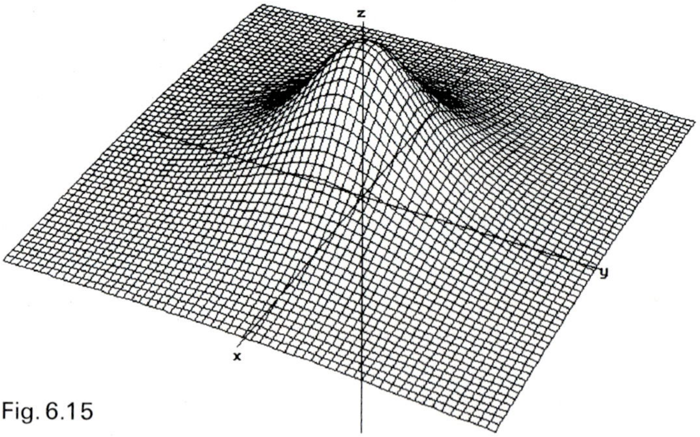

Fig. 6.15

Aufgaben

Beschreibe die Fläche der Funktion $z \mapsto f(x, y)$ mit folgendem Funktionsterm $f(x, y)$:

a) $y^2 + x$ b) x^2y^2 c) $x^2 + y^2$ d) $x^2 - y^2$ e) xy f) $x/(x^2 + y^2 + 1)$

6.2. Optimierungsprobleme (Extremwertaufgaben)

6.2.1. Problemstellung und Aufgabenbeispiele

Ein wichtiges Anwendungsgebiet der Differenzialrechnung ist die Behandlung des Problems, den für eine bestimmte Fragestellung optimalen Wert einer variablen Größe zu bestimmen. Dabei ist in einem Fall der größtmögliche Wert (Maximum), in einem anderen Fall der kleinstmögliche Wert (Minimum) unter den gegebenen Bedingungen optimal[1]. In jedem Fall handelt es sich um das Extremum einer Funktion f in einer durch die Aufgabenstellung festgelegten Definitionsmenge D_f. Diese Aufgabe wurde bei der Kurvendiskussion von Funktionen bereits rein mathematisch gelöst. Soweit der Extremwert nicht am Rande der Definitionsmenge D_f angenommen wird, ergab sich bei differenzierbaren Funktionen f als hinreichende Bedingung für einen Extremwert $f(x_0)$ im Innern von D_f

$$f'(x_0) = 0 \quad \text{und zugleich} \quad f''(x_0) \neq 0.$$

Im Folgenden betrachten wir Extremwertaufgaben aus dem Anwendungsbereich der Infinitesimalrechnung. Funktionswerte oder Grenzwerte an den Rändern von D_f lassen sich meist direkt aus der Aufgabenstellung erkennen und beurteilen.

1. Aufgabe

Aus einem rechteckigen Stück Blech mit den Seitenlängen 8 cm und 5 cm werden an den Ecken kongruente Quadrate herausgestanzt (Fig. 6.16). Biegt man die Randstücke hoch, so erhält man eine quaderförmige, oben offene Dose. Wie lang muss man die Quadratseite wählen, damit der Inhalt der Dose möglichst groß wird?

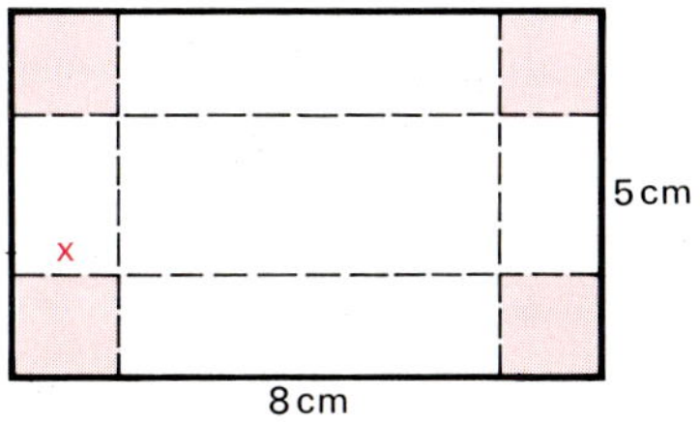

Fig. 6.16

Lösung:

Die Quadratseite habe die Länge x. Dann gilt für das von x abhängige Volumen V (x) der Dose:

$$V(x) = x(8-2x)(5-2x) = 4x^3 - 26x^2 + 40x \quad \text{mit} \quad x \in\,]0; 2{,}5[;^2$$

Wir bilden die Ableitung und erhalten:

$$V'(x) = 12x^2 - 52x + 40 = 4(3x^2 - 13x + 10)$$

[1] Vom lat. Wort optimum, das Beste. Wir sprechen daher, vor allem bei praktischen Problemen, von Optimierung.

[2] Beachte: Der Definitionsbereich ist beidseitig offen, weil für die Herstellung einer Dose die Werte x = 0 und x = 2,5 ausscheiden.

Notwendige Bedingung für ein Maximum im Innern des Definitionsbereichs: $V'(x) = 0$, also

$$3x^2 - 13x + 10 = 0 \Rightarrow x_1 = 1;\ x_2 = 3\tfrac{1}{3}$$

x_2 liegt nicht im Definitionsbereich der Funktion V, entfällt daher für die weiteren Betrachtungen. Um zu entscheiden, ob V an der Stelle 1 ein Maximum hat, bilden wir die 2. Ableitung und erhalten:

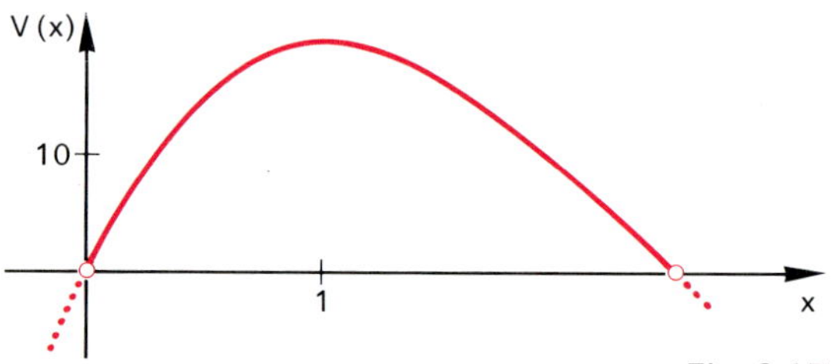

Fig. 6.17

$$V''(x) = 4\,(6x - 13)$$

und

$$V''(1) = 4\,(-7) = -28 < 0.$$

V hat also an der Stelle 1 ein Maximum mit $V(1) = 4 - 26 + 40 = 18$. (Fig. 6.17) An den ohnehin aus der Definitionsmenge ausgeschlossenen Randstellen $x = 0$ und $x = 2{,}5$ würde $V = 0$ gelten, sodass kein Randmaximum vorliegt.

Ergebnis:

Stanzt man an den Ecken Quadrate mit der Seitenlänge 1 cm aus, so erhält man die Dose mit dem maximalen Inhalt $V_{max} = 18\ \text{cm}^3$.

2. Aufgabe

Unter allen rechtwinkligen Dreiecken vom konstanten Umfang s soll dasjenige mit der kleinsten Hypotenuse bestimmt werden.

Lösung:

Führt man den spitzen Winkel φ als unabhängige Variable ein, so gilt nach Fig. 6.18:

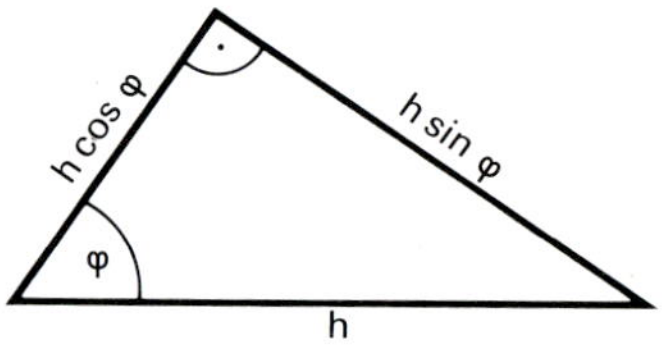

Fig. 6.18

$$h + h\sin\varphi + h\cos\varphi = s \Rightarrow$$

$$h = \frac{s}{1 + \sin\varphi + \cos\varphi} \quad \text{mit} \quad \varphi \in \,]0°; 90°[$$

Da der Zähler dieses Bruches konstant ist, wird h minimal, wenn der Nenner

$$N(\varphi) = 1 + \sin\varphi + \cos\varphi$$

maximal wird. Dafür ist notwendig:

$$\frac{dN}{d\varphi} = \cos\varphi - \sin\varphi = 0 \Rightarrow \tan\varphi = 1 \Rightarrow \varphi = 45°.$$

Nur diese Lösung liegt in $]0°; 90°[$.

Damit wird $\frac{d^2N}{d\varphi^2} = -\sin\varphi - \cos\varphi$ für $\varphi = 45°$ gleich $-\sqrt{2}$, also negativ. Somit hat N ein Maximum, h folglich ein Minimum. Es ist

$$h_{min} = \frac{s}{1+\sqrt{2}} = \frac{s(\sqrt{2}-1)}{(\sqrt{2}+1)(\sqrt{2}-1)} = s(\sqrt{2}-1)$$

Beide Katheten sind, wegen $\sin 45° = \cos 45° = \frac{1}{2}\sqrt{2}$, gleich lang.

Ergebnis:
Unter allen rechtwinkligen Dreiecken mit dem festen Umfang s hat das gleichschenklig-rechtwinklige die kleinste Hypotenuse, nämlich $s(\sqrt{2}-1)$.

Bei einer Reihe von Extremwertaufgaben ist die zu untersuchende Größe von *zwei* Variablen abhängig. Letztere sind jedoch durch eine Nebenbedingung untereinander verknüpft, sodass sich das Problem auf die Diskussion einer Funktion mit *einer* Variablen zurückführen lässt. Beispiel:

3. Aufgabe

Einem Kreis vom Radius r soll das Rechteck mit maximalem Flächeninhalt einbeschrieben werden.

Lösung:
Sind x und y die Seitenlängen des Rechtecks, so erscheint der Flächeninhalt

$$A = x \cdot y$$

zunächst als Funktion der beiden Variablen x und y. Sie sind jedoch gemäß Fig. 6.19 durch die Nebenbedingung

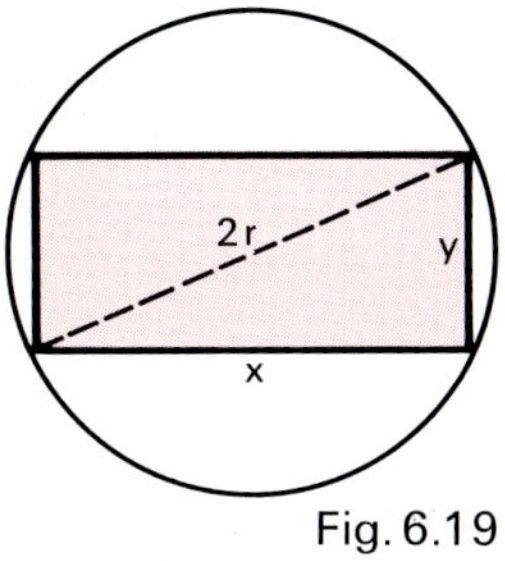

Fig. 6.19

$$x^2 + y^2 = 4r^2 \quad \text{(Pythagoras)}$$

miteinander verknüpft. Wegen $y = \sqrt{4r^2 - x^2}$ ergibt sich für den Flächeninhalt der nur von x abhängige Term

$$A(x) = x \cdot \sqrt{4r^2 - x^2} \quad \text{mit} \quad x \in]0; 2r[.$$

$$A'(x) = \sqrt{4r^2 - x^2} - \frac{x^2}{\sqrt{4r^2 - x^2}} = \frac{4r^2 - 2x^2}{\sqrt{4r^2 - x^2}}.$$

Notwendige Bedingung für ein Maximum:

$$A'(x) = 0 \Rightarrow 4r^2 - 2x^2 = 0 \quad \text{und} \quad 4r^2 - x^2 > 0 \Rightarrow$$

$$x = r\sqrt{2} \quad \text{als alleinige Lösung in }]0; 2r[.$$

Wegen

$$A''(x) = \frac{\sqrt{\ldots}(-4x) - (4r^2 - 2x^2)(\sqrt{\ldots})'}{(\sqrt{\ldots})^2} \Rightarrow A''(r\sqrt{2}) < 0$$

$$(\text{da } (4r^2 - 2x^2) = 0 \quad \text{für} \quad x = r\sqrt{2}),$$

liegt ein Maximum vor für $x = r\sqrt{2}$ und $y = \sqrt{4r^2 - 2r^2} = r\sqrt{2}$.
Das Rechteck ist ein Quadrat mit

$$A = (r\sqrt{2})^2 = 2r^2.$$

Ergebnis:

Unter allen Rechtecken, die einem Kreis vom Radius r einbeschrieben werden können, hat das Quadrat den größtmöglichen Flächeninhalt, nämlich $A_{max} = 2r^2$.

Bemerkung:

Der Rechengang lässt sich vereinfachen, wenn man Folgendes überlegt: Die Funktion A ist im ganzen Definitionsbereich positiv. Daher hat auch die sich durch Quadrieren ergebende Hilfsfunktion A^2 an derselben Stelle ein Maximum wie A.[1] Bezeichnen wir diese Hilfsfunktion mit $\bar{A}$, so gilt:

$$\bar{A}(x) = x^2(4r^2 - x^2) = 4r^2x^2 - x^4$$
$$\bar{A}'(x) = 8r^2x - 4x^3 = 0 \Rightarrow x = r\sqrt{2}.$$

(Die anderen beiden Lösungen liegen nicht im Definitionsbereich.)

$$\bar{A}''(x) = 8r^2 - 12x^2 \Rightarrow \bar{A}''(r\sqrt{2}) = 8r^2 - 24r^2 = -16r^2 < 0, \text{ Max. bei } r\sqrt{2}.$$

4. Aufgabe

Es wird die Funktion f mit $f(x) = x^2 - 3x + 3$ betrachtet. Gesucht ist derjenige Punkt des Graphen, der dem Ursprung am nächsten liegt. (Fig. 6.20)

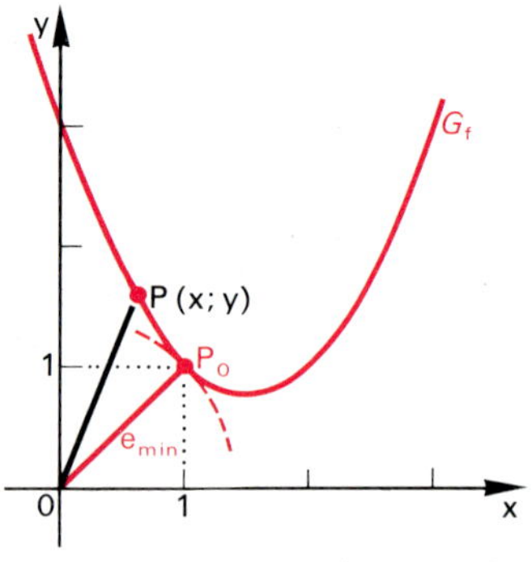

Fig. 6.20

Lösung:

Für die Entfernung e eines beliebigen Punktes P (x; y) der x-y-Ebene von O gilt:

$$e = \sqrt{x^2 + y^2}$$

e ist eine Funktion der beiden Variablen x und y, die jedoch nicht unabhängig voneinander ge-

[1] Grund: Hat A ein Maximum bei x_0, gilt also $A(x) < A(x_0)$ für alle x in einer Umgebung von x_0, so gilt wegen $A(x) > 0$ in D_A auch $[A(x)]^2 < [A(x_0)]^2$. Entsprechendes würde für ein Minimum gelten, jedoch auch nur unter der Voraussetzung, dass die Funktion im ganzen Definitionsbereich positiv ist. Hat also A bei x_0 ein Extremum, so hat auch A^2 in x_0 ein Extremum und umgekehrt.

wählt werden können. Sie sind nämlich durch die Nebenbedingung $y = x^2 - 3x + 3$ miteinander verknüpft.

Setzen wir y in den Ausdruck für e ein, so wird

$$e = \sqrt{x^2 + (x^2 - 3x + 3)^2} = \sqrt{x^4 - 6x^3 + 16x^2 - 18x + 9}$$

eine Funktion mit nur *einer* Variablen, nämlich der Abszisse x. Sie ist definiert für alle $x \in \mathbb{R}$.
Für die weitere Behandlung der Aufgabe bedeutet es eine wesentliche Vereinfachung, wenn wir anstatt der Entfernung e ihr Quadrat betrachten. Für positive Zahlen e_1 und e_2 gilt nämlich

$$e_1 < e_2 \Leftrightarrow e_1^2 < e_2^2$$

Wenn also e ein kleinster oder größter Wert im Vergleich zu den Nachbarwerten ist, gilt dies auch für e^2 und umgekehrt. (Vgl. obige Bemerkung und Fußnote.)

Es gilt: $e^2 = x^4 - 6x^3 + 16x^2 - 18x + 9 = F(x)$ mit $D_F = \mathbb{R}$

Wir suchen denjenigen Wert von x, für den F(x) ein Minimum annimmt. Eine notwendige Bedingung für ein solches Minimum ist $F'(x) = 0$.

$$F'(x) = 4x^3 - 18x^2 + 32x - 18$$

Der gesuchte Wert ist also eine Lösung der Gleichung

$$2x^3 - 9x^2 + 16x - 9 = 0.$$

Durch Probieren findet man die ganzzahlige Lösung $x_1 = 1$. Dividiert man die Gleichung durch $(x - 1)$, erhält man die quadratische Gleichung $2x^2 - 7x + 9 = 0$, deren Diskriminante negativ ist. Die einzige reelle Lösung der Gleichung 3. Grades ist also $x = 1$.
Um zu entscheiden, ob für $x = 1$ die Größe e^2 und damit e wirklich ein Minimum annehmen, bilden wir die 2. Ableitung von F(x):

$$F''(x) = 12x^2 - 36x + 32;$$

$F''(1) = 8 > 0$, also liegt ein Minimum vor.
Da $f(1) = 1$ und auch $f'(1) = 1$ ist, haben wir folgendes

Ergebnis:
Unter allen Punkten des Graphen der Funktion $f: x \mapsto x^2 - 3x + 3$ hat der Punkt $P_0(1; 1)$ die kleinste Entfernung vom Ursprung, nämlich $\sqrt{2}$ LE. Die Gerade OP_0 steht auf der Tangente des Graphen im Punkte P_0 senkrecht.

Aufgaben

A. Aus der Algebra

1. Gesucht ist eine reelle Zahl, für die die Summe aus Quadrat und Kehrwert so klein wie möglich wird.

2. Es sind zwei positive Zahlen mit folgender Eigenschaft gesucht:
   a) (1) Ihre Summe soll gleich 10,
      (2) die Summe ihrer Quadrate soll so klein wie möglich sein.
   b) Ersetze bei (2) „so klein wie möglich" durch „so groß wie möglich" – was stellt man fest?

3. Es sind zwei positive Zahlen mit folgender Eigenschaft zu ermitteln:
   (1) Ihre Summe soll gleich a,
   (2) die Summe ihrer Kuben soll so klein wie möglich sein.

4. Gegeben ist eine natürliche Zahl n. Gesucht sind zwei Zahlen, für die
   (1) ihr Produkt gleich n ist,
   (2) ihre Summe so klein wie möglich wird.

5. Es sind zwei positive Zahlen zu bestimmen, deren Summe 6 ist und für die die Summe ihrer Kehrwerte extremal wird.

B. Aus der ebenen Geometrie

6. Aus einem quadratischen Stück Karton von der Seitenlänge a sollen an den Ecken vier kongruente Quadrate so herausgeschnitten werden, dass das Netz einer offenen Schachtel mit möglichst großem Fassungsvermögen entsteht.

7. Aus 100 m Maschendraht soll auf einer Wiese ein möglichst großer rechteckiger Schafspferch aufgestellt werden.

8. Welches unter allen Rechtecken vom Inhalt a^2 hat den kleinsten Umfang?

9. In ein Dreieck mit der Grundlinie g und der Höhe h soll das flächengrößte Rechteck einbeschrieben werden.

10. a) Einem Kreis vom Radius r soll das Rechteck vom größten Umfang einbeschrieben werden.
    b) Der Punkt A ist der Mittelpunkt eines Kreises mit Radius $r = 3$, B und C sind zwei beliebige Punkte auf der Kreislinie. Die Höhe des Dreiecks ABC bezüglich der Seite [BC] wird mit h bezeichnet. Für welchen Wert von h ist der Flächeninhalt des Dreiecks maximal? Wie groß ist der maximale Flächeninhalt?
    Hinweis: Betrachte das Quadrat des gesuchten Flächeninhalts!

11. Von einem Dreieck ABC kennt man die Seitenlängen a und b sowie den Winkel γ. Auf [CA] soll ein Punkt D und auf [CB] ein Punkt E so bestimmt werden, dass die Strecke [DE] das Dreieck ABC halbiert und dabei so kurz wie möglich wird.

12. Aus drei gleichen Brettern von der Breite a soll eine Rinne gebildet werden, deren Querschnitt ein gleichschenkliges Trapez ist und die möglichst viel Wasser fassen kann.
Anleitung: Führe den spitzen Winkel, den die beiden schrägen Bretter gegen die Horizontale bilden, als unabhängige Variable φ in die Rechnung ein!

13. Aus vier gleichen Brettern von der Breite a soll eine Rinne gebildet werden, die möglichst viel Wasser fassen kann. Die beiden äußeren Bretter sollen vertikal stehen. Welchen Abstand müssen sie voneinander haben und wie groß ist der Winkel, den die beiden inneren Bretter bilden, auf ganze Grad genau? (Erg.: 137°)

C. Aus der Raumgeometrie

14. Aus einem Stück Draht von der Länge 72 cm soll das Kantenmodell eines Quaders mit quadratischer Grundfläche hergestellt werden. Wie müssen die Quaderkanten bemessen werden, wenn das Volumen des Körpers so groß wie möglich sein soll?

15. Ein Draht von der Länge a wird zu einem Rechteck gebogen. Dieses soll um eine der Seiten rotieren. Unter welchen Umständen hat der entstehende Zylinder
a) die größte Mantelfläche b) den größten Rauminhalt?

16. Einem geraden Kreiskegel wird ein gerader Kreiszylinder einbeschrieben. Man zeige, dass das Zylindervolumen nicht größer sein kann als $\frac{4}{9}$ des Kegelvolumens.

17. Einem geraden Kreiskegel vom Radius r und der Höhe h soll der gerade Kreiszylinder mit maximaler Mantelfläche einbeschrieben werden. Welche Abmessungen hat er?

18. Einer Halbkugel vom Radius r ist ein gerader Kreiskegel mit größtmöglichem Rauminhalt so einzubeschreiben, dass die Kegelspitze mit dem Kugelmittelpunkt zusammenfällt.

19. Ein Turm besteht aus einem Quader mit quadratischer Grundfläche. Auf der Deckfläche sitzt eine gerade Pyramide, deren Seitenflächen gleichseitige Dreiecke sind. Von diesem Turm soll ein Kantenmodell hergestellt werden. Hierfür steht ein Draht von der Länge a zur Verfügung. Wie müssen die Abmessungen des Turmes gewählt werden, wenn sein Rauminhalt so groß wie möglich werden soll?

20. In eine Kugel vom Radius r soll der Kegel von maximalem Volumen einbeschrieben werden.
Anleitung: Führe die Kegelhöhe als unabhängige Variable in die Rechnung ein.

D. Aus der Koordinatengeometrie

21. Gegeben ist die Gerade g: $y = \frac{3}{4}x + \frac{25}{4}$. Bestimme jenen Punkt $P_0 \in g$, der vom Ursprung die kleinstmögliche Entfernung hat, mit den Mitteln der Differenzialrechnung!

22. Durch den Punkt $P(4; 2)$ soll eine Gerade g so gelegt werden, dass das mit den Koordinatenachsen gebildete Dreieck den kleinstmöglichen Inhalt hat. In welchem Punkt schneidet g die x-Achse und wie lautet die Gleichung von g?

23. Dem von der x-Achse sowie den Geraden g_1: $2x - y = 0$ und g_2: $3x + y - 30 = 0$ gebildeten Dreieck ist ein Rechteck mit dem größtmöglichen Flächeninhalt einzubeschreiben.

24. Gegeben ist die Parabel p: $y = \frac{1}{4}x^2$ und die Gerade g: $y - 4 = 0$. Dem von p und g begrenzten Flächenstück soll ein Rechteck mit maximalem Flächeninhalt so einbeschrieben werden, dass je zwei Ecken auf p und g liegen.

25. Die Parabel p_1: $x^2 + 3y - 12 = 0$ begrenzt mit der Parabel p_2: $x^2 - 6y - 12 = 0$ ein Flächenstück. Ihm soll das Rechteck mit achsenparallelen Seiten und maximalem Flächeninhalt einbeschrieben werden.

26. Die Punkte $P(6; 0)$ und $Q(-6; 0)$ sind die Ecken eines gleichschenkligen Trapezes. Die anderen beiden Ecken R und S liegen auf der Parabel mit der Gleichung $x^2 + 4y - 36 = 0$. Man berechne die Koordinaten von R und S für den Fall, dass das Trapez PQRS maximalen Flächeninhalt hat!

27. Für welche Abszisse hat der Punkt $P(x; y)$ auf dem Graphen G_f der Funktion f: $x \mapsto x^2$; $x \in [-2; 3]$ die kleinste Entfernung vom Punkt $A(0; 5)$?

28. Gegeben ist der Punkt $A(a; 0)$ mit $a > 0$ sowie die Schar der konzentrischen Kreise k_r: $x^2 + y^2 = r^2$. Der Scharparameter r genügt der Bedingung $0 < r < a$. Von A aus werden die Tangenten AB_r und AC_r an den Kreis k_r gelegt. Konstruiere jenen Kreis, für den der Inhalt des Dreiecks AB_rC_r ein Maximum wird!

29. Die Parabeln p_1: $y = \frac{1}{4}(x - 4)^2$ und p_2: $y = -\frac{1}{16}x^2 + \frac{1}{2}x + 4$ schneiden sich in den Punkten A und D. Die Gerade g: $x - a = 0$ mit $0 < a < 8$ schneidet p_1 in B und p_2 in C. Für welchen Wert von a hat der Inhalt des Dreiecks ABC seinen größten Wert? Zeichnung für $x \in [-1; 9]$.

30. Die Geraden mit den Gleichungen $x - a = 0$ und $x - 2a = 0$ $(0 < a < 1{,}5)$ schneiden die x-Achse in den Punkten A und B und die Kurve mit der Gleichung $y = 3x^2 - x^3$ in den Punkten C und D. Für welchen Wert a wird der Flächeninhalt des Trapezes ABCD ein Maximum?

31. Zwei Straßen kreuzen sich im Punkt S rechtwinklig. Auf der einen Straße befindet sich ein Fahrzeug F_1 im Abstand 70 m von S, auf der anderen Straße ein Fahrzeug F_2 im Abstand 60 m von S. Beide Fahrzeuge setzen sich gleichzeitig in Richtung S in Bewegung, F_1 mit der konstanten Geschwindigkeit $v_1 = 3\ \text{m} \cdot \text{s}^{-1}$, F_2 mit der konstanten Geschwindigkeit $v_2 = 4\ \text{m} \cdot \text{s}^{-1}$. Wann haben die beiden Fahrzeuge ihre kleinste Entfernung voneinander?

E. Aus Physik, Technik und Wirtschaft

32. Ein Körper verliert durch Ausstrahlung umso weniger Wärme, je kleiner seine Oberfläche ist. Welche Abmessungen muss man einem Quader mit quadratischer Grundfläche bei gegebenem Volumen V geben, wenn der Wärmeverlust möglichst klein gehalten werden soll?

33. Die Tragfähigkeit T eines Balkens mit rechteckigem Querschnitt der Breite x und der Höhe y errechnet sich nach der Formel $T = k \cdot x \cdot y^2$, wobei k ein vom Material abhängiger Proportionalitätsfaktor ist. Aus einem zylindrischen Holzstamm vom Radius r soll ein derartiger Balken mit maximaler Tragfähigkeit geschnitten werden. Wie müssen x und y gewählt werden?

34. Schräger Wurf

Unter welchem Winkel α muss (bei Vernachlässigung des Luftwiderstands) eine Kugel mit der Geschwindigkeit v_0 abgestoßen werden, damit die größte Wurfweite (gemessen in Höhe des Abwurfpunktes) erreicht wird?
Hinweis: Die Flugzeit bis zum Aufschlag ist gleich der Zeit, in der durch die Fallbeschleunigung (Ortsfaktor) die Vertikalkomponente der Geschwindigkeit auf null abgebaut und wieder auf ihren Anfangswert (in Gegenrichtung) gebracht wird; die Horizontalkomponente der Geschwindigkeit bleibt konstant. Vergleiche auch Aufgabe 25 nach 5.2.2.

35. Die Spinne und die Fliege

An einer Zimmerwand sitzt eine Fliege, 6 dm unter der Decke und 2 dm von der Zimmerkante entfernt. An der Nachbarwand sitzt eine Spinne, 3 dm unter der Decke und 1 dm von der gleichen Zimmerkante entfernt. Wie muss sie den kürzesten Weg zur Fliege wählen? (Fig. 6.21)

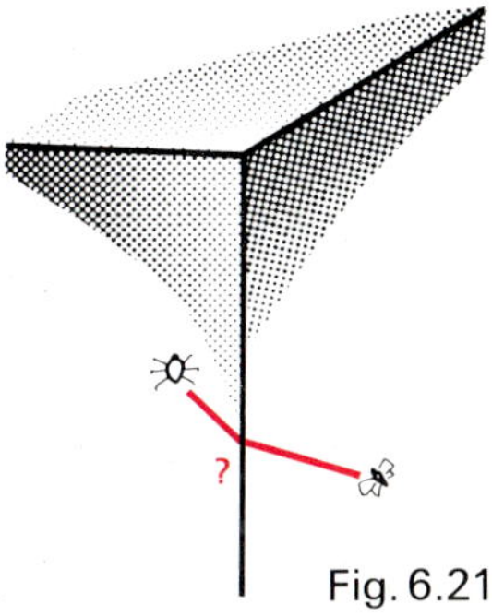

Fig. 6.21

36. Zwei ohmsche Widerstände R_1 und R_2, die hintereinander geschaltet 450 Ω ergeben, sind so zu wählen, dass der Gesamtwiderstand R bei Parallelschaltung möglichst groß wird. Gib die physikalisch sinnvolle Definitionsmenge der zugehörigen Funktion $f: R_1 \mapsto R$ an und zeichne ihren Graphen!

37. Zeige, dass bei einer Parallelschaltung von zwei Widerständen R_1 und R_2 die Verzweigung eines vorgegebenen Gesamtstromes J auf die beiden Teilströme J_1 und J_2 gerade so erfolgt, dass die dabei verbrauchte Gesamtleistung

$$P = J_1^2 R_1 + J_2^2 R_2$$

ein Minimum wird (Fig. 6.22)!

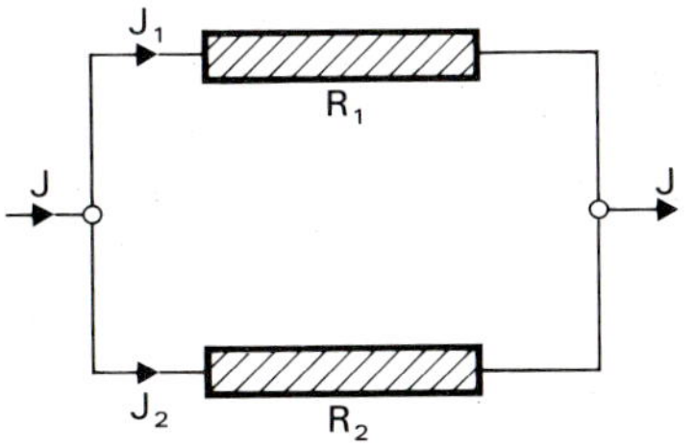

Fig. 6.22

38. Umsatz- und Gewinnmaximierung

Ein Fabrikant stellt durch eine Marktuntersuchung fest, dass er von einem Artikel, von dem er derzeit wöchentlich 15000 Stück zu je 2,50 DM verkauft, bei einer Preissenkung um jeweils 0,10 DM pro Stück (in gewissen Grenzen) wöchentlich 1000 Stück mehr verkaufen würde.

a) Bei welcher Stückzahl und bei welchem Stückpreis wäre sein *Umsatz* am größten?

b) Bei welcher Stückzahl und bei welchem Stückpreis ist der *Gewinn* am größten, wenn sich die wöchentlichen Selbstkosten des Fabrikanten aus einem festen Grundbetrag von 24000 DM für Personal, Maschinenpark, Gebühren usw. und proportionalen Kosten in Höhe von 0,80 DM pro Stück zusammensetzen? Wie groß ist in diesem Fall der wöchentliche Gewinn? In welchem Bereich wird überhaupt ein Gewinn erzielt? Stelle Umsatz und Selbstkosten als Funktion der Stückzahl in einem gemeinsamen Schaubild dar!

39. Optimierung beim Segelflug

Ein Segelflieger möchte möglichst schnell die Strecke von A nach B (100 km) zurücklegen. Auf Grund der Wetterverhältnisse rechnet er mit einer Durchschnittsgeschwindigkeit von 80 km/h. Bei Punkt A kreuzt eine Wolkenstraße den direkten Kurs nach B unter einem Winkel von 30°; entlang dieser Wolkenstraße ist mit einer Durchschnittsgeschwindigkeit von 120 km/h zu rechnen. (Fig. 6.23)

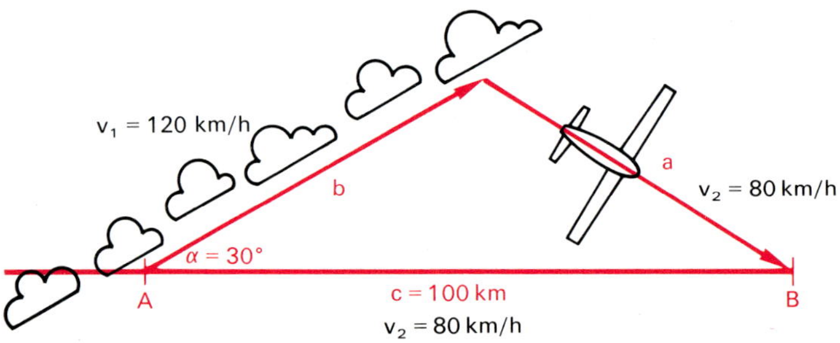

Fig. 6.23

Wie weit muss er der Wolkenstraße folgen, um die kürzeste Flugzeit von A nach B zu erzielen?
Anleitung: Wähle b als unabhängige Variable; Kosinussatz: $a^2 = b^2 + c^2 - 2bc\cos\alpha$. Benutze den Taschenrechner!

F. Auswertung von Messreihen

40. Durch n-malige Messung soll ein möglichst guter Mittelwert für eine Messgröße ermittelt werden. Die Ergebnisse der Einzelmessungen seien $x_1, x_2, x_3, \ldots, x_n$. Als Kriterium für den „besten" Mittelwert $\bar{x}$ soll die „Summe der Fehlerquadrate"

$$f(\bar{x}) = (x_1 - \bar{x})^2 + (x_2 - \bar{x})^2 + (x_3 - \bar{x})^2 + \cdots + (x_n - \bar{x})^2$$

minimal werden.

Bemerkung: Die Länge eines Vektors $\begin{pmatrix} a_1 \\ a_2 \end{pmatrix}$ ist $\sqrt{a_1^2 + a_2^2}$; sie wird minimal, wenn $a_1^2 + a_2^2$ minimal wird. Obige „Summe der Fehlerquadrate" könnte man im übertragenen Sinn analog als Quadrat der „Länge" des „Fehlervektors" $\begin{pmatrix} x_1 - \bar{x} \\ \vdots \\ x_n - \bar{x} \end{pmatrix}$ betrachten.

41. Strom-Spannungsmessungen an einem Konstantandraht ergeben folgende Werte:

U	2	3	4	5	Volt
J	4,1	6,1	7,9	9,8	Ampere

Es ist bekannt, dass das U-J-Diagramm eine Ursprungsgerade liefern muss (Ohm'sches Gesetz). Wie muss man deren Steigung wählen, damit die „Summe der Fehlerquadrate" zwischen den zur jeweiligen Spannung gehörenden Ordinaten der Geraden und den jeweiligen Messwerten minimal wird? (Fig. 6.24)

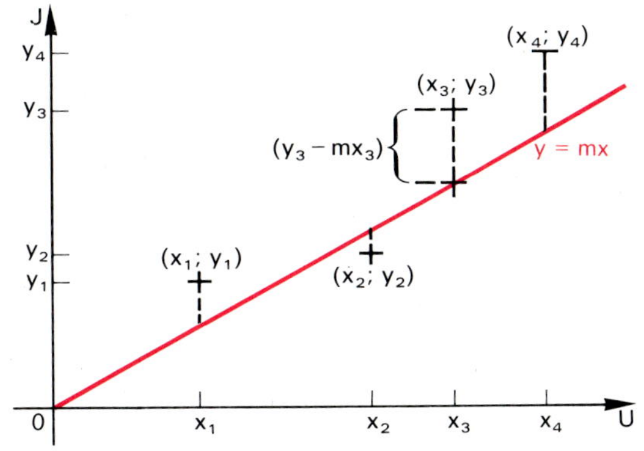

Fig. 6.24

6.2.2. Das Minimalprinzip der Optik

Die Richtungsänderung eines Lichtstrahles an der Grenzfläche zweier durchsichtiger Stoffe heißt Brechung. Aus dem Physikunterricht wissen wir, dass z. B. beim Übergang von Luft in Wasser der Lichtstrahl zum Einfallslot hin gebrochen wird, falls er nicht senkrecht auf der Grenzfläche auftrifft.
In der Trigonometrie wurde die dabei zugrunde liegende Gesetzmäßigkeit mitgeteilt. Sie lautet: Die Brechung erfolgt so, dass der Quotient aus dem Sinus des Einfallswinkels und dem Sinus des Brechungswinkels eine für den Übergang von Luft nach Wasser charakteristische Konstante ist *(Brechungsgesetz)*. Der physikalische Grund für einen derartigen Strahlenverlauf liegt darin, dass das Licht in der Luft eine größere Geschwindigkeit hat als im Wasser und nach einem von Fermat[1] aufgestellten Prinzip sich so verhält, dass der Gesamtweg in der kürzestmöglichen Zeit zurückgelegt wird (Minimalprinzip). Dieses Extremalproblem können wir nun mit den Mitteln der Differenzialrechnung analytisch behandeln.

[1] Pierre de Fermat (1601–1665), bedeutender französischer Mathematiker.

Aufgabe

Ein Lichtstrahl komme vom Punkt A und gelange über einen Punkt P auf der Wasseroberfläche zum Punkt B (Fig. 6.25). Wo liegt P, wenn die Lichtgeschwindigkeit in Luft v_1 und die in Wasser v_2 beträgt?

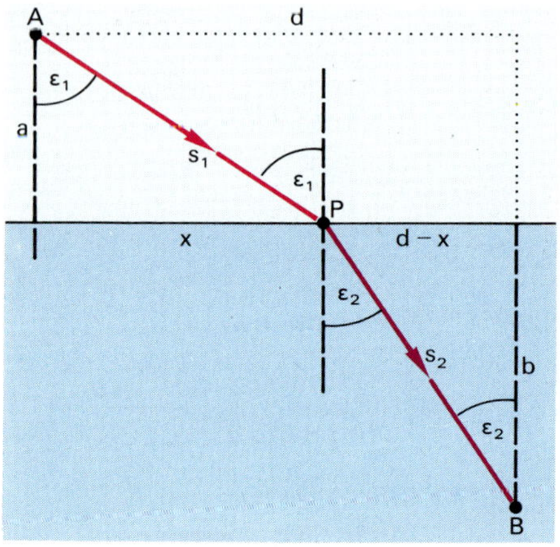

Fig. 6.25

Lösung:

Mit den Bezeichnungen von Fig. 6.25 ist

$$s_1 = \sqrt{x^2 + a^2} \quad \text{und}$$
$$s_2 = \sqrt{(d - x)^2 + b^2}.$$

Die Zeit, die das Licht für die Strecke [AP] und für die Strecke [PB] benötigt, erhalten wir, indem wir s_1 durch die Geschwindigkeit v_1 und s_2 durch die Geschwindigkeit v_2 dividieren. Dann braucht das Licht, um von A nach B zu gelangen, die Zeit

$$t(x) = \frac{\sqrt{x^2 + a^2}}{v_1} + \frac{\sqrt{(d - x)^2 + b^2}}{v_2}, \quad \text{wobei } x \in \mathbb{R}.$$

Für einen Extremwert muss notwendigerweise $t'(x) = 0$ gelten, d. h.:

$$\frac{1}{v_1} \frac{x}{\sqrt{x^2 + a^2}} - \frac{1}{v_2} \frac{d - x}{\sqrt{(d - x)^2 + b^2}} = 0 \qquad (1)$$

Hieraus könnte man x berechnen. Wir verzichten darauf und entnehmen stattdessen der Fig. 6.25:

$$\frac{x}{\sqrt{x^2 + a^2}} = \sin \varepsilon_1 \quad \text{und} \quad \frac{d - x}{\sqrt{(d - x)^2 + b^2}} = \sin \varepsilon_2 \qquad (2)$$

Damit erhalten wir aus (1) und (2) als kennzeichnende Eigenschaft des Punktes P die Beziehung $v_2 \sin \varepsilon_1 - v_1 \sin \varepsilon_2 = 0$. Hieraus folgt das Brechungsgesetz[1]:

$$\boxed{\frac{\sin \varepsilon_1}{\sin \varepsilon_2} = n} \qquad \text{wobei} \quad n = \frac{v_1}{v_2}$$

Dass tatsächlich ein Minimum vorliegt, können wir auch ohne Bildung der zweiten Ableitung erkennen. Würde man P etwas nach links verlagern, so würde ε_1 kleiner und ε_2 größer werden, dann wäre aber $v_2 \sin \varepsilon_1 < v_1 \sin \varepsilon_2$, also $t'(x) < 0$.

[1] Entdeckt von dem niederländischen Physiker W. Snellius (1580–1626).

Entsprechend weist man $t'(x) > 0$ nach, wenn P etwas nach rechts verschoben wäre. Es muss also ein Minimum vorliegen.

Der Quotient $\frac{v_1}{v_2}$ heißt Brechzahl oder Brechungsindex n. Für Luft → Wasser ist $n = \frac{4}{3}$, für Luft → Glas ist $n = \frac{3}{2}$.
Damit haben wir das in der Einleitung (Abschnitt 0.1, Ziffer 2) angesprochene Problem gelöst. Der Punkt P liegt so, dass die Winkel ε_1 und ε_2 das Brechungsgesetz erfüllen.

Aufgabe

Ein Lichtstrahl soll vom Punkt A nach Reflexion an einer ebenen Spiegelfläche g zum Punkt B gelangen (Fig. 6.26). Der Gesamtweg $\overline{AP} + \overline{PB}$ wird dabei nach dem Minimalprinzip der Optik in der kürzestmöglichen Zeit zurückgelegt. Zeige: Der Punkt P liegt so, dass der Einfallswinkel ε_1 gleich dem Reflexionswinkel ε_2 ist (Reflexionsgesetz).

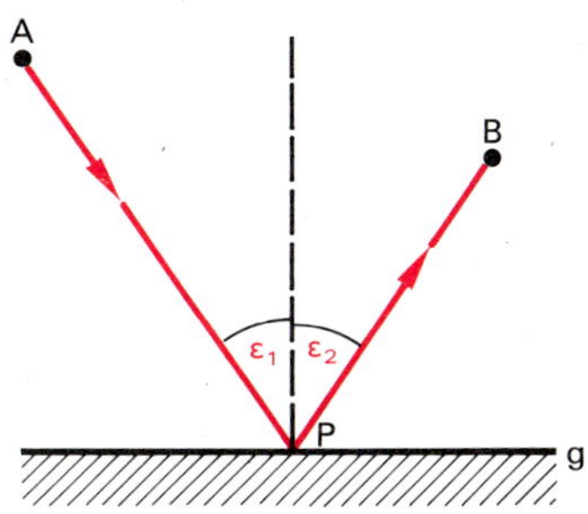

Fig. 6.26

Ergänzungen und Ausblicke

Aus dem Straßenverkehr: Geschwindigkeitsbegrenzungen als Optimierungsproblem

Die folgende Aufgabe beschäftigt sich mit der Frage, bei welcher Geschwindigkeit der Verkehrsfluss einer dicht befahrenen Straße einen optimalen Wert erreicht. Dazu sind Informationen über die beteiligten Fahrzeugtypen, ihre durchschnittlichen Längen und die Häufigkeit ihres Vorkommens erforderlich. Zudem ist der Sicherheitsabstand s, der von der Geschwindigkeit v der Fahrzeuge abhängt, zu berücksichtigen.

Zur Vereinfachung gehen wir von *nur zwei* Fahrzeugtypen (Pkw und Lkw) mit den durchschnittlichen Fahrzeuglängen d_P bzw. d_L aus und setzen voraus, dass *alle* Fahrzeuge die *gleiche* Geschwindigkeit v haben. Darüber hinaus nehmen wir an, dass in der Zeit t im Schnitt an einem Beobachter z_P Personen- und z_L Lastwagen vorbeifahren. Daraus folgt die in Fig. 6.27 angegebene Länge l der Fahrzeugkolonne, die im Zeitraum t bei Punkt B am Beobachter vorbeifährt:

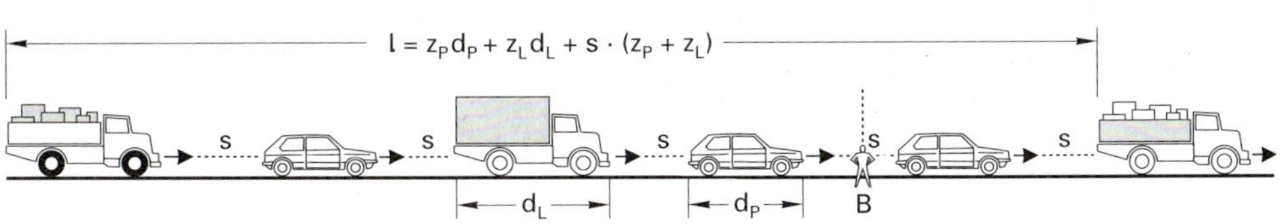

Fig. 6.27

Wir setzen zunächst $z = z_P + z_L$ und $z_P = az$, $z_L = (1-a)z$, wobei *a* den über einen längeren Zeitraum als konstant angenommenen *Anteil der Pkws am Verkehrsstrom* bezeichnet. Dann errechnet sich die Geschwindigkeit v der Kolonne zu:

$$v = \frac{l}{t} = \frac{az\,d_P + (1-a)\,z\,d_L + sz}{t} \qquad (1)$$

Der *Sicherheitsabstand s*, der dem Anhalteweg bei plötzlicher Gefahr entspricht, setzt sich aus dem Reaktionsweg $v \cdot \tau$ während der sogenannten Schrecksekunde τ und dem Bremsweg $\frac{v^2}{2b}$ zusammen. Dabei wird bei allen Fahrzeugen von der gleichen mittleren *Bremsverzögerung b* ausgegangen. Daraus folgt:

$$s = v \cdot \tau + \frac{v^2}{2b} \qquad (2)$$

Nunmehr können wir die *Stärke J des Verkehrsstroms*, für eine gewisse Zeit als konstant angenommen, mit $J = \frac{z}{t}$ ansetzen.

Aus (1) folgt: $v = \frac{z}{t} \cdot [a\,d_P + (1-a)\,d_L + s] = J\,[d+s]$; dabei schreiben wir $d = a\,d_P + (1-a)\,d_L$ und erhalten mit (2):

$$v = J \cdot \left(d + v \cdot \tau + \frac{v^2}{2b}\right) \quad \text{und damit} \quad J = \frac{v}{d + v \cdot \tau + \frac{v^2}{2b}} \qquad (3)$$

Die Stärke J des Verkehrsstroms ist also eine Funktion von v mit $v > 0$. Wir suchen nun das Maximum von J in Abhängigkeit von der Kolonnengeschwindigkeit v. Als notwendige Bedingung ergibt sich:

$$\frac{dJ}{dv} = \frac{d - \frac{v^2}{2b}}{\left(d + v \cdot \tau + \frac{v^2}{2b}\right)^2} = 0.$$

Dies ist für $v^2 = 2db$ der Fall. Weil für $v^2 < 2db$ (bzw. $v^2 > 2db$) stets $\frac{dJ}{dv} > 0$ (bzw. $\frac{dJ}{dv} < 0$) gilt, erreicht der Verkehrsstrom bei der Geschwindigkeit $v_0 = \sqrt{2db}$ unter den gegebenen Bedingungen seinen größtmöglichen Wert. Wir erhalten durch Einsetzen von $v_0^2 = 2db$ in (3) für den Extremwert J_m des Fahrzeugstroms:

$$J_m = \frac{b}{b \cdot \tau + \sqrt{2db}} \qquad (4)$$

Daraus ergibt sich als die Maximalzahl z_m aller Pkw und Lkw in der Zeit $T = 1$ h, falls sich während dieser Zeit die Anteile beider Fahrzeugtypen, ihre Längen, ihre Geschwindigkeit $v = v_0$ und der gegenseitige Sicherheitsabstand nicht ändern:

$$z_m = J_m \cdot T = 3600 \cdot J_m. \qquad (5)$$

Zusammenfassende Übersicht über die verwendeten Bezeichnungen

s: Sicherheitsabstand zwischen aufeinander folgenden Fahrzeugen

v: als konstant angenommene Geschwindigkeit aller Fahrzeuge

b: als konstant angenommene Bremsverzögerung aller Fahrzeuge

τ: Schrecksekunde (Reaktionszeit) für alle Fahrer

z_P (z_L): Zahl der Pkw (Lkw), die im Zeitraum t an einem Beobachter B vorbeifahren

z: $z_P + z_L$

a: Anteil der Pkw am Verkehrsstrom im Zeitraum t

d_P (d_L): Länge eines Pkw (Lkw)

l: Länge der Fahrzeugkolonne, die im Zeitraum t an einem Beobachter B vorbeifährt

d: mittlere Länge eines Fahrzeugs der Kolonne

J: mittlere Stärke des Verkehrsstroms

Zahlenbeispiel:

Sei $d_P = 5{,}5$ m, $d_L = 12{,}5$ m und $a = \frac{5}{8}$, so ergibt sich $d = ad_P + (1 - a)\, d_L = 8{,}125$ m.

Mit $b = 3{,}5 \, \frac{m}{s^2}$ erhält man als optimale Geschwindigkeit:

$$v \approx 7{,}54 \, \frac{m}{s} \approx 27 \, \frac{km}{h}.$$

Bei einer Bremsverzögerung von $4{,}5 \, \frac{m}{s^2}$ wäre eine Geschwindigkeitsbegrenzung von etwa 30 km/h den Verkehrsverhältnissen am besten angepasst. Unter erschwerten Bedingungen auf regennasser Straße oder bei Glatteis muss mit einer sehr viel geringeren Bremsverzögerung b gerechnet werden, womit die optimale Geschwindigkeit entsprechend kleiner anzusetzen ist.

(4) und (5) ergeben mit $b = 3{,}5 \, \frac{m}{s^2}$ und der Reaktionszeit $\tau = 1$ s die Zahl $z_m = 1141$ der Fahrzeuge in einer Stunde. Diese Zahl erhöht sich für $b = 4{,}5 \, \frac{m}{s^2}$ auf 1241 Fahrzeuge.

Das Zahlenbeispiel zeigt, dass die Berechnung der optimalen Fahrzeuggeschwindigkeit v_0 zunächst davon ausgeht, dass die vorhandene Verkehrsdichte so groß ist, dass die Maximalzahl z_m tatsächlich erreicht werden kann. Andernfalls lässt sich für v_0 ein optimales Geschwindigkeitsintervall angeben. Allgemein kann man jedoch sagen, dass bei starker Verkehrsdichte jede größere Abweichung vom optimalen Geschwindigkeitsintervall den Verkehrsfluss hemmt oder mit einer gefährlichen Reduzierung des Sicherheitsabstands erkauft werden muss.

Wir wollen nun den Graphen der Funktion $J: v \mapsto J(v)$ mit der Gleichung (3) betrachten, wobei wie im Zahlenbeispiel $d = 8{,}125$ m und $\tau = 1$ s gewählt werden. Der Wert von d stimmt übrigens mit dem Bremsweg bei der optimalen Geschwindigkeit $v_0 = \sqrt{2db}$ überein.

Da die Verkehrsstromstärke J auch von der jeweiligen Bremsverzögerung b abhängt, erhalten wir für jedes zulässige b einen eigenen Funktionsgraphen, d.h.

$$J_b: v \mapsto \frac{v}{d + v \cdot \tau + \frac{v^2}{2b}}$$

ist eine *Funktionenschar* J_b mit dem Scharparameter b. Als Definitionsbereich wählen wir

$$D = \left\{ v \,\middle|\, 0 < v < 27{,}8\,\frac{m}{s} \right\}.$$

Fig. 6.28 zeigt die Graphen zu $b = 2\,\frac{m}{s^2}$, $3\,\frac{m}{s^2}$ und $4\,\frac{m}{s^2}$ für $d = 8{,}125\,m$ und $\tau = 1\,s$.

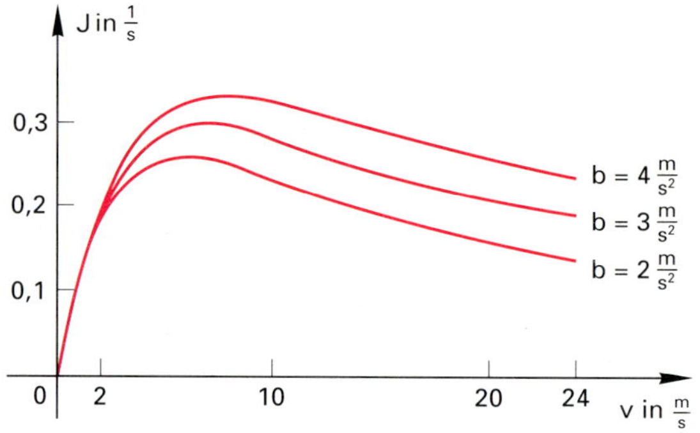

Fig. 6.28

In der grafischen Darstellung bedeutet J die ‚fiktive' Zahl der Fahrzeuge pro Sekunde.

Aufgaben

1. Zeichne die Graphen für $b = 3{,}5\,\frac{m}{s^2}$ und $b = 4{,}5\,\frac{m}{s^2}$! Wie ist die Verschiebung des Maximums nach rechts mit wachsendem b zu erklären?

2. Welche Gleichung hat der Graph, auf dem die Scheitelpunkte aller Scharkurven für $0 < b < 6\,\frac{m}{s^2}$ liegen?

   Hinweis: Eliminiere den Parameter b aus den Gleichungen für v_0 und J_m!

3. Wie ändern sich die Scharkurven
   a) für $\tau < 1\,s$ b) für $d = 6\,m$?

Stichwortverzeichnis

Bildnachweis

The Image Bank, München: 99 (M. Pasdzior), 133 (Weinberg/Clark) – Bildagentur Mauritius, Mittenwald: 9 (Kalt), 17 (Photo Library), 75 (Thonig), 197 (Edmanson) – Transglobe Agency, Hamburg: 165 (Wallace Garrison)